北大社"十三五"职业教育规划教材

高职高专土建专业"互联网+"创新规划教材

第二版

建筑力学与结构（少学时版）

主　编　吴承霞　宋贵彩
副主编　魏玉琴　王　焱　谢晓杰
参　编　孔　惠　宋　乔　李亚敏
　　　　何迎春　王小静　尚瑞娟

北京大学出版社

PEKING UNIVERSITY PRESS

内 容 简 介

本书依据《建筑抗震设计规范》(2016年版)(GB 50011—2010)、《混凝土结构设计规范》(2015年版)(GB 50010—2010)、《高层建筑混凝土结构技术规程》(JGJ 3—2010)、《砌体结构设计规范》(GB 50003—2011)、《建筑地基基础设计规范》(GB 50007—2011)和《建筑结构荷载规范》(GB 50009—2012)等最新国家规范编写，紧密围绕两套建筑结构施工图纸展开知识的讲解和介绍。本书内容按模块教学设计，包括绪论，建筑结构施工图，建筑力学基本知识，结构构件上的荷载及支座反力计算，构件内力计算及荷载效应组合，钢筋混凝土梁、板及构造，钢筋混凝土柱和框架结构，钢筋混凝土楼盖、楼梯及雨篷，砌体结构，多高层房屋结构概述，地基与基础概述，装配式混凝土结构简介和钢结构。

本书可作为高等职业教育建筑装饰技术、建筑设计技术、城镇规划、建筑设备工程技术、建筑工程管理、工程造价、房地产经营与估价等专业的教材，也可作为岗位培训教材。

图书在版编目 (CIP) 数据

建筑力学与结构：少学时版 / 吴承霞，宋贵彩主编. —2 版. —北京：北京大学出版社，2018.1
(高职高专土建专业"互联网 +"创新规划教材)
ISBN 978-7-301-29022-4

Ⅰ.①建… Ⅱ.①吴… ②宋… Ⅲ.①建筑科学—力学—高等职业教育—教材 ②建筑结构—高等职业教育—教材 Ⅳ.① TU3

中国版本图书馆 CIP 数据核字 (2017) 第 303514 号

书　　　名	建筑力学与结构(少学时版)(第二版)
	JIANZHU LIXUE YU JIEGOU
著作责任者	吴承霞　宋贵彩　主编
策 划 编 辑	杨星璐
责 任 编 辑	伍大维
数 字 编 辑	贾新越
标 准 书 号	ISBN 978-7-301-29022-4
出 版 者	北京大学出版社
地　　　址	北京市海淀区成府路 205 号　100871
网　　　址	http://www.pup.cn　　新浪微博：@北京大学出版社
电 子 信 箱	pup_6@163.com
电　　　话	邮购部 010-62752015　发行部 010-62750672　编辑部 010-62750667
印 刷 者	天津中印联印务有限公司
发 行 者	北京大学出版社
经 销 者	新华书店
	787 毫米 × 1092 毫米　16 开本　18.75 印张　435 千字
	2013 年 2 月第 1 版　　2018 年 1 月第 2 版
	2022 年 11 月修订　　2022 年 11 月第 8 次印刷（总第 14 次印刷）
定　　　价	46.00 元

《建筑力学与结构（少学时版）》是我们针对高职高专土建大类开设本课程学时较少的专业专门编写的一本"必需、够用"的力学与结构教材，结合该课程的教学要求，打破传统的学科体系，将力学和结构的知识融合在一起，难度适中，配合理论讲述编写了大量的案例进行讲解，更易于学生掌握。

《建筑力学与结构（少学时版）》第一版自 2013 年出版以来，得到了众多职业院校师生的支持和好评，先后印刷了 6 次。随着新一批国家工程建设标准规范的相继修订与实施，本教材的修订工作也随后展开，经编者一年多时间的努力，终于完成了本次修订任务。本次修订在保持教材的原版特色、组织结构和内容体系不变的前提下，努力在教学内容、表现形式等方面有所充实和更新。修订的主要内容如下。

(1) 本书所有内容依据现行新规范进行修订。修订依据是：《混凝土结构设计规范》(2015 年版)(GB 50010—2010)、《建筑抗震设计规范》(2016 年版)(GB 50011—2010)、《砌体结构设计规范》(GB 50003—2011)、《混凝土结构施工图平面整体表示方法制图规则和构造详图》(16G101)。

(2) 根据行业发展情况，鉴于国家对装配式施工的大力推进，增加了模块 12 装配式混凝土结构简介。

(3) 为了便于教师直观教学和学生理解建筑力学与结构知识，本书通过部分三维图解和文字叙述，以图文并茂的方式讲解力学及结构构造等专业核心知识点。

针对课程特点，为了使学生更加直观地理解结构特点，也方便教师教学讲解，我们以"互联网＋"教材的模式开发了与本书配套的手机 APP 客户端"巧课力"。读者可通过扫描封二中所附的二维码进行验证和使用。"巧课力"通过 AR 增强现实技术，将书中的一些结构图转化成可 720°旋转，可无限放大、缩小的三维模型。读者打开"巧课力"APP 客户端之后，将摄像头对准"切口"带有色块和"互联网＋"logo 的页面，即可在手机上多角度、任意大小、交互式查看页面结构图所对应的三维模型。另外，书中通

【资源索引】

过二维码的形式链接了拓展学习资料和习题答案等内容，扫描书中的二维码，即可在课堂内外进行相应知识点的拓展学习，节约了读者搜集、整理学习资料的时间。作者也会根据行业发展情况，及时更新二维码所链接的资源，以便书中内容与行业发展结合更为紧密。

本书由河南建筑职业技术学院吴承霞和宋贵彩任主编，河南建筑职业技术学院魏玉琴，郑州工业应用技术学院谢晓杰，河南工业职业技术学院王焱副主编，河南建筑职业技术学院孔惠、宋乔、李亚敏、何迎春、王小静、尚瑞娟参编。具体编写分工如下：吴承霞（模块1），谢晓杰（模块2，模块12），宋乔（模块3），魏玉琴（模块4），宋贵彩（模块5），李亚敏（模块6），孔惠（模块7），王小静（模块8），何迎春（模块9），王焱（模块10、11），尚瑞娟（模块13）。

由于新规范和新图集刚出版不久，所以编者对新规范和新图集的学习和掌握还不够深入，书中疏漏和不足之处在所难免，恳请广大读者批评指正。

编　者
2017 年 7 月

土建类高等职业教育把培养面向施工一线的高技能专门人才作为培养目标。高等职业院校的学生不仅需要具备一定的知识结构，更应具有一定的职业技能水平。要落实教育部《关于全面提高高等职业教育教学质量的若干意见》的精神，就要求高等职业院校在人才培养目标、知识技能结构、改革课程体系和教学内容等方面下工夫，逐步落实"教、学、做"一体的教学模式改革，把提高学生职业技能的培养放在教与学的突出位置上，强化能力的培养。

"建筑力学与结构"课程是高等职业教育建筑装饰技术、建筑设计技术、城镇规划、工程造价、建筑工程管理、房地产经营与估价等专业的一门重要的专业基础课程，它以"高等数学""建筑工程制图基础""建筑识图与构造""建筑材料"等课程为基础，并为其他后续专业课程奠定基础。其教学任务是使学生了解必要的力学基础知识，掌握建筑结构的基本概念以及结构施工图的识读方法，能运用所学知识分析和解决建筑工程实践中相对简单的结构问题；培养学生的力学素质，为学习其他课程提供必要的基础；同时培养学生严谨、科学的思想和认真、细致的工作方式。

为完成以上教学目标和任务，在本书的编写过程中，我们尝试以两套实际工程施工图作任务引领，从调整教学内容入手，打破传统的学科体系，把力学和结构融在一起。本书以工程"实用、够用"为度，同时也适应建筑业相应工种职业资格的岗位要求。本书邀请建筑设计单位和施工企业参与全过程的编写，以工程实例为主线，通过实训、实习和现场教学，将学生实践能力的培养贯穿于每个教学过程的始终。按照建筑企业实际的工作任务、工作过程和工作情境组织教学，从而形成围绕建筑图纸来展开工作过程的新型模式。各专业在教学时，可根据教学内容选择不同的模块开展教学。

本书推荐安排教学74学时，各模块学时分配见下表（供参考）。

序次	模块 1	模块 2	模块 3	模块 4	模块 5	模块 6
学时数	4	6	8	6	8	10
序次	模块 7	模块 8	模块 9	模块 10	模块 11	模块 12
学时数	8	4	6	4	4	6

　　本书由河南建筑职业技术学院吴承霞和宋贵彩任主编，河南建筑职业技术学院魏玉琴、河南工业职业技术学院王焱和河南建筑职业技术学院张渭波任副主编，河南建筑职业技术学院孔惠、宋乔、李亚敏、何迎春、王小静、尚瑞娟参编。具体编写分工如下：吴承霞（模块 1、2），宋乔（模块 3），魏玉琴（模块 4），宋贵彩（模块 5），张渭波、李亚敏（模块 6），孔惠（模块 7），王小静（模块 8），何迎春（模块 9），王炎（模块 10、11），尚瑞娟（模块 12）。本书的两套图纸由河南东方建筑设计有限公司设计，工程负责人王聚厚，建筑设计尹军莉、李晓珺，结构设计孔德帝、张宇翔。

　　由于编者水平有限，加之对新规范的理解不够透彻，书中尚有不足之处，恳请广大读者批评指正。

编　者

2012 年 10 月

目　录

模块 1 绪 论

🏠 引例

一栋两层办公楼如图 1.1(a) 所示（实例一），一栋两层教学楼如图 1.1(b) 所示（实例二），如何保证两栋楼在正常使用时是安全的？两栋楼的结构形式有何不同？楼层的梁和板有何区别？楼板有钢筋吗？如何放置？梁又如何设计？墙体用什么材料建造？基础怎样？两栋楼如何考虑抗震？

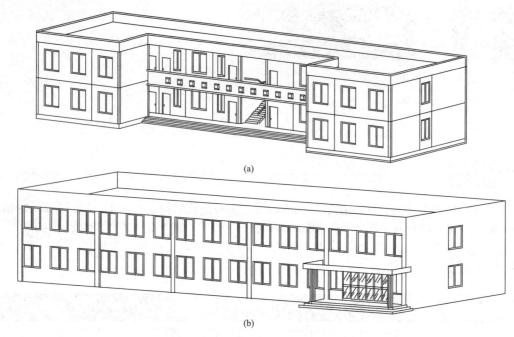

(a)

(b)

图 1.1   实例一和实例二的建筑效果图

(a) 实例一：办公楼（砖混结构）；(b) 实例二：教学楼（钢筋混凝土框架结构）

引例中的问题就涉及该结构和构件受多大的内力，要靠结构知识去解决板、梁的设计和墙体计算、基础的大小等。

1.1   建筑力学与结构概述

建筑物在施工和使用过程中受到各种力的作用——结构自重、人及设备的重量、风、雪、地震等。这些力的作用形式怎样？大小是多少？对建筑物会产生什么样的效应？这些问题都要靠建筑力学和结构来解决。

1.1.1   建筑结构的概念和分类

建筑中，由若干构件（如板、梁、柱、墙、基础等）相互连接而成的能承受荷载和其他间接作用（如温差伸缩、地基不均匀沉降等）的体系，称为建筑结构（图 1.2）。建筑结构在建筑中起骨架作用，是建筑的重要组成部分。

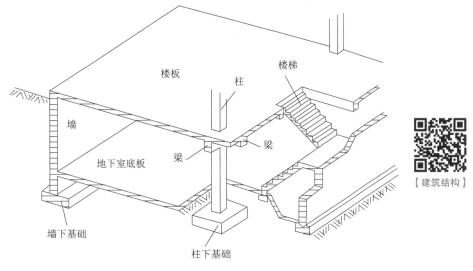

图 1.2　建筑结构

1. 按材料分类

根据所用材料的不同，建筑结构可分为混凝土结构、砌体结构、钢结构和木结构。

1) 混凝土结构

混凝土结构可分为钢筋混凝土结构、预应力混凝土结构、素混凝土结构。其中应用最广泛的是钢筋混凝土结构（图 1.3），它具有强度高、耐久性好、抗震性能好、可塑性强等优点；也有自重大、抗裂能力差、现浇时耗费模板多、工期长等缺点。

混凝土结构在工业与民用建筑中应用极为普遍，如多层与高层住宅、写字楼、教学楼、医院、商场及公共设施等。

2) 砌体结构

砌体结构是指各种块材（包括砖、石材和砌块等）通过砂浆砌筑而成的结构（图 1.4）。砌体结构的主要优点是能就地取材、造价低廉、耐火性强、工艺简单、施工方便，其缺点是自重大、强度较低、抗震性能差。

图 1.3　钢筋混凝土结构施工现场

图 1.4　砌体结构施工现场

　特别提示

传统的砌体结构房屋大多采用黏土砖建造。黏土砖的用量十分巨大，而生产黏土砖要毁坏农田，且污染环境。砌体结构材料应大力发展新型墙体材料，如蒸压粉煤灰砖、蒸压灰砂砖、混凝土砌块、混凝土多孔砖和实心砖等。

　知识链接

我国古代就用砌体结构建造城墙、佛塔、宫殿和拱桥等。如闻名中外的"万里长城""西安大雁塔"等均为砌体结构建造（图 1.5）；隋代李春所建造的河北赵县安济桥（即赵州桥）迄今已有 1400 多年，桥净跨 37.37 m，为世界上最早的单孔空腹式石拱桥（图 1.6）。

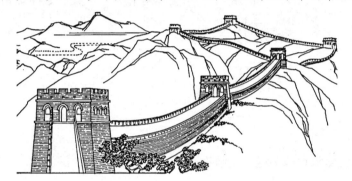

西安大雁塔(唐)

图 1.5　万里长城与大雁塔

【经典建筑视频】

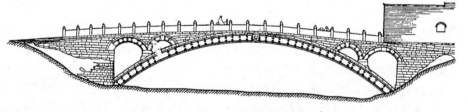

图 1.6　河北赵县安济桥

3) 钢结构

用钢材制作的结构称为钢结构。钢结构具有强度高、自重轻、材质均匀、制作简单、运输方便等优点。钢结构主要用于大跨度屋盖（如体育场馆）、高层建筑、重型工业厂房、承受动力荷载的结构及塔桅结构中。2008 年北京奥运会国家体育场——鸟巢（图 1.7）即为钢结构建筑。

1935 年中国工农红军长征途中强渡的大渡河铁索桥——泸定桥（图 1.8），是清康熙四十四年（公元 1705 年）建造的，该桥由条石砌成的东西桥台和 13 根横亘的铁索组成，桥长 101.67 m，宽 2.9 m，13 根铁索由 12164 个熟铁锻造扣环连接而成，重约 21 t。

上海东方明珠塔（图 1.9），高 468 m，建成时高度居亚洲第一，世界第三。上海金贸大厦（图 1.10）地上 88 层，高 420.5 m，1997 年竣工，当时位居世界第三高楼。

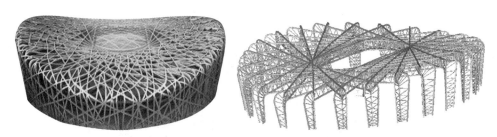

图 1.7 2008 年北京奥运会国家体育场——鸟巢

图 1.8 大渡河铁索桥——泸定桥

图 1.9 上海东方明珠塔

图 1.10 上海金贸大厦

4) 木结构

以木材为主制作的结构称为木结构。木结构是以梁、柱组成的构架承重，墙体则主要起填充、防护作用。木结构的优点是能就地取材、制作简单、造价较低、便于施工。较典型的木结构建筑有北京故宫太和殿（图 1.11）。

建筑力学与结构（少学时版）（第二版）

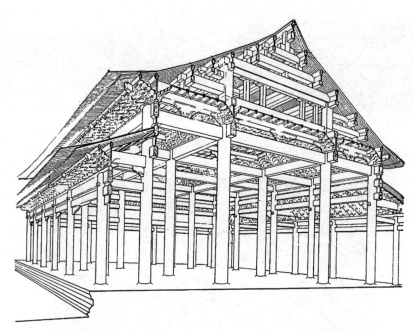

图 1.11 北京故宫太和殿梁架结构示意图

2. 按受力分类

建筑结构按受力和构造特点的不同可分为混合结构、框架结构、剪力墙结构、框架 –
剪力墙结构、筒体结构、大跨结构等。

1) 混合结构

混合结构是指由砌体结构构件和其他材料构件组成的结构。如垂直承重构件用砖墙、
砖柱，而水平承重构件用钢筋混凝土梁板（图 1.12），这种结构就是混合结构。

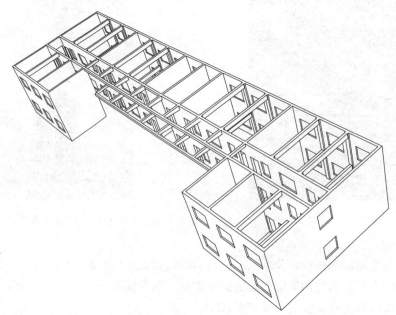

图 1.12 混合结构（实例一）

2) 框架结构

框架结构是指由纵梁、横梁和柱组成的结构，这种结构是由梁和柱刚性连接形成骨架（图 1.13）。框架结构的优点是强度高、自重轻、整体性和抗震性能好。框架结构多采用钢筋混凝土建造，一般适用于 10 层以下的房屋结构。

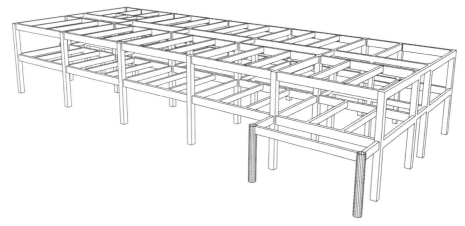

图 1.13　钢筋混凝土框架结构 (实例二)

3) 剪力墙结构

剪力墙结构是由纵向、横向的钢筋混凝土墙所组成的结构，如图 1.14 所示。这种结构的侧向刚度大，适宜做较高的高层建筑，但由于剪力墙位置的约束，使建筑内部空间的划分比较狭小，不利于形成开敞性的空间，因此较适宜用于宾馆与住宅。剪力墙结构常用于 25 ~ 30 层房屋。

4) 框架 – 剪力墙结构

框架 – 剪力墙结构又称框剪结构，它是在框架纵、横方向的适当位置，在柱与柱之间设置几道钢筋混凝土墙体 (剪力墙)(图 1.15)。框架与剪力墙协同受力，一般用于办公楼、旅馆、住宅以及某些工艺用房，一般用于 25 层以下的房屋结构。

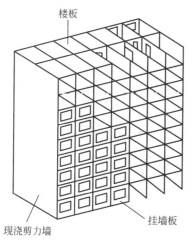

图 1.14　剪力墙结构

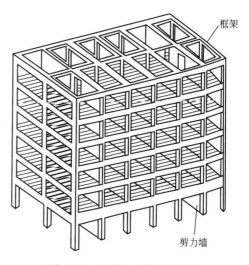

图 1.15　框架 – 剪力墙结构

如果把剪力墙布置成筒体，又可称为框架－筒体结构体系。

5) 筒体结构

筒体结构是用钢筋混凝土墙围成侧向刚度很大的筒体的结构形式，多用于高层或超高层公共建筑中（图1.16）。筒体结构用于30层以上的超高层房屋结构，经济高度以不超过80层为限。

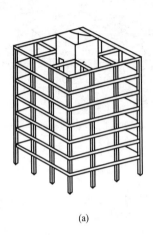 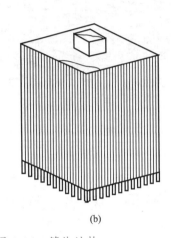 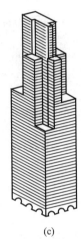

(a)　　　　　　　　　　　　　(b)　　　　　　　　　　(c)

图 1.16　筒体结构

(a) 框架核心筒结构；(b) 筒中筒结构；(c) 成束筒结构

特别提示

(1) 从造价的角度来讲，砌体结构最为经济，混凝土结构次之，钢结构最贵。

(2) 从抗震的角度来讲，砌体结构最差，混凝土结构次之，钢结构最好。

(3) 实际工程中，建造房屋的用途、层数及当地经济发展状况等决定了采用何种结构形式。

1.1.2　建筑结构的功能

1. 结构的功能要求

不管采用何种结构形式，也不管采用什么材料建造，任何一种建筑结构都是为了满足所要求的功能而设计的。建筑结构在规定的设计使用年限内，应满足下列功能要求。

(1) 安全性：即结构在正常施工和正常使用时能承受可能出现的各种作用，在设计规定的偶然事件发生时及发生后，仍能保持必需的整体稳定。

(2) 适用性：即结构在正常使用条件下具有良好的工作性能。如不发生过大的变形或振幅，以免影响使用，也不发生足以令用户不安的裂缝。

(3) 耐久性：即结构在正常维护下具有足够的耐久性能。如混凝土不发生严重的风化、脱落，钢筋不发生严重锈蚀，以免影响结构的使用寿命。

2. 结构的可靠性

结构的可靠性是这样定义的：结构在规定的时间内，在规定的条件下，完成预定功能的能力。结构的安全性、适用性和耐久性总称为结构的可靠性。

3. 极限状态的概念

整个结构或结构的一部分超过某一特定状态就不能满足设计规定的某一功能要求，此特定状态为该功能的极限状态。极限状态实质上是一种界限，是有效状态和失效状态的分界。极限状态可分为三类。

(1) 承载能力极限状态 (图 1.17)：结构或结构构件达到最大承载力、出现疲劳破坏或不适于继续承载的变形，或结构的连续倒塌。当结构或构件出现下列状态之一时，应认定为超过了其承载能力极限状态：

图 1.17 承载能力极限状态

① 结构构件或连接因超过材料强度而破坏，或因过度变形而不适于继续承载。
② 整个结构或结构的一部分作为刚体失去平衡 (如阳台、雨篷的倾覆) 等。
③ 结构转变为机动体系 (如构件发生三角共线而形成机动体系丧失承载力)。
④ 结构或构件丧失稳定 (如长细杆的压屈失稳破坏等)。
⑤ 结构因局部破坏而发生连续倒塌。
⑥ 地基丧失承载能力而破坏 (如失稳等)。
⑦ 结构或结构构体的疲劳破坏。

(2) 正常使用极限状态：结构或结构构件达到正常使用或耐久性能的某项规定限值。当结构或构件出现下列状态之一时，应认定为超过了正常使用极限状态：

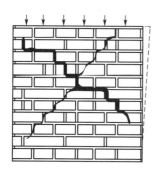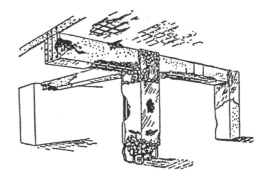

图 1.18 耐久性极限状态

① 影响正常使用或外观的变形。
② 影响正常使用的局部损坏。

③ 影响正常使用的振动。

④ 影响正常使用的其他特定状态（如沉降量过大等）。

（3）耐久性极限状态（图 1-18）：当结构或构件出现下列状态之一时，应认定为超过耐久性极限状态：

① 影响承载能力和正常使用的材料性能劣化；

② 影响耐久性能的裂缝、变形、缺口、外观、材料削弱等；

③ 影响耐久性能的其他特定状态。

 特别提示

（1）承载能力极限状态是保证结构安全性的，正常使用极限状态是保证结构适用性的，而耐久性极限状态是保证结构耐久性的。

（2）结构设计年限分四类。

一类（临时性建筑结构）：设计使用年限 5 年。

二类（易于替换的结构构件）：设计使用年限 25 年。

三类（普通房屋和构筑物）：设计使用年限 50 年。

四类（标志性建筑和特别重要的建筑结构）：设计使用年限 100 年。

4. 结构极限状态方程

结构和构件的工作状态，可以由该结构构件所承受的荷载效应 S 和结构抗力 R 两者的关系来描述，即

$$Z=R-S$$

上式称为结构的功能函数，用来表示结构的三种工作状态：

当 $Z>0$ 时（即 $R>S$），结构处于可靠状态；

当 $Z=0$ 时（即 $R=S$），结构处于极限状态；

当 $Z<0$ 时（即 $R<S$），结构处于失效状态。

 特别提示

（1）荷载效应 S 与施加在结构上的外荷载有关，其计算方法见模块 5。

（2）要保证结构可靠，所有的结构计算要满足 $S \leq R$（即 $Z \geq 0$）。

1.1.3 建筑结构的发展趋势

1. 墙体材料改革

墙体材料总的发展趋势是走节能、节土、低污染、轻质、高强度、配套化、易于施工、劳动强度低的发展道路。

我国墙体材料的发展趋势如下。

（1）以黏土为原料的产品大幅度减少，向空心化和装饰化方向发展。

（2）发展满足建筑功能要求、保温隔热性能优良、自重轻、强度高、便于机械化施工的各类内外墙板；发展承重混凝土小型空心砌块和承重利废空心砖，非承重墙体材料应以

利废的各类非承重砌块和轻板为主；发展承重的空心砖和混凝土小型空心砌块。

(3) 充分利用废弃物生产建筑材料，使粉煤灰、煤矸石等工业废渣、建筑垃圾和生活垃圾等废弃物有效利用。实现产品的规范化、标准化、模数化，使多功能复合型的新型墙体材料产品得到快速发展。

(4) 开发各种新的制砖技术，如垃圾砖生产技术、蒸压粉煤灰砖生产技术、烧结粉煤灰砖生产技术、泡沫砖生产技术等。

(5) 新型墙材的革新着重于建筑节能的推广。

2. 混凝土结构发展

混凝土结构的发展方向：高强度和高性能混凝土的应用；发展轻集料混凝土，如浮石混凝土、陶粒混凝土、纤维混凝土；钢混凝土混合结构的应用；预应力混凝土的应用等。

3. 装配式结构的推广

装配式混凝土结构是我国建筑结构发展的重要方向之一，它有利于我国建筑工业化的发展、提高生产效率节约能源、发展绿色环保建筑，并且有利于提高和保证建筑工程质量。与现浇施工工法相比，装配式混凝土结构有利于绿色施工，因为装配式施工更符合绿色施工节地、节能、节材、节水和环境保护的要求，降低对环境的负面影响，包括降低噪声，防止扬尘，减少环境污染，清洁运输，减少场地干扰，节约水、电、材料等资源和能源，遵循可持续发展的原则。而且，装配式结构可以连续地按顺序完成工程的多个或全部工序，从而减少进场的工程机械种类和数量，消除工序衔接的停闲时间，实现立体交叉作业，减少施工人员，从而提高工效、降低物料消耗、减少环境污染，为绿色施工提供保障。另外，装配式结构在较大程序上减少了建筑垃圾 (占城市垃圾问题的 30% ~ 40%)，如废钢筋、废铁丝、废竹木材、废弃混凝土等。

1.2 结构抗震知识

应用案例1-1

北京时间 2008 年 5 月 12 日，在我国四川省发生了里氏 8.0 级的特大地震。震中位于四川省汶川县的映秀镇 (东经 103°24′，北纬 31°)，震源深度 33 km，震中烈度达 11 度，破坏特别严重的地区超过 10 万平方千米。地震造成特别重大灾害，给人民的生活和财产造成了巨大损失。

那么什么是地震？上述名词有何解释？房屋如何抗震？

1.2.1 地震的基本概念

地震是一种突发性的自然灾害，其作用结果是引起地面的颠簸和摇晃。由于我国地处两大地震带 (即环太平洋地震带和地中海 – 南亚地震带) 的交汇区，且东部我国台湾及西部青藏高原直接位于两大地震带上，因此地震区分布广，发震频繁，是一个地震多发的国家。

地震发生的地方称为震源；震源正上方的位置称为震中；震中附近地面振动最厉害，也是破坏最严重的地区，称为震中区或极震区；地面某处至震中的距离称为震中距；地震时地面上破坏程度相近的点连成的线称为等震线；震源至地面的垂直距离称为震源深度（图 1.19）。

依其成因，地震可分为三种主要类型：火山地震、塌陷地震和构造地震。根据震源深度不同，又可将构造地震分为三种：浅源地震——震源深度不大于 60 km；中源地震——震源深度 60 ~ 300 km；深源地震——震源深度大于 300 km。

地震引起的振动以波的形式从震源向各个方向传播，它使地面发生剧烈的运动，从而使房屋产生上下跳动及水平晃动。当建筑结构经受不住这种剧烈的颠晃时，就会产生破坏甚至倒塌。

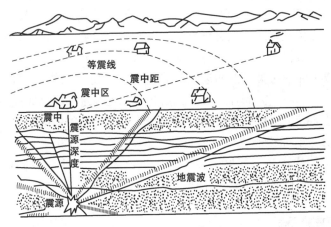

图 1.19 地震

1. 地震的震级

衡量地震大小的等级称为震级，它表示一次地震释放能量的多少，一次地震只有一个震级。地震的震级用 M 表示，单位是"里氏"。

一般来说，震级小于里氏 2 级的地震，人们感觉不到，称为微震；里氏 2 ~ 4 级的地震称为有感地震；5 级以上的地震称为破坏地震，会对建筑物造成不同程度的破坏；7 ~ 8 级地震称为强烈地震或大地震；超过 8 级的地震称为特大地震。到目前，世界震级最大的地震是 1960 年发生在智利的里氏 9.5 级地震。1976 年我国河北唐山发生的地震为 7.8 级，2008 年 5 月 12 日四川汶川地震为 8 级。

2. 地震烈度

地震烈度是指某一地区地面和建筑物遭受一次地震影响的强烈程度。地震烈度不仅与震级大小有关，而且与震源深度、震中距、地质条件等因素有关。一次地震只有一个震级，然而同一次地震却有好多个烈度区。一般来说，离震中越近，烈度越高。我国地震烈度采用十二度划分法（表 1-1）。

表 1-1　中国地震烈度表

烈度	在地面上人的感觉	房屋震害现象	其他震害现象
I	无感		
II	室内个别静止中人有感觉		
III	室内少数静止中人有感觉	门、窗轻微作响	悬挂物微动
IV	室内多数人、室外少数人有感觉，少数人梦中惊醒	门、窗作响	悬挂物明显摆动，器皿作响
V	室内普遍、室外多数人有感觉，多数人梦中惊醒	门窗、屋顶、屋架颤动作响，灰土掉落，抹灰出现微细裂缝，有檐瓦掉落，个别屋顶烟囱掉砖	不稳定器物摇动或翻倒
VI	多数人站立不稳，少数人惊逃户外	损坏——墙体出现裂缝，檐瓦掉落，少数屋顶烟囱裂缝、掉落	河岸和松软土出现裂缝，饱和砂层出现喷砂冒水；有的独立砖烟囱轻度裂缝
VII	大多数人惊逃户外，骑自行车的人有感觉，行驶中的汽车驾乘人员有感觉	轻度破坏——局部破坏，开裂，小修或不需要修复可继续使用	河岸出现塌方；饱和砂层常见喷砂冒水，松软土地上地裂缝较多；大多数独立砖烟囱中等破坏
VIII	多数人摇晃颠簸，行走困难	中等破坏——结构破坏，需要修复才能使用	干硬土上亦出现裂缝；大多数独立砖烟囱严重破坏，树梢折断；房屋破坏导致人畜伤亡
IX	行动的人会摔倒	严重破坏——结构严重破坏，局部倒塌，修复困难	干硬土上出现许多地方有裂缝；基岩可能出现裂缝、错动；滑坡塌方常见；独立砖烟囱倒塌
X	骑自行车的人会摔倒，处于不稳状态的人会摔离原地，有抛起感	大多数倒塌	山崩和地震断裂出现；基岩上拱桥破坏；大多数独立砖烟囱从根部破坏或倒毁
XI	—	普遍倒塌	地震断裂延续很长；大量山崩滑坡
XII	—	—	地面剧烈变化，山河改观

3. 抗震设防烈度

抗震设防烈度是按国家批准权限审定，作为一个地区抗震设防依据的地震烈度。《建筑抗震设计规范》给出了全国主要城镇抗震设防烈度。表 1-2 给出了全国主要城市抗震设防烈度。

【全国抗震设防烈度】

表 1-2　全国主要城市抗震设防烈度

烈　度	城市名
6 度 (0.05g)	重庆、哈尔滨、杭州、南昌、济南、武汉、长沙、南宁、贵阳、青岛
7 度 (0.1g)	上海、石家庄、沈阳、长春、南京、合肥、福州、广州、成都、西宁、澳门、大连、深圳、珠海
7 度 (0.15g)	天津、厦门、郑州、香港
8 度 (0.2g)	北京、太原、呼和浩特、昆明、拉萨、西安、兰州、银川、乌鲁木齐
8 度 (0.3g)	海口、台北

注：括号内数字是设计基本地震加速度值。

抗震设防烈度为6度及以上地区的建筑，必须进行抗震设计。抗震设防烈度大于9度地区的建筑和行业有特殊要求的工业建筑，其抗震设计应按有关专门规定执行。即我国抗震设防的范围为地震烈度为6度、7度、8度和9度的地区。

特别提示

(1) 我国抗震设防烈度为6~9度，6~9度必须进行抗震计算和构造设计。

(2) 震级和烈度是两个概念，新闻报道的都是震级，烈度仅对地面和房屋的破坏程度而言。

(3) 对于一次地震，只能有一个震级，而有多个烈度。一般来说离震中愈远地震烈度愈小，震中区的地震烈度最大，并称为"震中烈度"。我国地震烈度分为1~12度。

4. 抗震设防的一般目标

抗震设防是指对建筑物进行抗震设计并采取抗震构造措施，以达到抗震的效果。抗震设防的依据是抗震设防烈度。《建筑抗震设计规范》提出了"三水准两阶段"的抗震设防目标。

(1) 第一水准——小震不坏：当遭受低于本地区抗震设防烈度的多遇地震影响时，建筑物一般不受损坏或不需修理可继续使用。

(2) 第二水准——中震可修：当遭受相当于本地区抗震设防烈度的地震影响时，建筑物可能损坏，经一般修理或不需修理仍可继续使用。

(3) 第三水准——大震不倒：当遭受高于本地区抗震设防烈度预估的罕遇地震影响时，建筑物不致倒塌或发生危及生命的严重破坏。

"两阶段"指弹性阶段的承载力计算和弹塑性阶段的变形验算。

1.2.2 地震的破坏作用

1. 地表的破坏现象

在强烈地震作用下，地表的破坏现象为地裂缝（图1.20）、喷砂冒水、地面下沉及河岸、陡坡滑坡。

2. 建筑物的破坏现象

(1) 结构丧失整体性：房屋建筑或构筑物是由许多构件组成的，在强烈地震作用下，构件连接不牢、支承长度不够和支承失稳等都会使结构丧失整体性而破坏（图1.21）。

(2) 强度破坏：如地震时砖墙产生交叉斜裂缝，钢筋混凝土柱被剪断、压酥等（图1.22）。

(3) 地基失效：在强烈地震作用下，地基承载力可能下降甚至丧失，也可能由于地基饱和砂层液化而造成建筑物沉陷、倾斜或倒塌。

图 1.20　地震产生的地裂缝　　　　图 1.21　地震产生的房屋破坏现象

图 1.22　地震的砖墙产生交叉斜裂缝、钢筋混凝土柱被压酥的现象

3. 次生灾害

次生灾害是指地震时给排水管网、煤气管道、供电线路的破坏，以及易燃、易爆、有毒物质、核物质容器的破裂，堰塞湖等造成的水灾、火灾、污染、瘟疫等严重灾害。这些次生灾害造成的损失有时比地震造成的直接损失还大。

在 2011 年 3 月 11 日，日本当地时间 14 时 46 分，东北部海域发生里氏 9.0 级地震并引发海啸，造成重大人员伤亡和财产损失。地震引发的海啸影响到太平洋沿岸的大部分地区。地震造成日本福岛第一核电站 1 ~ 4 号机组发生核泄漏事故。

1.2.3　建筑抗震设防分类

在进行建筑设计时，应根据建筑的重要性不同，采取不同的抗震设防标准。《建筑工程抗震设防分类标准》将建筑按其使用功能的重要程度不同，分为以下四类。

(1) 甲类 (特殊设防类)：指使用上有特殊设施，涉及国家公共安全的重大建筑工程和地震时可能发生严重次生灾害等特别重大灾害后果，需要进行特殊设防的建筑。

【建筑抗震设防分类及标准】

(2) 乙类 (重点设防类)：指地震时使用功能不能中断或需尽快恢复的生命线相关建

筑，以及地震时可能导致大量人员伤亡等重大灾害后果，需要提高设防标准的建筑。

（3）丙类（标准设防类）：指大量的除（1）、（2）、（4）条以外按标准要求进行设防的建筑。如居住建筑的抗震设防类别不应低于标准设防类。

（4）丁类（适度设防类）：使用上人员稀少且震损不致产生次生灾害，允许在一定条件下适度降低要求的建筑。

1.2.4 抗震设计的基本要求

为了减轻建筑物的地震破坏，避免人员伤亡，减少经济损失，对地震区的房屋必须进行抗震设计。建筑结构的抗震设计分为两大部分：一是计算设计——对地震作用效应进行定量分析计算；二是概念设计——正确地解决总体方案、材料使用和细部构造，以达到合理抗震设计的目的。根据概念设计的原理，在进行抗震设计、施工及材料选择时，应遵守下列一些要求。

（1）选择对抗震有利的场地和地基。

（2）选择对抗震有利的建筑体型。建筑平面和立面布置宜规则、对称，其刚度和质量分布宜均匀。

（3）选择合理的抗震结构体系。

（4）结构构件应有利于抗震。

砌体结构应按规定设置钢筋混凝土圈梁和构造柱、芯柱，或采用配筋砌体等；多高层的混凝土楼、屋盖宜优先采用现浇混凝土板。

（5）处理好非结构构件。

（6）采用隔震和消能减震设计。

（7）合理选用材料。

结构材料性能指标，应符合下列最低要求。

① 砌体结构材料应符合下列规定：普通砖和多孔砖的强度等级不应低于 MU10，其砌筑砂浆强度等级不应低于 M5；混凝土砌块的强度等级不应低于 MU7.5，其砌筑砂浆强度等级不应低于 Mb7.5。

② 混凝土结构材料应符合下列规定：框支梁、框支柱及抗震等级为一级的框架梁、柱、节点核心区的混凝土，其强度等级不应低于 C30；构造柱、芯柱、圈梁及其他各类构件的混凝土强度等级不应低于 C20。

③ 钢材应有良好的焊接性和合格的冲击韧度。

④ 普通钢筋宜优先采用延性、韧性和可焊性较好的钢筋；纵向受力钢筋宜选用符合抗震性能指标的 HRB 400 级热轧钢筋，也可采用符合抗震性能指标的 HRB 335 级热轧钢筋；箍筋宜选用符合抗震性能指标的不低于 HRB 335 级的热轧钢筋，也可选用 HPB 300 级热轧钢筋。

（8）保证施工质量。

① 在施工中，当需要以强度等级较高的钢筋代替原设计中的纵向受力钢筋时，应按照钢筋受拉承载力设计值相等的原则换算，并应满足最小配筋率要求。

② 钢筋混凝土构造柱和底部框架－抗震墙房屋中的砌体抗震墙，其施工应先砌墙后浇混凝土构造柱和框架梁柱。

 特别提示

(1) 砌体：块材的强度等级表示方法为 MU××；砂浆的强度等级表示方法为 M××。

(2) 混凝土的强度等级表示方法为 C××。后面数值越大，其强度等级越高。

(3) 钢筋的级别：HPB 300——Ⅰ级钢；HRB 335——Ⅱ级钢；HRB 400——Ⅲ级钢。

1.3　课程教学任务、目标和学习方法

1.3.1　教学任务

本课程的教学任务是使学生了解必要的力学基础知识，掌握建筑结构的基本概念以及结构施工图的识读方法，能运用所学知识分析和解决建筑工程实践中较为简单的结构问题；培养学生的力学素质，为学习其他课程提供必要的基础；同时培养学生严谨、科学的思维方法和认真、细致的工作态度。

学好"建筑力学与结构"是正确理解和贯彻设计意图、确定建筑及施工方案、组织施工、处理建筑施工中的结构问题、防止发生工程事故及保证工程质量，所必须具备的知识。

课程讲授时，建议多结合当地实际，播放录像、进行多媒体教学、参观建筑工地等。

1.3.2　教学目标

本课程教学约 74 学时，通过一学期的学习，应达到以下目标。

1. 知识目标

领会必要的力学概念；了解建筑结构材料的主要力学性能；掌握建筑结构基本构件的受力特点；掌握简单结构构件的设计方法；了解建筑结构抗震基本知识；掌握建筑结构施工图的识读方法。

2. 能力目标

具有对简单结构进行结构分析和绘制内力图的能力；具有正确选用各种常用结构材料的能力；具有熟练识读结构施工图和绘制简单结构施工图的能力；理解钢筋混凝土基本构件承载力的计算思路；熟悉钢筋混凝土结构、砌体结构、钢结构以及建筑物基础的主要构造，能理解建筑工程中出现的一般结构问题。

3. 思想素质目标

培养学生从事职业活动所需要的工作方法和学习方法，养成科学的思维习惯；培养勤

奋向上、严谨求实的工作态度；具有自学和拓展知识、接受终生教育的基本能力。

1.3.3 课程特点

(1) 本课程内容较多，公式多，符号多，不能死记硬背，要结合图纸、结合实际来理解，在理解的基础上逐步记忆。

(2) 注意学习我国现行标准：《建筑结构荷载规范》(GB 50009—2012)、《建筑结构可靠性设计统一标准》(GB 50068—2018)、《混凝土结构设计规范》(2015 年版)(GB 50010—2010)、《砌体结构设计规范》(GB 50003—2011)、《建筑地基基础设计规范》(GB 50007—2011)、《钢结构设计规范》(GB 50017—2003)、《建筑抗震设计规范》(2016 年版)(GB 50011—2010)、《建筑工程抗震设防分类标准》(GB 50223—2008) 及国家建筑标准设计图集《混凝土结构施工图平面整体表示方法制图规则和构造详图》(16G101)。国家规范和标准是建筑工程设计、施工的依据，必须熟悉并正确应用。

(3) 本书的内容围绕两套图纸展开，因此，必须先看懂图纸。同时结合当地的实际工程，学有所用。

(4) 本课程与"建筑材料""建筑识图与房屋构造""建筑施工技术"等课程有密切关系，要学好这门课程必须努力学好上述几门课程。

模块小结

(1) 结构的功能要求。在正常使用和施工时，能承受可能出现的各种作用。在正常使用时具有良好的工作性能。在正常维护下具有足够的耐久性能。在设计规定的偶然事件发生时及发生后，仍能保持必需的整体稳定性。概括起来就是安全性、适用性、耐久性，统称可靠性。

(2) 结构的极限状态。结构的极限状态是指整个结构或结构的一部分超过某一特定状态就不能满足设计规定的某一功能要求，此特定状态就称为结构的极限状态。极限状态分为承载能力极限状态、正常使用极限状态和耐久性极限状态。承载能力极限状态是指结构构件达到最大承载能力或不适于继续承载的变形；一旦超过此状态，就可能发生严重后果。正常使用极限状态是指结构或结构构件达到正常使用的某项规定限制，耐久性极限状态是指材料性能劣化、材料削弱等。

(3) 我国抗震设防是"三水准两阶段"原则。"三水准"是指小震不坏，中震可修，大震不倒；"两阶段"指弹性阶段的承载力计算和弹塑性阶段的变形验算。

(4) 抗震概念设计的要求：选择对抗震有利的场地和地基，选择对抗震有利的建筑体型，选择合理的抗震结构体系，结构构件应有利于抗震，处理好非结构构件，采用隔震和消能减震设计，合理选用材料，保证施工质量等。

习 题

1. 填空题

(1) 房屋建筑中能承受荷载作用，起骨架作用的体系称为 ＿＿＿＿＿＿＿＿。

(2) 建筑结构按受力和构造特点不同可分 ＿＿＿＿＿＿＿、＿＿＿＿＿＿＿、＿＿＿＿＿＿＿、＿＿＿＿＿＿＿、＿＿＿＿＿＿＿。

(3) 建筑结构按所用的材料不同分为 ＿＿＿＿＿＿＿＿、＿＿＿＿＿＿＿＿、＿＿＿＿＿＿＿＿、＿＿＿＿＿＿＿＿。

(4) 框架结构的主要承重体系由 ＿＿＿＿＿＿＿ 和 ＿＿＿＿＿＿＿组成。

(5) 结构的 ＿＿＿＿＿＿＿、＿＿＿＿＿＿＿ 和 ＿＿＿＿＿＿＿总称为结构的可靠性。

(6) 结构或构件达到最大承载能力或不适于继续承载的变形的极限状态称为 ＿＿＿＿＿＿＿。

(7) 结构或构件达到正常使用的某项规定限值的极限状态称为 ＿＿＿＿＿＿＿。

(8) 根据结构的功能要求，极限状态可划分为 ＿＿＿＿＿＿＿、＿＿＿＿＿＿＿ 和 ＿＿＿＿＿＿＿。

2. 选择题

(1) 当结构或结构的一部分作为刚体失去了平衡状态，就认为超出了(　　)。

A．承载能力极限状态　　　　　　　B．正常使用极限状态

C．刚度　　　　　　　　　　　　　D．柔度

(2) 下列几种状态中，不属于超过承载力极限状态的是(　　)。

A．结构转变为机动体系　　　　　　B．结构丧失稳定

C．地基丧失承载力而破坏　　　　　D．结构产生影响外观的变形

(3) 结构的可靠性是指(　　)。

A．安全性、耐久性、稳定性　　　　B．安全性、适用性、稳定性

C．适用性、耐久性、稳定性　　　　D．安全性、适用性、耐久性

(4)《建筑抗震设计规范》提出的抗震设防目标为(　　)。

A．三水准两阶段　　　　　　　　　B．三水准三阶段

C．两水准三阶段　　　　　　　　　D．单水准单阶段

(5) 在抗震设防中，小震对应的是(　　)。

A．小型地震　　　B．多遇地震　　　C．偶遇地震　　　D．罕遇地震

(6) (　　)结构形式对抗震是最有利的。

A．框架　　　　　B．砌体　　　　　C．剪力墙　　　　D．桁架

(7) 下列结构类型中，抗震性能最佳的是(　　)。

A．钢结构　　　　　　　　　　　　B．现浇钢筋混凝土结构

C．预应力混凝土结构　　　　　　　D．装配式钢筋混凝土结构

(8) (　　)结构布置对抗震是不利的。

A．结构不对称　　　　　　　　　　B．各楼层屈服强度按层高变化

C．同一楼层的各柱等刚度　　　　　D．采用变截面抗震墙

(9) 框架结构的特点有（　　）。

A．建筑平面布置灵活　　　　　　　B．适用于商场、展厅以及轻工业厂房

C．构件简单　　　　　　　　　　　D．施工方便

3．判断题

(1) 结构在正常使用时，不能出现影响正常使用或外观的变形。　　　　　　　（　　）

(2) 构件若超出承载能力极限状态，就有可能发生严重后果。　　　　　　　　（　　）

(3) 目前来讲，抗震能力的概念设计比理论计算重要。　　　　　　　　　　　（　　）

模块 2 建筑结构施工图

教学目标

了解结构施工图的内容和图示方法；对《混凝土结构施工图平面整体表示方法制图规则和构造详图》(16G101，以下简称"平法")有所认识。

教学要求

能力目标	相关知识	权重
认识常用结构代号及钢筋的画法	了解结构施工图的内容和图示方法	30%
梁柱钢筋的表示方法，构造做法	混凝土结构平面整体表示方法施工图（平法）	70%

学习重点

常用构件的代号，结构说明，基础结构图，各楼层结构平面图，梁配筋平法表示方法，柱配筋平法表示方法，构件详图的识读。

引例

图 1.1(a) 所示为二层砖混结构办公楼（实例一）的建筑效果图，图 1.1(b) 所示为二层框架结构教学楼（实例二）的建筑效果图，其建筑施工图和结构施工图分别见附录 A、B。实际工程中我们见到的都是施工图。

附录 A 是一栋砖混结构办公楼（实例一），层高 3.6 m，平面尺寸为 42.9 m×13.2 m。建筑抗震设防烈度为 7 度。办公楼面为预制板，其卫生间为现浇钢筋混凝土楼（屋）面，墙体采用 MU10 蒸压粉煤灰砖砌筑。其建筑平、立、剖面图见图建施-1～建施-4。一栋房屋从施工到建成，需要有全套房屋施工图（即常说的建筑施工图、结构施工图、水施工图、电施工图、暖通施工图等）做指导。在整套施工图中，建筑施工图处于主导地位，结构施工图是施工的重要依据。

思考：如何读懂结构施工图呢？结构施工图表达的内容是什么？

我们在"建筑制图"课程中学习过建筑施工图，知道建筑施工图只表达了建筑的外形、大小、功能、内部布置、内外装修和细部结构的构造做法。而建筑物的各承重构件（如基础、柱、梁、板等）的布置和配筋并没有表达出来。因此，在进行房屋设计时除了画出建筑施工图外，还要进行结构设计，画出结构施工图。本模块将介绍结构施工图的内容。

2.1 结构施工图的内容与作用

2.1.1 结构施工图的内容

结构施工图主要表示承重构件（基础、墙体、柱、梁、板等）的结构布置，构件种类、数量，构件的内部构造，配筋和外部形状大小，材料及构件间的相互关系。其内容包括：

(1) 结构设计总说明；

(2) 基础图，包括基础（含设备基础、基础梁、地圈梁）平面图和基础详图；

(3) 结构平面布置图，包括楼层结构平面布置图和屋面结构布置图；

(4) 柱（墙）、梁、板的配筋图，包括梁、板结构详图；

【剪力墙结构图】

(5) 结构构件详图，包括楼梯结构详图和其他详图（如预埋件、连接件等）。

上述顺序即为识读结构施工图的顺序。

特别提示

结构施工图必须和建筑施工图密切配合，它们之间不能产生矛盾。

根据工程的复杂程度，结构说明的内容有多有少，一般设计单位将内容详列在一张"结构设计说明"图纸上。

2.1.2 结构施工图的作用

结构施工图主要作为施工放线、开挖基槽、安装梁板构件、浇筑混凝土、编制施工预算、进行施工备料及做施工组织计划等的依据。

2.1.3 常用结构构件代号和钢筋的画法

常用构件代号见表 2-1。

表 2-1　常用结构构件代号

序号	名　　称	代号	序号	名　　称	代号
1	板	B	15	楼梯梁	TL
2	屋面板	WB	16	框支梁	KZL
3	空心板	KB	17	框架梁	KL
4	槽形板	CB	18	屋面框架梁	WKL
5	折板	ZB	19	框架	KJ
6	楼梯板	TB	20	刚架	GJ
7	预应力空心板	YKB	21	柱	Z
8	屋面梁	WL	22	构造柱	GZ
9	吊车梁	DL	23	承台	CT
10	梁	L	24	桩	ZH
11	圈梁	QL	25	雨篷	YP
12	过梁	GL	26	阳台	YT
13	连系梁	LL	27	预埋件	M
14	基础梁	JL	28	基础	J

 特别提示

钢筋代号：φ——HPB 300 级钢筋；Φ——HRB 335 级钢筋；Φ——HRB 400 级钢筋；Φ——HRB 500 级钢筋。

例如，φ8@200 表示 HPB 300 级钢筋，直径为 8 mm，间距为 200 mm；4Φ18 表示 4 根直径 18 mm 的 HRB 400 级钢筋。

2.2　钢筋混凝土框架结构施工图

【框架结构施工图】

应用案例2-1

本模块引例教学楼为二层全现浇钢筋混凝土框架结构，层高 3.6 m，平面尺寸为 45 m×17.4 m。建筑抗震设防烈度为 7 度。其建筑平立面图见附录 B 图建施 -1~建施 -3。三维效果图见图 1.1(b)。

思考：该楼的图纸表达与本模块引例有何异同？

结施 -3 是柱平法施工图，结施 -5 和结施 -7 为楼面、屋面梁平法施工图。什么是平法施工图？制图规则有何规定？

平法是目前我国混凝土结构施工图的主要设计表示方法。平法的表达形式，概括来讲，是把结构构件的尺寸和配筋等，按照平面整体表示方法制图规则，整体直接表达在各类构件的结构平面布置图上，再与标准构造详图相配合，即构成一套完整的结构设计施工图纸。

平法施工图由于采用了全新的平面整体表示方法制图规则来表达，在识读平法施工图时，应首先掌握平法制图规则。对平法标准构造图集的识读，更多的是需要对规范条文的理解和一定施工经验的积累。现主要介绍 16G101—1 标准设计图集的识读。

1. 柱平法施工图制图规则

柱平法施工图系在柱平面布置图上采用列表注写方式或截面注写方式表达柱构件的截面形状、几何尺寸、配筋等设计内容，并用表格或其他方式注明包括地下和地上各层的结构层楼（地）面标高、结构层高及相应的结构层号（与建筑楼层号一致）。

柱编号方式见表 2-2。

表 2-2 柱编号

柱类型	代号	序号	柱类型	代号	序号
框架柱	KZ	××	梁上柱	LZ	××
转换柱	ZHZ	××	剪力墙上柱	QZ	××
芯柱	XZ	××			

结构层标高指扣除建筑面层及垫层做法厚度后的标高，如图 2.1 所示。结构层应含地下及地上各层，同时应注明相应结构层号（与建筑楼层号一致）。

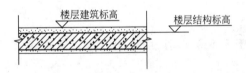

图 2.1 结构层楼面标高示例

1) 截面注写方式

截面注写方式是指在分标准层绘制的柱平面布置图的柱截面上，分别在同一编号的柱中选择一个截面，以直接注写截面尺寸和配筋具体数值的方式，来表达柱平法施工图（图 2.2）。首先对所有柱截面进行编号，从相同编号的柱中选择一个截面，按另一种比例在原位放大绘制柱截面配筋图，并在各配筋图上继其编号后再注写截面尺寸 $b×h$、角筋或全部纵筋、箍筋的具体数值，并在柱截面配筋图上标注柱截面与轴线关系的具体数值。

 特别提示

截面注写方式绘制的柱平法施工图图纸数量一般与标准层数相同。但对不同标准层的不同截面和配筋，也可根据具体情况在同一柱平面布置图上用加括号"（ ）"的方式来区分和表达不同标准层的注写数值。加括号的方法是设计人员经常用来区分图纸上图形相同、数值不同时的有效方法。

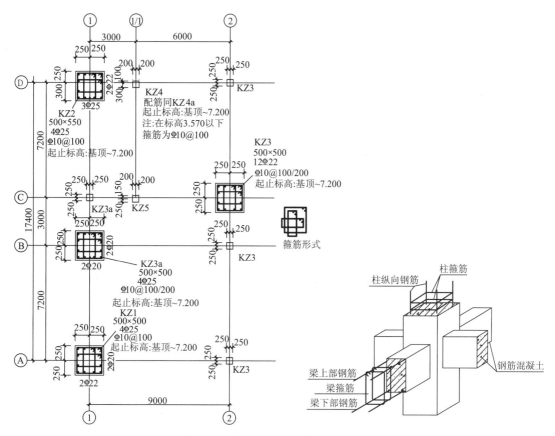

图 2.2　柱平法施工图截面注写方式

2) 结构层楼面标高、结构层高及相应结构层号

此项内容可以用表格或其他方法注明，用来表达所有柱沿高度方向的数据，方便设计和施工人员查找、修改。层号为 2 的楼层，其结构层楼面标高为 3.57 m，层高为 3.6 m，见表 2-3。

表 2-3　结构层标高及结构层高示例

层　　号	标高 /m	层高 /m
屋面	7.20	0
2	3.57	3.60
1	基础顶面	3.60

应用案例解读1

图 2.2 中：框架柱 KZ1 是角柱，截面尺寸为 500 mm × 500 mm，柱中纵向受力钢筋：四角 4Φ25，两边各配有 2Φ22 和 2Φ20 钢筋，箍筋Φ10@100(表示箍筋为 HRB 400 级钢筋，直径为 10 mm，沿全高加密，间距为 100 mm)。框架柱 KZ2 仍是角柱，截面尺寸为 500 mm × 550 mm，柱中纵向受力钢筋：四角 4Φ25，两边各配有 3Φ25、2Φ22 钢筋，箍筋Φ10@100(表示箍筋为 HRB 400 级钢筋，直径为 10 mm，沿全高加密，间距为 100 mm)。框架柱 KZ3，截面尺寸 500 mm × 500 mm，柱中纵向受力钢筋 12Φ22，箍筋Φ

10@100/200(表示箍筋为 HRB 400 级钢筋，直径为 10 mm，加密区间距为 100 mm，非加密区间距为 200 mm)。柱高度自基础顶到 7.200 m。

图 2.3 所示为 KZ3 配筋图及抽筋图，读者可以对照阅读。

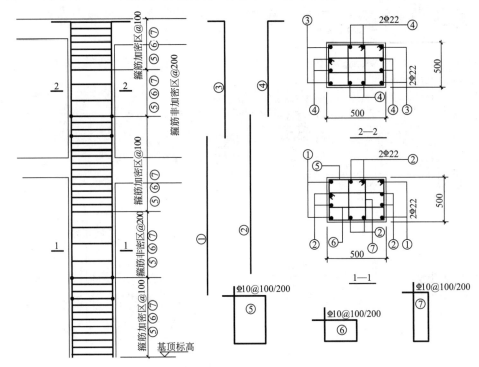

图 2.3　KZ3 配筋图及抽筋图

 知识链接

柱列表注写方式

柱列表注写方式，就是在柱平面布置图上，分别在不同编号的柱中各选择一个(有时需几个)截面，标注柱的几何参数代号；另在柱表中注写柱号、柱段起止标高、几何尺寸与配筋具体数值；同时配以各种柱截面形状及其箍筋类型图的方式，来表达柱平法施工图。一般情况下，用一张图纸便可以将本工程所有柱的设计内容(构造要求除外)一次性表达清楚。

第 1 部分：柱平面布置图。在柱平面布置图上，分别在不同编号的柱中各选择一个(或几个)截面，标注柱的几何参数代号 b_1、b_2、h_1、h_2，用以表示柱截面形状及与轴线的关系。

第 2 部分：柱表。柱表内容包含以下六部分。

(1) 编号：由柱类型代号(如 KZ…)和序号(如 1，2，…)组成，应符合表 2-3 的规定。给柱编号一方面使设计和施工人员对柱的种类、数量一目了然；另一方面，在必须与之配套使用的标准构造详图中，也按构件类型统一编制了代号，这些代号与平法图中相同类型的构件的代号完全一致，使二者之间建立明确的对应互补关系，从而保证结构设计的完整性。

(2) 各段柱的起止标高：自柱根部往上，以变截面位置或截面未变但配筋改变处为界分段注写。框架柱和框支柱的根部标高系指基础顶面标高。梁上柱的根部标高系指梁顶面标高。剪力墙上柱的根部标高分两种：当柱纵筋锚固在墙顶部时，其根部标高为墙顶面标高；

当柱与剪力墙重叠一层时，其根部标高为墙顶面往下一层的结构层楼面标高，如图2.4所示。

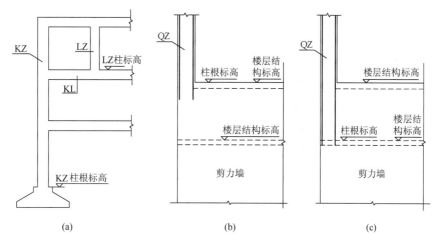

图 2.4　柱的根部标高起始点示意图

(a) 框架柱、框支柱、梁上柱；(b)、(c) 剪力墙上柱

(3) 柱截面尺寸 $b \times h$ 及与轴线关系的几何参数代号 b_1、b_2 和 h_1、h_2 的具体数值，须对应各段柱分别注写。其中 $b = b_1 + b_2$，$h = h_1 + h_2$。当截面的某一边收缩变化至与轴线重合或偏离轴线的另一侧时，b_1、b_2、h_1、h_2 中的某项为零或为负值，如图2.5所示。

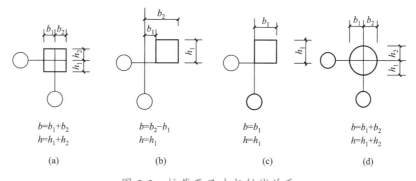

图 2.5　柱截面尺寸与轴线关系

(4) 柱纵筋：分角筋、截面 b 边中部筋和 h 边中部筋三项。当柱纵筋直径相同，各边根数也相同时，可将纵筋写在"全部纵筋"一栏中。采用对称配筋的矩形柱，可仅注写一侧中部筋，对称边省略。

(5) 箍筋种类、型号及箍筋肢数，在箍筋类型栏内注写。具体工程所设计的箍筋类型图及复合箍筋的具体方式，须画在表的上部或图中的适当位置，并在其上标注与表中相对应的 b、h 和类型号。各种箍筋的类型如图2.6所示。

(6) 柱箍筋：包括钢筋级别、直径与间距。当为抗震设计时，用斜线"/"区分柱端箍筋加密区与柱身非加密区长度范围内箍筋的不同间距。例如：$\Phi 8@100/200$，表示箍筋为HRB 400级钢筋，直径为 8 mm，加密区间距为 100 mm，非加密区间距为 200 mm。当柱纵筋采用搭接连接，在柱纵筋搭接长度范围内（应避开柱端的箍筋加密区）的箍筋，均应按 $\leqslant 5d$（d 为柱纵筋较小直径）及 $\leqslant 100$ mm 的间距加密。

2. 梁平法施工图制图规则

梁平法施工图，是在梁平面布置图上采用平面注写方式或截面注写方式表达。在梁平法施工图中，也应注明结构层的顶面标高及相应的结构层号（同柱平法标注）。需要提醒注意的是：在柱、剪力墙和梁平法施工图中分别注明的楼层结构标高及层高必须保持一致，以保证用同一标准竖向定位。通常情况下，梁平法施工图的图纸数量与结构楼层的数量相同，图纸清晰简明，便于施工。

应用案例解读2

图 2.2 所述框架若用柱列表注写方式表达，如图 2.6 所示。

柱 表

柱号	标高/m	$b \times h$ /mm	b_1 /mm	b_2 /mm	h_1 /mm	h_2 /mm	角筋	b 边一侧	h 边一侧	箍筋类型号	箍筋	备注
KZ1	基顶～7.200	500×500	250	250	250	250	4 ⊈ 25	2 ⊈ 22	2 ⊈ 20	1(4×4)	⊈10@100	起止标高：基顶～7.200
KZ2	基顶～7.200	500×550	250	250	300	250	4 ⊈ 25	3 ⊈ 25	2 ⊈ 22	1(4×4)	⊈10@100	起止标高：基顶～7.200
KZ3	基顶～7.200	500×500	250	250	250	250	4 ⊈ 22	2 ⊈ 22	2 ⊈ 22	1(4×4)	⊈10@100/200	起止标高：基顶～7.200
KZ4	基顶～7.200	400×400	200	200	250 (300)	150 (100)	4 ⊈ 22	2 ⊈ 22	2 ⊈ 20	1(4×4)	⊈10@100 ⊈10@100/200	起止标高：基顶～3.570 3.570～7.200

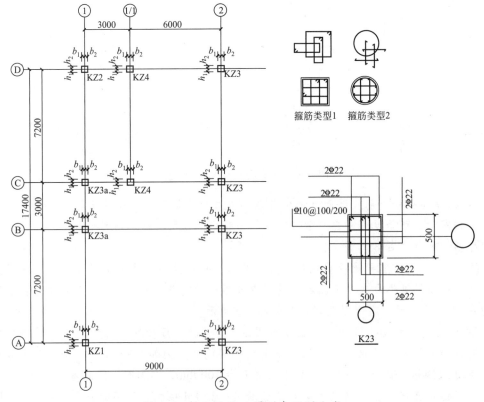

图 2.6 柱平法施工图列表注写方式

平面注写方式，是在梁平面布置图上，分别在不同编号的梁中各选 1 根梁，在其上注写截面尺寸和配筋等具体数值的方式来表达梁平法施工图 (图 2.7)。

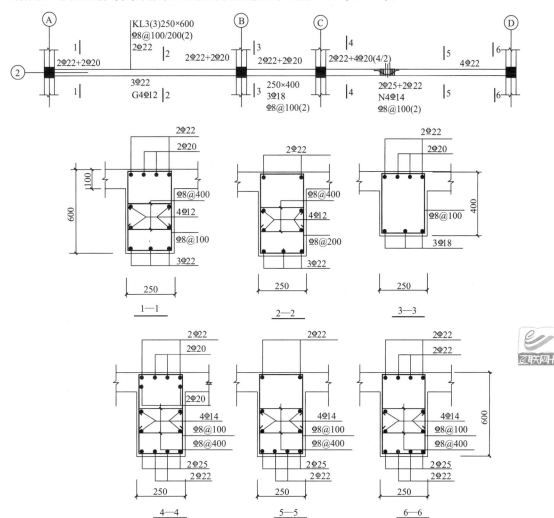

图 2.7　平法 KL3 梁平面注写方式对比示例

平面注写包括集中标注和原位标注。集中标注表达梁的通用数值，即梁多数跨都相同的数值；原位标注表达梁的特殊数值，即梁个别截面与其不同的数值。

 特别提示

> 当集中标注中的某项数值不适用于梁的某部位时，则将该项数值原位标注。施工时，原位标注取值优先。这样，既有效减少了表达上的重复，又保证了数值的唯一性。

1) 梁集中标注的内容

梁集中标注的内容，有五项必注值及一项选注值，规定如下。

(1) 梁编号。该项为必注值，由梁类型代号、序号、跨数及有无悬挑代号组成。根据梁的受力状态和节点构造的不同，将梁类型代号归纳为六种，见表 2-4 的规定。

表 2-4　梁编号

梁类型	代　号	序　号	跨数、是否带悬挑
楼层框架梁	KL	××	(××)、(××A) 或 (××B)
屋面框架梁	WKL	××	(××)、(××A) 或 (××B)
框支梁	KZL	××	(××)、(××A) 或 (××B)
非框架梁	L	××	(××)、(××A) 或 (××B)
悬挑梁	XL	××	
井字梁	JZL	××	(××)、(××A) 或 (××B)
楼层框架扁梁	KBL	××	(××)、(××A) 或 (××B)
托柱转换梁	TZL	××	(××)、(××A) 或 (××B)

注：1. (××A) 为一端有悬挑，(××B) 为两端有悬挑，悬挑不计入跨内。
　　2. 非框架梁 L、井字梁 JZL 表示端支座为铰接；当非框架梁 L、井字梁端支座上部纵筋为充分利用钢筋的抗拉强度时，在梁代号后加"g"。
　　3. 楼层框架扁梁节点核心区代号 KBH。

(2) 梁截面尺寸。该项为必注值。等截面梁时，用 $b \times h$ 表示；当为竖向加腋梁时，用 $b \times h$、$Yc_1 \times c_2$ 表示，其中 c_1 为腋长，c_2 为腋高 (图 2.8)；当为水平加腋梁时，用 $b \times h$、$PYc_1 \times c_2$ 表示，有悬挑梁且根部和端部的高度不同时，用斜线分隔根部与端部的高度值，即 $b \times h_1/h_2$ (图 2.9)。

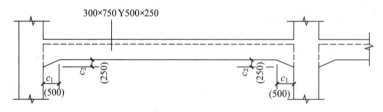

图 2.8　竖向加腋梁截面尺寸注写示意图

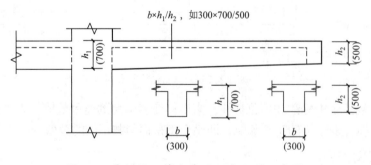

图 2.9　悬挑梁不等高截面尺寸注写示意图

(3) 梁箍筋。包括钢筋级别、直径、加密区与非加密区间距及肢数，该项为必注值。箍筋加密区与非加密的不同间距及肢数需用斜线 "/" 分隔；当梁箍筋为同一种间距及肢数时，则不需用斜线；当加密区与非加密区的箍筋肢数相同时，则将肢数注写一次；箍筋肢数应写在括号内。加密区范围见相应抗震级别的构造详图 (模块 7)。

 **特别提示**

框架抗震级别分四级，相应的加密区范围也有规定，详见本书模块 7 表 7-4。实例二框架抗震等级为二级。

(4) 梁上部通长筋或架立筋配置 (通长筋可为相同或不同直径采用搭接连接、机械连接或对焊连接的钢筋)。该项为必注值，应根据结构受力要求及箍筋肢数等构造要求而定。当同排纵筋中既有通长筋又有架立筋时，应采用加号 "＋" 将通长筋和架立筋相连。注写时须将角部纵筋写在加号的前面，架立筋写在加号后面的括号内，以示不同直径及与通长筋的区别。当全部采用架立筋时，则将其写入括号内。

当梁的上部和下部纵筋均为通长筋，且各跨配筋相同时，此项可加注下部纵筋的配筋值，用分号 "；" 将上部与下部纵筋的配筋值分隔开来，少数跨不同者，可取原位标注。

(5) 梁侧面纵向构造钢筋或受扭钢筋配置。该项为必注值。

当梁腹板高度 $h_w \geqslant 450$ mm 时，须配置纵向构造钢筋，所注规格与根数应符合规范规定。此项注写值以大写字母 G 打头，接续注写设置在梁两个侧面的总配筋值，且对称配置。

当梁侧面需配置受扭纵向钢筋时，此项注写值以大写字母 N 打头，接续注写配置在梁两个侧面的总配筋值，且对称配置。受扭纵向钢筋应满足梁侧面纵向构造钢筋的间距要求，且不再重复配置纵向构造钢筋。

应用案例解读3

以 KL3 为例，该框架梁有三跨，两端跨截面尺寸为 250 mm×600 mm，中跨截面尺寸为 250 mm×400 mm，左端跨箍筋 "Φ8@100/200(2)"，表示箍筋为 HRB 400 级钢筋，直径为 8 mm，双肢箍，端部加密区间距为 100 mm，中部非加密区间距为 200 mm。中跨、右跨 "Φ8@100(2)"，表示箍筋为 HRB400 级钢筋，直径为 8 mm，双肢箍，沿梁箍筋间距均为 100 mm。

该梁上部通长筋 "2Φ22"，在 A 支座 "2Φ22 ＋ 2Φ20" 表示通长筋 "2Φ22" 另加 2Φ20 支座负筋，B 支座 "2Φ22 ＋ 2Φ20" 表示通长筋 "2Φ22" 另加 2Φ20 纵筋，C 支座 "2Φ22 ＋ 4Φ20(4/2)" 表示通长筋 "2Φ22" 另加 4Φ20 纵筋 (共 6 根钢筋放两排，第一排 4 根，第二排 2 根)，D 支座 "4Φ22" 表示通长筋 "2Φ22" 另加 2Φ22 纵筋。

该梁下部第一跨纵筋 3Φ20，G4Φ12 表示梁的两个侧面共配置 4Φ12 的纵向构造钢筋，每侧各 2Φ12。由于是构造钢筋，其搭接与锚固长度可取为 15d。下部第二跨纵筋 3Φ18。下部第三跨纵筋 2Φ25 ＋ 2Φ22，N4Φ14 表示梁的两个侧面共配置 4Φ14 的受扭纵向钢筋，每侧各配置 2Φ14。由于是受力钢筋，其搭接长度为 l_l 或 l_{lE}，其锚固长度与方式同框架梁下部纵筋。

(6) 梁顶面标高高差。该项为选注值。梁顶面标高高差，系指相对于该结构层楼面标高的高差值，有高差时，须将其写入括号内，无高差时不注。一般情况下，需要注写梁顶面高差的梁有洗手间梁、楼梯平台梁、楼梯平台板边梁等。

2) 梁原位标注的内容

梁原位标注的内容规定如下。

(1) 梁支座上部纵筋，应包含通长筋在内的所有纵筋。

① 当上部纵筋多于一排时，用斜线"/"将各排纵筋自上而下分开。

例如：KL3 梁支座上部纵筋注写为 2ϕ22 + 4ϕ20(4/2)，则表示上一排纵筋为 2ϕ22(两侧) + 2ϕ20(中间)，第二排纵筋为 2ϕ20(两侧)。

② 当同排纵筋有两种直径时，用加号"+"将两种直径的纵筋相连，注写时将角部纵筋在前。

例如：KL3 梁 A 支座上部纵筋注写为 2ϕ22 + 2ϕ20，表示有 4 根纵筋，2ϕ22 放在角部，2ϕ20 放在中部。

③ 当梁中间支座两边的上部纵筋不同时，须在支座两边分别标注；当梁中间支座两边的上部纵筋相同时，可仅在支座的一边标注配筋值，另一边省去不注。

(2) 梁下部纵筋如下。

① 当下部纵筋多于一排时，用斜线"/"将各排纵筋自上而下分开。

例如：梁下部纵筋注写为 6ϕ25 2/4，则表示上一排纵筋为 2ϕ25，下一排纵筋为 4ϕ25，全部伸入支座。

② 当同排纵筋有两种直径时，用加号"+"将两种直径的纵筋相连，注写时角筋写在前面。

例如：KL3 梁右跨下部纵筋注写为 2ϕ25 + 2ϕ22，表示 2ϕ25 放在角部，2ϕ22 放在中部。

③ 当梁下部纵筋不全部伸入支座时，将梁支座下部纵筋减少的数量写在括号内。

例如：下部纵筋注写为 6ϕ25 2(−2)/4，表示上一排纵筋为 2ϕ25，且不伸入支座；下一排纵筋为 4ϕ25，全部伸入支座。又如梁下部纵筋注写为 2ϕ25 + 3ϕ22(−3)/5ϕ25，则表示上一排纵筋为 2ϕ25 和 3ϕ22，其中 3ϕ22 不伸入支座；下一排纵筋为 5ϕ25，全部伸入支座。

(3) 附加箍筋或吊筋，将其直接画在平面图中的主梁上，用线引注总配筋值(附加箍筋的肢数注在括号内)，如图 2.10 所示。当多数附加箍筋或吊筋相同时，可在施工图中统一注明，少数不同值原位标注。

例如：KL3 支承一梁，在支承处设 2ϕ25 吊筋和附加箍筋(每侧 3 根，直径 8 mm，间距 50 mm)，类型为图示 A 类。

 特别提示

> 在主次梁交接处，主梁必须设附加横向钢筋，附加横向钢筋可以是箍筋或吊筋，也可以是箍筋加吊筋方案。

(4) 其他。当在梁上集中标注的内容如截面尺寸、箍筋、通长筋、架立筋、梁侧构造筋、受扭筋或梁顶面高差等，不适用某跨或某悬挑部分时，则将其不同数值原位标注在该跨或该悬挑部位，施工时应按原位标注数值取用。

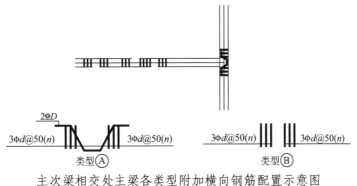

2ΦD

3Φd@50(n)　　3Φd@50(n)　　　　3Φd@50(n)　　3Φd@50(n)

类型Ⓐ　　　　　　　　　　类型Ⓑ

主次梁相交处主梁各类型附加横向钢筋配置示意图

注：D为附加横向钢筋所在主梁下部下排较粗纵筋直径，D≤20。

d为附加箍筋所在主梁箍筋直径，n为附加箍筋所在主梁箍筋肢数。

图2.10　附加箍筋和吊筋的画法示例

知识链接

梁平法截面注写方式

截面注写方式，是在分标准层绘制的梁平面布置图上，分别在不同编号的梁中各选一根梁用剖面号引出配筋图，并在其上注写截面尺寸和配筋具体数值的方式来表达梁平法施工图。

对所有梁进行编号，从相同编号的梁中选择一根梁，先将"单边截面号"画在该梁上，再将截面配筋详图画在该图或其他图上。当某梁的顶面标高与该结构层的楼面标高不同时，应在其梁编号后注写梁顶面高差。

截面配筋详图上注写截面尺寸b×h、上部筋、下部筋、侧面构造筋或受扭筋以及箍筋的具体数值时，其表达形式与平面注写方式相同。

截面注写方式可以单独使用，也可以与平面注写方式结合使用。

模块小结

结构施工图是表达建筑物的结构形式及构件布置等的图样，是建筑施工的依据。

结构施工图一般包括基础平面图、楼层结构平面图、构件详图等。基础平面图、结构平面图都是从整体上反映承重构件的平面布置情况，是结构施工图的基本图样。构件详图表达了各构件的形状、尺寸、配筋及与其他构件的关系。

基础施工图用来反映建筑物的基础形式、基础构件布置及构件详图的图样。在识读基础施工图时，应重点了解基础的形式、布置位置、基础地面宽度、基础埋置深度等。

楼层结构平面图中，主要反映了墙、柱、梁、板等构件的型号，布置位置，现浇及预制板装配情况。

构件详图主要反映构件的形状、尺寸、配筋、预埋件设置等情况。

在识读结构施工图时，要与建筑施工图对照阅读，因为结构施工图是在建筑施工图的基础上设计的。用"平法"表达梁、柱配筋是目前广泛应用的方法，只有掌握其制图规则才能看懂用"平法"表示的图纸内容。

习 题

1. 判断题

(1) 在结构平面图中配置双层钢筋时，底层钢筋的弯钩应向下。 （ ）

(2) 欲了解建筑物的内部构造和结构形式，应查阅建筑立面图。 （ ）

(3) 在结构平面图中配置双层钢筋时，顶层钢筋的弯钩应向上。 （ ）

(4) 欲了解门窗的位置、宽度和数量，应查阅结构布置图。 （ ）

2. 思考题

(1) 说出下列构件符号所表示的内容。

　　TB　　QL　　KZL　　YP　　J　　KB　　GL　　TL　　KL　　KZ

(2) 识读 KL1 平法配筋图。

(3) 识读 KZ1 平法配筋图。

模块 3 建筑力学基本知识

教学目标

　　通过本模块的学习，要求掌握静力学的基本概念，掌握受力分析的方法，并会画物体及物体系统的受力图；掌握构件计算简图简化的方法，并能正确运用。

教学要求

能力目标	相关知识	权重
了解建筑力学在建筑工程中的作用；掌握静力学的基本概念；掌握受力分析的基本方法；掌握构件计算简图简化的方法	建筑力学在建筑工程中的作用；力的概念、力的效应、力的平衡、静力学公理、力系、力矩、力偶、力的分解与合成	30%
能够在实际工程中运用力学概念进行简单的受力分析	常见的约束与约束类型，受力分析的方法，受力图的画法	35%
能正确地确定结构构件的计算简图	梁、板、柱等结构构件的简化要求，支座形式及荷载的简化	35%

学习重点

　　静力学的基本概念；常见的约束类型；物体及物体系统的受力图；构件的计算简图。

引例

实例一为两层砖混结构的办公楼，由现浇钢筋混凝土楼面梁、预制钢筋混凝土空心板、砌体墙和钢筋混凝土墙下条形基础等构件组成，这些构件相互支承，形成受力骨架。楼面由预制钢筋混凝土空心板铺成，空心板支承在大梁上，大梁支承在墙体上，墙体支承在基础上。图 3.1(a) 所示为其构件布置示意图。

实例二为两层现浇钢筋混凝土框架结构的教学楼，由现浇的钢筋混凝土梁、板、柱和基础等构件组成，这些构件浇筑成一个整体。楼面是现浇的钢筋混凝土板，由现浇的钢筋混凝土框架梁支承着，现浇钢筋混凝土柱支承着梁，柱固结于现浇钢筋混凝土基础上。图 3.1(b) 所示为其构件布置示意图。

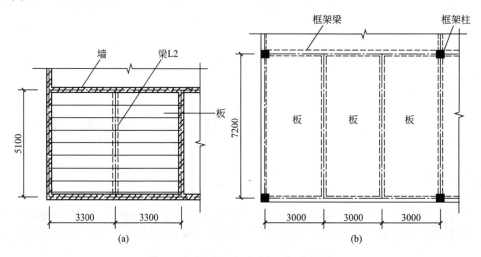

图 3.1　实例一和实例二中的楼面

(a) 办公楼中某办公室构件布置示意图；(b) 教学楼中某教室构件布置示意图

以上两个实例中，各种构件之间、物体与物体上作用的家具及人群之间存在各种力的关系，房屋结构只有正确合理地承担各种力的作用，才能安全地工作，所以需要掌握基本的建筑力学知识，这也是结构设计的第一步。

3.1　静力学的基本知识

3.1.1　静力学简介

静力学是研究物体在力作用下的平衡规律的科学。

平衡是物体机械运动的特殊形式。对于一般工程问题，平衡状态是以地球为参照系确定的。例如，相对于地球静止不动的建筑物和塔式起重机沿直线匀速起吊的重物，如

图 3.2(a) 所示，都处于平衡状态。

 特别提示

> 房屋从开始建造时起，就承受各种力的作用。例如，楼板在施工中除承受自身的重力外，还承受人和施工机具的重力；墙面承受楼面传来的竖向压力和水平的风力；基础则承受墙身传来的压力等。

(a)

(b)

图 3.2 生活中的平衡

3.1.2 力的概念

1. 力

1) 力的定义

力是物体之间相互的机械作用，这种作用的效果是使物体的运动状态发生变化或使物体发生变形。在日常生活中，力的作用也同样存在，如图 3.2(b) 所示。

在研究物体的受力问题时，必须分清哪个是施力物体，哪个是受力物体。

 特别提示

> 实例一中空心板支承在楼面梁上，板是施力物体，梁是受力物体；楼面梁支承在墙上，梁是施力物体，墙是受力物体。

2) 力的三要素

实践证明，力对物体的作用效果取决于三个要素：力的大小、方向和作用点，如图 3.3 所示。

描述一个力时，要全面表明力的三要素，因为任一要素发生改变时，都会对物体产生不同的效果。

(1) 力的大小。力的大小表示物体间相互作用的强烈程度。为了度量力的大小，必须确定力的单位。在国际单位制中，力的常用单位为牛顿 (N) 或千牛顿 (kN)，1 kN=1000 N。

(2) 力的方向。力的方向包含方位和指向两个含义。例如，重力的方向是铅垂向下的，"铅垂"是力的方位，"向下"是力的指向。

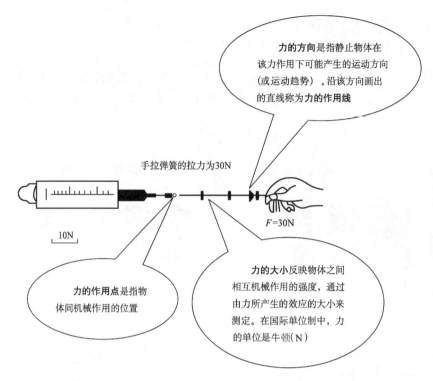

图 3.3　力的三要素

（3）力的作用点。力的作用点是指力在物体上的作用位置。力的作用位置，一般并不是一个点，而往往有一定的范围，但是，当力的作用范围与物体相比很小时，就可以近似地看成一个点，而认为力集中作用在这个点上。作用在这一点上的力，称为集中力，工程中也称集中荷载。

3）矢量

力是一个有大小和方向的物理量，所以力是矢量。力用一段带箭头的线段来表示。线段的长度表示力的大小；线段与某定直线的夹角表示力的方位，箭头表示力的指向；线段的起点或终点表示力的作用点。用字母表示力时，用黑体字 $\boldsymbol{F}$ 或 $\vec{F}$，而普通字母 F 只表示力的大小。

 特别提示

> 实例一中的空心板承受人群和家具的重力；梁承受着空心板传来的重力；外纵墙承受着梁传来的重力和外部的风力。这些力都有确定的大小、方向和作用点，它们都是矢量。

2. 刚体

【刚体和变形体】

任何物体在力的作用下，都会发生大小和形状的改变，即发生变形。在正常情况下，实际工程中许多物体的变形都是非常微小的，对研究物体的平衡问题影响很小，可以忽略不计，这样就可以将物体看成是不变形体。

在外力的作用下，大小和形状保持不变的物体称为刚体。例如，对实

例一和实例二中的梁进行受力分析时，就把该梁看成刚体，梁本身的变形可以忽略。

 特别提示

> 在静力学中，把所讨论的物体都看作刚体，但在讨论物体受到力的作用时是否会被破坏以及计算变形时，就不能再把物体看成刚体，而应看作变形体。例如，对实例一和实例二中的梁和板进行设计计算时，就要考虑梁和板本身的变形。

3. 力系

通常一个物体所受的力不止一个而是若干个，因此把作用于物体上的一群力称为力系。力系是工程力学研究的对象，因为所有的工程构件都是处于平衡状态，且由于一个力不可能使物体处于平衡状态，因此可以知道，工程构件都受到力系作用。

 特别提示

> 实例一中办公楼的楼面梁本身有重力，还承受其上空心板传来的竖向力；梁两端支承在墙上，墙对梁还有支承力。所以对于梁来讲，梁所受的力不止一个，而是多个，这些力就构成了力系。其他的房屋结构构件也都在力系的作用之下而处于平衡状态。

按照力系中各力作用线分布的不同，力系可分为以下三种。

(1) 汇交力系——力系中各力作用线汇交于一点。

(2) 平行力系——力系中各力的作用线相互平行。

(3) 一般力系——力系中各力的作用线既不完全交于一点，也不完全平行。

本书主要研究的是平面力系，如平面汇交力系、平面平行力系和平面一般力系。使同一刚体产生相同作用效应的力系称为等效力系。作用于刚体、并使刚体保持平衡的力系称为平衡力系。

 特别提示

> 实例一中的楼面梁 L1 所承受的各个力组成了力系，如图 3.4 所示。这些力都作用在梁的纵向对称平面内，所以该力系为平面力系。经过分析，发现这个平面力系中的各个力的作用线是相互平行的，所以该力系又可以称为平面平行力系。

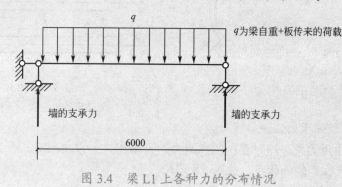

【简支梁实例——过梁】

图 3.4　梁 L1 上各种力的分布情况

3.1.3 静力学公理

静力学公理是人们在长期的生产和生活实践中，逐步认识和总结出来的力的普遍规律。它阐述了力的基本性质，是静力学的基础。

1. 二力平衡公理

作用在同一刚体上的两个力，使刚体处于平衡状态的充要条件是：这两个力大小相等，方向相反，作用线在同一直线上。

此公理说明了作用在同一个物体上的两个力的平衡条件。

🏠 知识链接

如图 3.5 所示，在起重机上挂一静止重物，如图 3.5(a) 所示，重物受到绳索拉力 T 和重力 G 的作用，如图 3.5(b) 所示，则这两个力大小相等、方向相反且作用在同一条直线上。

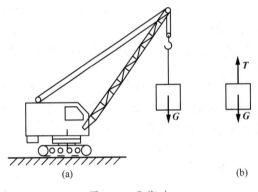

(a)　　　　　　　　　　　　(b)

图 3.5　平衡力

只在两点受到力的作用而处于平衡状态的构件称为二力构件，简称为二力杆，如图 3.6 和图 3.7 所示。

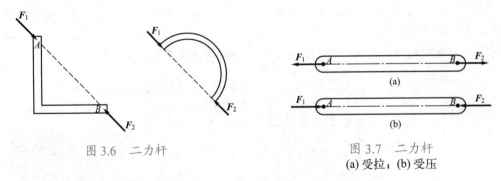

图 3.6　二力杆　　　　　　　　图 3.7　二力杆
　　　　　　　　　　　　　　　(a) 受拉；(b) 受压

2. 作用力与反作用力公理

作用力和反作用力总是同时存在的，两力的大小相等、方向相反，沿着同一直线，分别作用在两个相互作用的物体上，如图 3.8 所示。

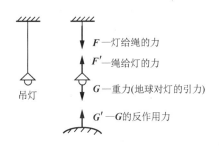

F—灯给绳的力

F'—绳给灯的力

G—重力(地球对灯的引力)

G'—*G*的反作用力

吊灯

【作用力与反作用力】

图 3.8 作用力与反作用力

 特别提示

实例一中的各个受力构件之间都存在作用力和反作用力的关系。例如，支承在墙上的楼面梁 L1，梁对墙的压力和墙对梁的支持力是作用力和反作用力的关系。

3. 加减平衡力系公理

在作用着已知力系的刚体上，加上或者减去任意平衡力系，不会改变原来力系对刚体的作用效应。这是因为平衡力系对刚体的运动状态没有影响，所以增加或减少任意平衡力系均不会使刚体的运动效果发生改变。

推论 力的可传性原理：作用在刚体上的力，可以沿其作用线移动到刚体上的任意一点，而不改变力对物体的作用效果。

根据力的可传性原理可知，力对刚体的作用效应与力的作用点在作用线上的位置无关。因此，力的三要素可改为力的大小、方向、作用线。

 知识链接

如图 3.9 所示，在 *A* 点作用一水平力 *F* 推车或沿同一直线在 *B* 点拉车，对小车的作用效果是一样的。

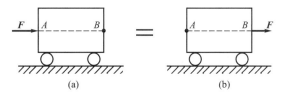

图 3.9 刚体上力的可传性

4. 力的平行四边形法则

作用于刚体上同一点的两个力，可以合成一个合力，合力也作用于该点，合力的大小和方向由这两个力为邻边所组成的平行四边形的对角线确定。如图 3.10(a) 所示，两力 F_1、F_2 汇交于 *A* 点，它们的合力 *F* 也作用在 *A* 点，合力 *F* 的大小和方向由 F_1、F_2 为邻边所组成的平行四边形 *ABCD* 的对角线 *AC* 确定：合力 *F* 的大小为此对角线的长，方向由 *A* 指向 *C*。

作用在刚体上的两个汇交力可以合成一个合力。反之，作用在刚体上的一个力也可以

分解为两个分力。在工程实际中，最常见的分解方法是将已知力 F 沿两直角坐标轴方向分解，如图 3.10(b) 所示，可分解为两个相互垂直的分力 F_x 和 F_y。

按照三角公式可得下列关系：

两分力的大小为

$$\begin{cases} F_x = F\cos\alpha \\ F_y = F\sin\alpha \end{cases} \tag{3-1}$$

推论 三力平衡汇交定理：若刚体在三个互不平行的力的作用下处于平衡状态，则此三个力的作用线必在同一平面且汇交于一点。

如图 3.11 所示，物体在三个互不平行的力 F_1、F_2 和 F_3 作用下处于平衡，其中二力 F_1、F_2 可合成一作用于 A 点的合力 F。根据二力平衡公理，第三力 F_3 与 F 必共线，即第三力 F_3 必过其他二力 F_1、F_2 的汇交点 A。

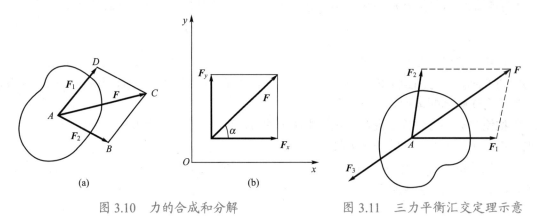

图 3.10 力的合成和分解
(a) 力的合成；(b) 力的分解

图 3.11 三力平衡汇交定理示意

3.1.4 力的合成与分解

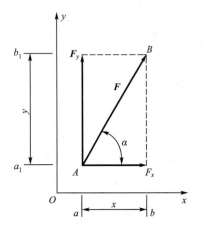

图 3.12 直角坐标系中力的投影

1. 力在坐标轴上的投影

由于力是矢量，为了方便运算，在力学计算中常将矢量运算转化为代数运算。力在直角坐标轴上的投影就是转化的基础。

设力 F 作用在物体上某点 A 处，用 AB 表示。通过力 F 所在平面的任意点 O 作直角坐标系 xOy，如图 3.12 所示。从力 F 的起点 A、终点 B 分别作垂直于 x 轴的垂线，得垂足 a 和 b，并在 x 轴上得线段 ab，线段 ab 的长度加以正负号称为力 F 在 x 轴上的投影，用 F_x 表示。同样方法也可以确定力 F 在 y 轴上的投影为线段 a_1b_1，用 F_y 表示。并且规定：从投影的起点到终点的指向与坐标轴正方向一致时，投影取正号；从投影的起点到终点的指向与坐标轴正方向相反时，投影取负号。

从图中的几何关系得出投影的计算公式为

$$\begin{cases} F_x = \pm F\cos\alpha \\ F_y = \pm F\sin\alpha \end{cases}$$ (3-2)

式中，α——力 F 与 x 轴所夹的锐角；F_x 和 F_y 的正负可按上面提到的规定直观判断得出。

反过来，力 F 在直角坐标系的投影 F_x 和 F_y 已知，则可以求出这个力的大小和方向。由图 3.13 中的几何关系可知

$$\begin{cases} F = \sqrt{F_x^2 + F_y^2} \\ \alpha = \arctan\dfrac{|F_y|}{|F_x|} \end{cases}$$ (3-3)

式中，α——力 F 与 x 轴所夹的锐角；力 F 的具体指向可由 F_x 和 F_y 的正负号确定。

特别要指出的是，当力 F 与 x 轴（y 轴）平行时，F 的投影 F_y（F_x）为零，F_x（F_y）的值与 F 的大小相等，方向按上述规定的符号确定。

应用案例3-1

试分别求出图 3.13 中各力在 x 轴和 y 轴上的投影。已知 $F_1 = 100\,\text{N}$，$F_2 = 150\,\text{N}$，$F_3 = F_4 = 200\,\text{N}$，各力方向如图 3.13 所示。

解：由公式可得出各力在 x、y 轴上的投影分别为

$F_{1x} = F_1\cos45° = 100 \times 0.707\,\text{N} = 70.7\,\text{N}$

$F_{1y} = F_1\sin45° = 100 \times 0.707\,\text{N} = 70.7\,\text{N}$

$F_{2x} = -F_2\sin60° = -150 \times 0.866\,\text{N} = -129.9\,\text{N}$

$F_{2y} = -F_2\cos60° = -150 \times 0.5\,\text{N} = -75\,\text{N}$

$F_{3x} = F_3\cos90° = 0$

$F_{3y} = -F_3\sin90° = -200 \times 1\,\text{N} = -200\,\text{N}$

$F_{4x} = F_4\sin30° = 200 \times 0.5\,\text{N} = 100\,\text{N}$

$F_{4y} = -F_4\cos30° = -200 \times 0.866\,\text{N} = -173.2\,\text{N}$

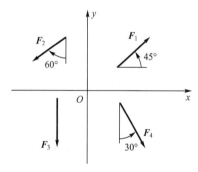

图 3.13　力的投影求解

【案例点评】

以上案例中的各力出现在不同的方向上，具有代表性。在求解力的投影时要明确力的投影与坐标轴的正方向的关系，方向一致，力的投影就取正号；反之，取负号。

2. 合力投影定理

合力在坐标轴上的投影 (F_{Rx}，F_{Ry}) 等于各分力在同一轴上投影的代数和：

$$\begin{cases} F_{Rx} = F_{1x} + F_{2x} + \cdots + F_{nx} = \sum\limits_{i=1}^{n} F_{ix} \\ F_{Ry} = F_{1y} + F_{2y} + \cdots + F_{ny} = \sum\limits_{j=1}^{n} F_{jy} \end{cases}$$ (3-4)

应用案例3-2

分别求出图 3.14 所示各力的合力在 x 轴和 y 轴上的投影。已知 F_1=20 kN，F_2=40 kN，F_3=50 kN，各力方向如图 3.14 所示。

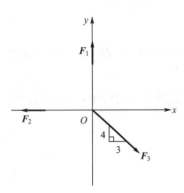

图 3.14　力的合成求解

解： 由式 (3-4) 可得出各力的合力在 x 轴、y 轴上的投影分别为

$$F_{Rx} = \sum F_x = F_1\cos90° - F_2\cos0° + F_3\times\frac{3}{\sqrt{3^2+4^2}}$$

$$= \left(0 - 40 + 50\times\frac{3}{5}\right)\text{kN} = -10\text{ kN}$$

$$F_{Ry} = \sum F_y = F_1\sin90° + F_2\sin0° - F_3\times\frac{4}{\sqrt{3^2+4^2}}$$

$$= \left(20 + 0 - 50\times\frac{4}{5}\right)\text{kN} = -20\text{ kN}$$

【案例点评】

用合力投影定理求解平面汇交力系的合力的投影最为方便。

3.1.5　力矩和力偶

1. 力矩

从实践中知道，力对物体的作用效果除了能使物体移动外，还能使物体转动。力矩就是度量力使物体转动效应的物理量。

知识链接

用扳手拧螺母 (图 3.15)、用钉锤拔钉子 (图 3.16) 及用手推门 (图 3.17) 等都是物体在力的作用下产生转动效应 (图 3.18) 的案例。

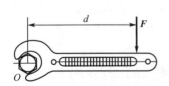

图 3.15　用扳手拧螺母

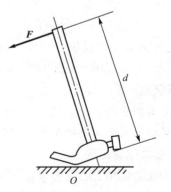

图 3.16　用钉锤拔钉子

图 3.17　用手推门

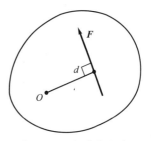

图 3.18　力对点之矩

用乘积 Fd 加上正号或负号作为度量力 F 使物体绕 O 点转动效应的物理量，该物理量称为力 F 对 O 点之矩，简称力矩。O 点称为矩心，矩心 O 到力 F 的作用线的垂直距离 d 称为力臂。力 F 对 O 点之矩通常用符号 $M_0(F)$ 表示。式 (3-5) 中，若力使物体产生逆时针方向转动，取正号；反之，取负号。力对点的矩是代数量，即

$$M_0(F) = \pm Fd \tag{3-5}$$

力矩的单位是力与长度的单位的乘积。在国际单位制中，力矩的单位为牛顿·米 (N·m) 或千牛顿·米 (kN·m)。

 特别提示

> 力矩在下列情况下为零：①力等于零；②力臂等于零，即力的作用线通过矩心。

2. 合力矩定理

在计算力对点的力矩时，往往力臂不易求出，因而直接按定义求力矩难以计算。此时，通常采用的方法是将这个力分解为两个或两个以上便于求出力臂的分力，再由多个分力力矩的代数和求出合力的力矩。这一有效方法的理论根据是合力矩定理，即有 n 个平面汇交力作用于 A 点，则平面汇交力系的合力对平面内任一点之矩，等于力系中各分力对同一点力矩的代数和，表示为

$$M_0(F_R) = M_0(F_1) + M_0(F_2) + \cdots + M_0(F_n) = \sum_{i=1}^{n} M_0(F_i)$$

该定理不仅适用于平面汇交力系，而且可以推广到任意力系。

应用案例3-3

如图 3.19 所示某受力杆件，其中 F_1=400 N，F_2=200 N，F_3=300 N。试求各力对 O 点的矩以及合力对 O 点的力矩。

解：F_1 对 O 点的力矩：$M_0(F_1) = F_1 d_1 = (400 \times 1)$ N·m=400 N·m（↺）

F_2 对 O 点的力矩：$M_0(F_2) = -F_2 d_2 = (-200 \times 2\sin 30°)$ N·m= -200 N·m（↻）

F_3 对 O 点的力矩：$M_0(F_3) = F_3 d_3 = (300 \times 0)$ N·m=0 N·m

上述三个力的合力对 O 点的力矩：$M_0 = (400 - 200 + 0)$ N·m=200 N·m（↺）

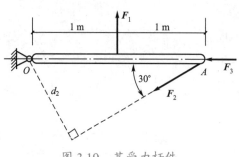

图 3.19　某受力杆件

3. 力偶

1) 力偶的概念

在力学中，由两个大小相等、方向相反、作用线平行而不重合的力 F 和 F' 组成的力系，称为力偶，并用符号 (F, F') 来表示。力偶的作用效果是使物体转动。

在日常生活中，常见的如开水龙头、汽车司机用双手转动转向盘、钳工用丝锥攻螺纹等都是力偶作用的案例，如图 3.20 所示。

力偶中两力作用线间的垂直距离 d 称为力偶臂，如图 3.21 所示。力偶所在的平面称为力偶作用面。

在力学中用力 F 的大小与力偶臂 d 的乘积 Fd 加上正号或负号作为度量力偶对物体转动效应的物理量，该物理量称为力偶矩，并用符号 $M(F, F')$ 或 M 表示，即

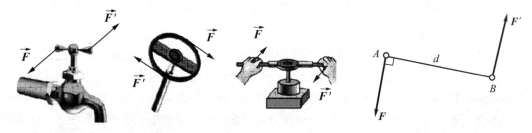

图 3.20　生活中的力偶作用　　　　图 3.21　力偶示意图

$$M(F, F')=\pm Fd \tag{3-6}$$

图 3.22　力偶的转向

式中，正负号的规定：若力偶的转向为逆时针，取正号；反之，取负号，如图 3.22 所示。在国际单位制中，力偶矩的单位为牛顿·米 (N·m) 或千牛顿·米 (kN·m)。

2) 力偶的性质

(1) 力偶在任一坐标轴上的投影等于零。力偶不能用一个力来代替，即力偶不能简化为一个力，因而力偶也不能和一个力平衡，力偶只能与力偶平衡。

(2) 力偶对其作用面内任一点 O 之矩恒等于力偶矩，而与矩心的位置无关。

(3) 力偶的等效性。在同一平面内的两个力偶，如果它们的力偶矩大小相等，力偶的转向相同，则这两个力偶是等效的。这一性质称为力偶的等效性。图 3.23 所示的各力偶

均为等效力偶。

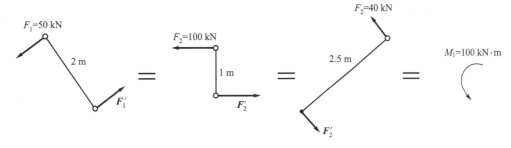

图 3.23　等效力偶

根据力偶的等效性，可以得出两个推论。

推论1　力偶可以在其作用面内任意移转而不改变它对物体的转动效应，即力偶对物体的转动效应与它在作用面内的位置无关。

推论2　只要保持力偶矩的大小、转向不变，可以同时改变力偶中的力和力偶臂的大小，而不改变它对物体的转动效应。

在平面问题中，由于力偶对物体的转动效应完全取决于力偶矩的大小和力偶的转向，所以，力偶在其作用面内除可用两个力表示外，通常还可用一带箭头的弧线来表示，如图 3.24 所示。其中箭头表示力偶的转向，M 表示力偶矩的大小。

图 3.24　力偶的表示方法

3) 平面力偶系的合成

在物体的某一平面内同时作用有两个或两个以上的力偶时，这群力偶就称为平面力偶系。平面力偶系合成的结果为一合力偶，其合力偶矩等于各分力偶矩的代数和，即

$$M = M_1 + M_2 + \cdots + M_n = \sum_{i=1}^{n} M_i \tag{3-7}$$

4. 力的平移定理

由力的性质可知：在刚体内，力沿其作用线平移，其作用效应不改变。如果将力的作用线平行移动到另一个位置，其作用效应将发生改变，原因是力的转动效应与力的位置有直接的关系。生活中用力开门的实际效应与力的大小、方向和位置都有关系。

在图 3.25(a) 中，物体上 A 点作用有一个力 F，如将此力平移到物体的任意一点 O，而又不改变物体的运动效果，则应根据加减平衡力系公理，在 O 点加上一对平衡力 F' 和 F''，使它们的大小与力 F 相等，作用线与力 F 平行，如图 3.25(b) 所示。显然，力 F 与 F'' 组成了一个力偶 (F, F'')，其力偶矩为 $M=Fd=M_O(F)$。于是，原作用于 A 点的力 F 就与现在作用在 O 点的力 F' 和力偶 (F, F'') 等效，即相当于将力 F 平移到 O 点，如图 3.25(c) 所示。

由此可以得出力的平移定理：作用于刚体上的力 F，可以平移到刚体上任意一点 O，但必须附加一个力偶才能与原力等效，附加的力偶矩等于原力 F 对新作用点 O 的矩。

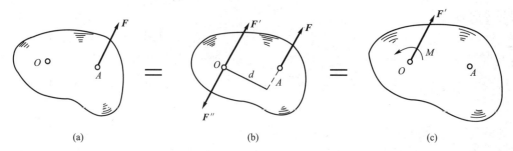

图 3.25 力的平移定理

(a) 力 F 作用在 A 点；(b) O 点方向的一对平衡力 F'，F''；(c) 力 F 平移到 O 点

3.1.6 约束与约束反力

1. 约束与约束反力的概念

 **特别提示**

> 实例二中的框架梁受到框架柱的支承而不至于下落，框架柱由于受到基础的限制而被固定；实例一中的楼面大梁受到墙的支承，空心板受到楼面大梁的支承等，其支承均称为"约束"。

在工程结构中，每一个构件都和周围的其他构件相互联系着，并且由于受到这些构件的限制不能自由运动。一个物体的运动受到周围物体的限制时，这些周围物体称为该物体的约束，如图 3.26 所示。柱就是梁的约束，基础是柱的约束。

如果没有柱子的限制，梁就会掉下来。柱子要阻止梁的下落，就必须给梁施加向上的力，这种约束给被约束物体的力，称为约束反力，简称反力。约束反力的方向总是与约束所能限制的运动方向相反。

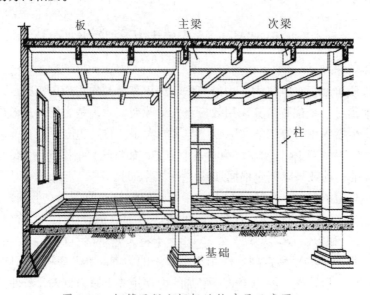

图 3.26 钢筋混凝土框架结构房屋示意图

1) 柔体约束

用柔软的皮带、绳索、链条阻碍物体运动而构成的约束称为柔体约束。这种约束只能限制物体沿着柔体中心线使柔体张紧方向的移动，且柔体约束只能受拉力，不能受压力，所以约束反力一定通过接触点，沿着柔体中心线背离被约束物体的方向，且恒为拉力。如图 3.27 中的力 **T**。

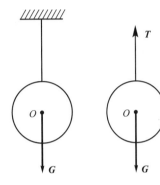

【柔索实例】

图 3.27　柔体约束及其反力

2) 光滑接触面约束

当两物体在接触面处的摩擦力很小而可略去不计时，就是光滑接触面约束。这种约束不论接触面的形状如何，都不能限制物体沿光滑接触面的方向的运动或离开光滑面，只能限制物体沿着接触面的公法线向光滑面内的运动，所以光滑接触面的约束反力是通过接触点，沿着接触面的公法线指向被约束的物体，只能是压力，如图 3.28 中的 F_N。

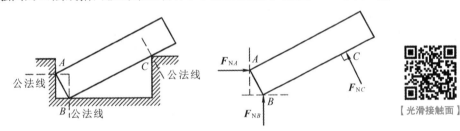

【光滑接触面】

图 3.28　光滑接触面约束及其反力

3) 圆柱铰链约束

圆柱铰链简称铰链，它是由一个圆柱形销钉 C 插入两个物体 A 和 B 的圆孔中构成，并假设销钉与圆孔的面都是完全光滑的，如图 3.29(a)、(b) 所示。

圆柱铰链约束只能限制物体在垂直于销钉轴线的平面内沿任意方向的相对移动，而不能限制物体绕销钉作相对转动。圆柱铰链的计算简图，如图 3.29(c)、(d) 所示。圆柱铰链的约束反力垂直于销钉轴线的平面内，通过销钉中心，而方向未定，可用 F_C 来表示，如图 3.29(e) 所示。在对物体进行受力分析时，通常将圆柱铰链的约束反力用两个相互垂直的分力来表示，如图 3.29(f) 所示，两分力的指向可以任意假设，是否为实际指向则要根据计算的结果来判断。如图 3.30 所示，剪刀也是通过铰来连接的。

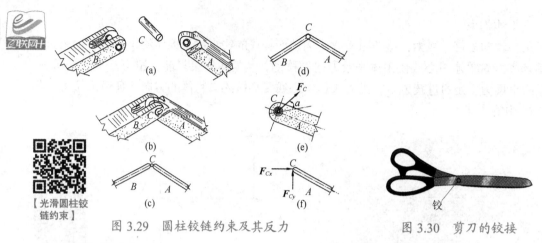

【光滑圆柱铰链约束】

图 3.29　圆柱铰链约束及其反力　　　　图 3.30　剪刀的铰接

4) 链杆约束

两端用光滑销钉与其他物体连接而中间不受力的直杆，称为链杆。图 3.31(a) 所示为建筑物中放置空调用的三角架，其中杆 *BC* 即为链杆约束。

链杆约束计算简图如图 3.31(c) 所示。由于链杆只能限制物体沿着链杆中心线的运动，而不能限制其他方向的运动，所以，链杆的约束反力沿着链杆中心线，指向未定，如图 3.31(b)、(d) 所示。图中反力的指向是假设的。

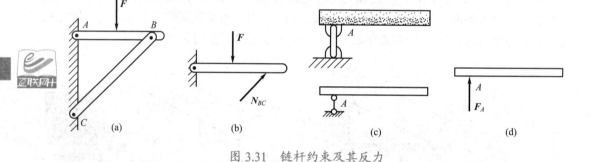

图 3.31　链杆约束及其反力

2. 支座的简化和支座反力

工程上将结构或构件连接在支承物上的装置，称为支座。在工程上常常通过支座将构件支承在基础或另一个静止的构件上。支座对构件就是一种约束。支座对它所支承的构件的约束反力也称支座反力。支座的构造是多种多样的，其具体情况也是比较复杂的，这样就需要加以简化，并归纳成几个类型，以便于分析计算。通过简化，建筑结构的支座通常分为固定铰支座、可动铰支座和固定端支座三类。

1) 固定铰支座

将构件用光滑的圆柱形销钉与固定支座连接，则该支座成为固定铰支座，如图 3.32(a) 所示。构件与支座用光滑的圆柱铰链连接，构件不能产生沿任何方向的移动，但可以绕销钉转动，可见固定铰支座的约束反力与圆柱铰链相同，即约束反力一定作用于接触点，垂直于销钉轴线，并通过销钉中心，而方向未定。固定铰支座的简图如图 3.32(b)、(c) 所示。约束反力如图 3.32(d) 所示，用一个水平力 F_{Ax} 和垂直分力 F_{Ay} 来表示。工程实例如图 3.32(e) 所示。

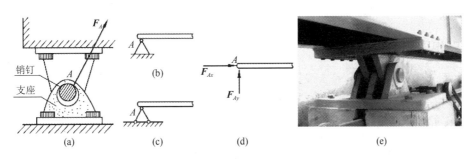

【固定铰支座】

图 3.32　固定铰支座及其反力

(a) 固定铰支座；(b)、(c) 支座简图；(d) 约束反力；(e) 工程实例

2) 可动铰支座

如果在固定铰支座下面加上辊轴，则该支座成为可动铰支座，如图 3.33(a)、(e) 所示。可动铰支座的计算简图如图 3.33(b)、(c) 所示。这种支座只能限制构件垂直于支撑面方向的移动，而不能限制物体绕销钉轴线的转动，其支座反力通过销钉中心，垂直于支承面，指向未定，如图 3.33(d) 所示，图中反力 F_A 的指向假定。

在图 3.34(a) 中，实例一中的楼面梁 L1 搁置在砖墙上，砖墙就是梁的支座，如略去梁与砖墙之间的摩擦力，则砖墙只能限制梁向下运动，而不能限制梁的转动与水平方向的移动。这样，就可以将砖墙简化为可动铰支座，如图 3.34(b)、(c) 所示。

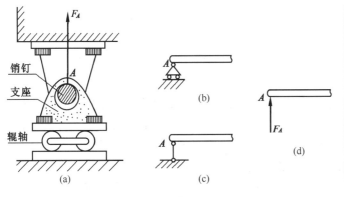

图 3.33　可动铰支座及其反力

(a) 可动铰支座；(b)、(c) 支座简图；(d) 支座反力；(e) 工程实例

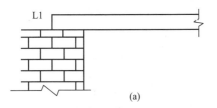

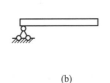

【可动铰支座】

图 3.34　楼面梁 L1 的支座简化

(a) 支承在砖墙上的梁 L1；(b) 支座简图

3) 固定端支座

特别提示

实例一中屋面挑梁 WTL1 和楼面挑梁 XTL1 等固结于墙中，如图 3.35(a) 所示；实例二中固结于独立基础 JC2 的钢筋混凝土柱 KZ1，如图 3.35(b) 所示。它们的固结端就是典型的固定端支座。

固定端支座构件与支承物固定在一起，构件在固定端既不能沿任何方向移动，也不能转动，因此，这种支座对构件除产生水平反力和竖向反力外，还有一个阻止转动的力偶。图 3.35(c) 所示为固定端支座简图及支座反力。

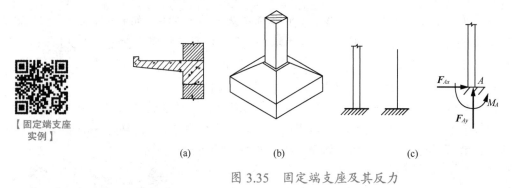

【固定端支座实例】

(a)　　　　　(b)　　　　　(c)

图 3.35　固定端支座及其反力

3.1.7　受力图

在工程实际中，建筑结构通常是由多个物体或构件相互联系组合在一起的，如实例一中的板支承在梁上，梁支承在墙体上，墙支承在基础上。因此，进行受力分析前，必须首先明确要对哪一种物体或构件进行受力分析，即要明确研究对象。为了分析研究对象的受力情况，又必须弄清研究对象与哪些物体有联系，受到哪些力的作用，这些力是什么物体给它的，哪些是已知力，哪些未知力。为此，需要将研究对象从它周围的物体中分离出来。被分离出来的研究对象称为脱离体。在脱离体上画出周围物体对它的全部主动力和约束反力，这样的图形称为受力图。

在画单个物体受力图之前，先要明确对象，然后画出研究对象的简图，再将已知的主动力画在简图上，然后根据约束性质在各相互作用点上画出对应的约束反力。这样，就可得到单个物体的受力图。

应用案例3-4

(1) 实例一中的楼面梁 L1 两端支承在墙上，试画出该梁的受力图。

解：梁 L1 放置在墙体上，如图 3.36(a) 所示。简化后，如图 3.36(b) 所示，其中 *A* 端为固定铰支座，*B* 端为链杆。根据支座形式，得到如图 3.36(c) 所示的受力图。

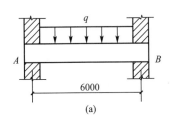 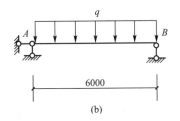 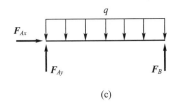

图 3.36　梁 L1 及其受力图

(a) 楼面梁 L1；(b) 梁 L1 计算简图；(c) 受力图

(2) 图 3.37(a) 所示的杆 AB 重 G，在 C 处用绳索拉住，A、B 处分别支在光滑的墙面及地面上。试画出杆 AB 的受力图。

解：以杆 AB 为研究对象，将其单独画出。作用在杆上的主动力是已知的重力 G，重力 G 作用在杆的中点，铅垂向下；光滑墙面的约束反力 N_A 通过接触点 A，垂直于杆并指向杆；光滑地面的约束反力 N_B，它通过接触点 B 垂直于地面并指向杆；绳索的约束反力是 T_C，作用于绳索与杆的接触点 C，沿绳索中心背离杆。杆 AB 的受力图如图 3.37(b) 所示。

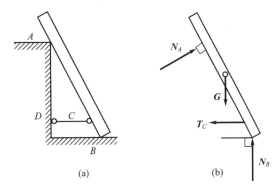

图 3.37　杆 AB 的受力分析图

(a) 斜杆 AB；(b) 受力图

(3) 水平梁 AB 在跨中 C 处受到集中力 F 的作用，A 端为固定铰支座，B 端为可动铰支座，如图 3.38(a) 所示。梁的自重不计，试画出梁 AB 的受力图。

解：取梁 AB 为研究对象，解除约束并将它单独画出。在梁的中点 C 处受到主动力 F 的作用。A 端是固定铰支座，支座反力可用通过铰链中心 A 并且相互垂直的分力 F_{Ax} 和 F_{Ay} 表示。B 端是可动铰支座，支座反力可用通过铰链中心且垂直于支承面的力 F_B 表示。梁 AB 的受力图如图 3.38(b) 所示。

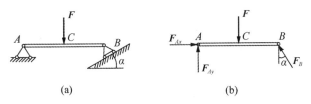

图 3.38　杆 AB 的受力分析图

工程实例

2008 年 3 月 15 日，美国纽约曼哈顿一处建筑工地发生吊车高空坠落事故，砸毁附近数座建筑，如图 3.39 所示，造成至少 4 人死亡、10 多人受伤。这是纽约近年来发生的最严重的建筑施工事故之一。

图 3.39　事故现场

事故发生在当地时间下午 2 点 30 分左右，悬在大厦一侧的吊车突然自 15 层高处落下，造成旁边一座 4 层建筑物坍塌，其他 3 座建筑物受损。经初步调查发现，事故原因是工人在安装起重机时发生失误，使起重机失去平衡而坠向旁边的建筑物。

点评：起重机在工作中运用了力的平衡原理。一边是起重臂，上面有小车可以在起重臂上来回移动，用来起吊重物；另一边是平衡臂，装上配重，用来平衡起重臂上的力矩，防止起重机的翻倒。在实际安装和操作过程中，一旦打破了此平衡状态，将会引起严重的后果。

3.2　结构计算简图及平面杆系结构的分类

3.2.1　结构计算简图

在实际结构中，结构的受力和变形情况非常复杂，影响因素也很多，完全按实际情况进行结构计算是不可能的，而且计算过分精确，在工程实际中也是不必要的。为此，在进行结构力学分析之前，应首先将实际结构进行简化，即用一种力学模型来代替实际结构，它能反映实际结构的主要受力特征，同时又能使计算大大简化。这样的力学模型称为结构的计算简图。

1. 结构计算简图的选择原则

(1) 反映结构实际情况——计算简图能正确反映结构的实际受力情况，使计算结果尽可能准确。

(2) 分清主次因素——计算简图可以略去次要因素，使计算简化。

计算简图的简化程度与结构构件的重要性、设计阶段、计算的复杂性及计算工具等许多因素有关。

2. 计算简图的简化方法

一般工程结构是由杆件、结点、支座三部分组成的。要想得出结构的计算简图，就必须对结构的各组成部分进行简化。

1) 结构、杆件的简化

一般的工程结构常为空间结构，而空间结构常可分解为几个平面结构来计算。结构构件均可用其杆轴线来代替。

2) 结点的简化

杆系结构的结点，通常可分为铰结点和刚结点。

(1) 铰结点的简化原则：铰结点上各杆间的夹角可以改变；各杆的铰结点既不承受也不传递弯矩，但能承受轴力和剪力。其简化示意如图 3.40(a) 所示。

(2) 刚结点的简化原则：刚结点上各杆间的夹角保持不变，各杆的刚结点在结构变形时转动同一角度；各杆的刚结点既能承受并传递弯矩，又能承受轴力和剪力。其简化示意如图 3.40(b) 所示。

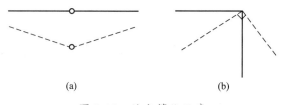

图 3.40　结点简化示意

(a) 铰结点；(b) 刚结点

3) 支座的简化

平面杆系结构的支座，常用的有以下三种。

(1) 可动铰支座：杆端 A 沿水平方向可以移动，绕 A 点可以转动，但沿支座杆轴方向不能移动，如图 3.41(a) 所示。

(2) 固定铰支座：杆端 A 绕 A 点可以自由转动，但沿任何方向不能移动，如图 3.41(b) 所示。

(3) 固定端支座：A 端支座为固定端支座，使 A 端既不能移动，也不能转动，如图 3.41(c) 所示。

图 3.41　支座简化示意图

(a) 可动铰支座；(b) 固定铰支座；(c) 固定端支座

3.2.2 平面杆系结构的分类

平面杆系结构是本书分析的对象，按照它的构造和力学特征，可分为以下五类。

1. 梁

梁是一种受弯构件，轴线常为一直线，可以是单跨梁，如图3.42(a)、(b)和(c)所示，也可以是多跨梁，如图3.42(d)所示。其支座可以是固定铰支座、可动铰支座，也可以是固定端支座。工程中常见的单跨静定梁有三种形式，即简支梁、悬臂梁和外伸梁。

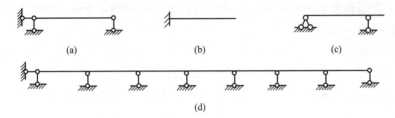

图 3.42　梁结构

(a) 简支梁 L1；(b) 悬臂梁 XTL1；(c) 外伸梁 L4(1A)；(d) 连续梁 L5(7)

2. 拱

拱的轴线为曲线，在竖向力的作用下，支座不仅有竖向支座反力，而且还存在水平支座反力，拱内不仅存在剪力、弯矩，而且还存在轴力。由于支座水平反力的影响，拱内的弯矩往往小于同样条件下的梁的弯矩。拱可分为无铰拱、两铰拱及三铰拱，如图3.43所示。

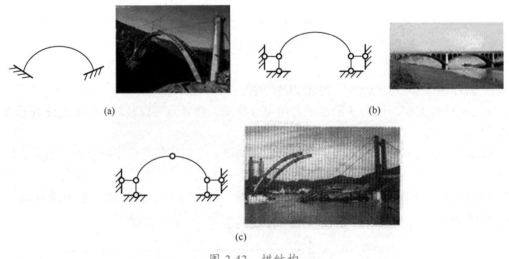

图 3.43　拱结构

(a) 无铰拱；(b) 两铰拱；(c) 三铰拱

3. 桁架

桁架是由若干杆件通过铰结点连接起来的结构，各杆轴线为直线，支座常为固定铰支座或可动铰支座，如图3.44和图3.45所示。当荷载只作用于桁架节点上时，各杆只产生轴力。

图 3.44　桁架结构——桥梁

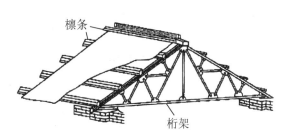
图 3.45　桁架结构——钢屋架

4. 刚架

刚架由梁、柱组成，梁、柱节点多为刚节点。在荷载作用下，各杆件的轴力、剪力、弯矩往往同时存在，但以弯矩为主。常见的刚架有悬臂刚架、三铰刚架和简支刚架，如图 3.46 所示。

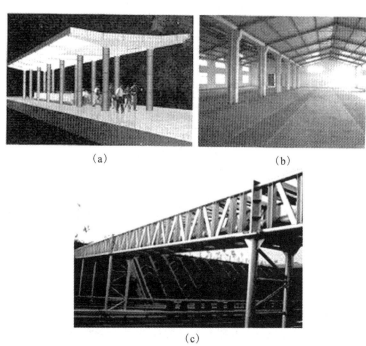

(a)　　　　　　　　　　　　　　(b)

(c)

图 3.46　刚架结构

(a) 悬臂刚架——火车站台；(b) 三铰刚架——厂房；(c) 简支刚架——渡槽

5. 组合结构

组合结构即结构中一部分是链杆，另一部分是梁或刚架，在荷载作用下，链杆中往往只产生轴力，而梁或刚架部分则同时还存在弯矩和剪力。

实例一解读

实例一砖混结构施工图中钢筋混凝土梁 L2，如图 3.47(a) 所示。该梁所承受的预制混凝土板的荷载和梁的自重，可以简化为沿梁跨度方向的均布线荷载 q。将梁的支座做如下处理：通常在一端墙宽的中点设置固定铰支座，在另一端墙宽的中点设置可动铰支座，用梁的轴线代替梁，所以对梁 L2 简化就得到了如图 3.47(b) 所示的计算简图。它属于简支梁。

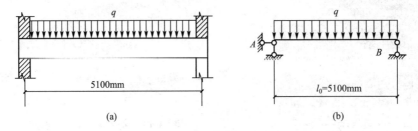

图 3.47　梁 L2 的计算简图

　　一端是固定端，另一端是自由端的梁称为悬臂梁。实例一中的 XTL1 计算简图如图 3.48 所示，属于悬臂梁。

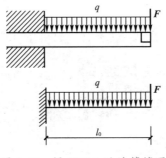

图 3.48　梁 XTL1 的计算简图

模块小结

　　静力学的基本知识包括力的基本概念（力的三要素、力的矢量性、力系的概念及分类）、静力学公理（二力平衡公理阐述了二力作用下的平衡条件，作用力和反作用力公理说明了物体之间的相互关系，加减平衡力系公理是力系等效的基础，力的平行四边形法则是力的合成的规律）、力的合成与分解（主要是运用力在坐标轴上的投影对力进行代数运算及合力投影定理）、力矩（力矩就是度量力使物体转动效应的物理量）、力偶（力偶的作用效果是使物体转动）、约束（约束是阻碍物体运动的限制物）、约束反力（约束反力的方向与限制物体运动的方向相反）、受力图（画受力图的步骤：明确分析对象，画出分析对象的脱离体简图；在脱离体简图上画出全部主动力；在脱离体上画出全部的约束反力，注意约束反力与约束应一一对应）。

　　在进行结构力学分析之前，对实际结构进行简化，用一种力学模型来代替实际结构，既能反映实际的主要受力特征，又能使计算简化。所以工程力学的研究对象并非结构的实体，而是结构的计算简图。

　　计算简图简化的方法：结构的杆件均可用其杆轴线来代替；杆系结构的结点，根据连接形式不同，简化为铰结点和刚结点；支座的简化；荷载的简化。

习 题

1. 选择题（含多项选择）

(1) 力的三要素是（　　）。

A. 力的大小　　　　B. 力的方向　　　　C. 力的矢量性　　　D. 力的作用点

(2) 常见约束有（　　）。

A. 柔体约束　　　　B. 光滑接触面约束　　C. 链杆　　　　　D. 圆柱铰链约束

(3)（　　）是描述作用力和反作用力公理的。

A. 二力作用下的平衡条件　　　　　　B. 物体之间的相互作用关系

C. 力系等效的基础　　　　　　　　　D. 力的合成的规律

(4) 实例二中教学楼的柱与基础的结点可简化为（　　）。

A. 铰结点　　　　　B. 链杆　　　　　C. 刚结点　　　　　D. 接触点

2. 判断题

(1) 力可以使物体发生各种形式的运动。　　　　　　　　　　　　　　（　　）

(2) 力与力偶可以合成。　　　　　　　　　　　　　　　　　　　　　（　　）

(3) 力的投影和力的分解是等效的。　　　　　　　　　　　　　　　　（　　）

(4) 约束反力的方向与限制物体运动的方向相反。　　　　　　　　　　（　　）

(5) 当力的作用线通过矩心时，力的转动效应为零。　　　　　　　　　（　　）

3. 思考题

(1) 推小车时，人给小车一个作用力，小车也给人一个反作用力。此二力大小相等、方向相反，且作用在同一直线上，因此二力互相平衡。这种说法对不对？为什么？

(2) 用手拔钉子拔不出来，为什么用钉锤很容易就能拔出来？

(3) 为什么力偶在任意坐标轴上的投影为零？

4. 作图题

(1) 试画出图 3.49 中各物体的受力图。假定各接触面都是光滑的。

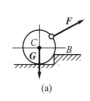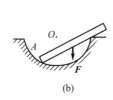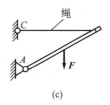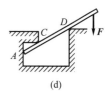

（a）　　　　　　　　（b）　　　　　　　　（c）　　　　　　　　（d）

图 3.49　作图题 (1) 图

(2) 试画出图 3.50 中各梁的受力图，梁重不计。

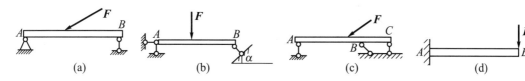

（a）　　　　　　　　（b）　　　　　　　　（c）　　　　　　　　（d）

图 3.50　作图题 (2) 图

5. 计算题

(1) 如图 3.51 所示，已知 F_1=400N，F_2=200N，F_3=300N，F_4=300N，各力的方向如图所示。试求每个力在 x、y 轴上的投影。

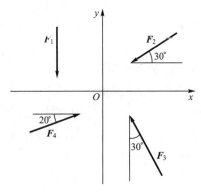

图 3.51　计算题 (1) 图

(2) 试求图 3.52 中力 F 对 O 点的力矩。

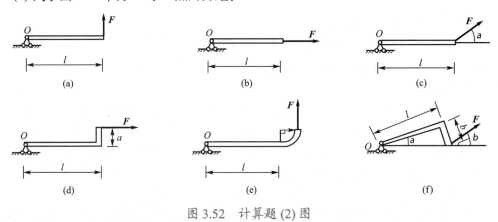

图 3.52　计算题 (2) 图

模块 4 结构构件上的荷载及支座反力计算

通过本模块的学习，学生应了解结构上荷载的分类及其代表值的确定，能够进行简单结构构件荷载的计算，可以利用静力平衡条件求解简单静定结构的支座反力。

教学要求

能力目标	相关知识	权重
(1) 知道结构上荷载的分类 (2) 会确定荷载代表值 (3) 能够进行一般结构荷载的计算	结构上荷载的概念，不同荷载的性质；材料的重度，集中力、线荷载、均布面荷载等荷载形式，以及荷载的代表值	60%
(1) 掌握静力平衡条件 (2) 会进行支反力计算	平面力系平衡条件；构件的支座与约束反力的计算，静定结构与超静定结构的概念	40%

学习重点

一般结构上荷载的计算，利用平衡条件求解简单静定结构的支座反力。

引例

在实例一和实例二中，教室的楼盖由梁和板组成，其上有桌椅家具和人群等荷载，其自身重量和外加荷载由梁和板承受，并通过梁、板传递到墙上，墙就是梁的支座。那么梁和板上的荷载是多少？由于荷载总是变化的，怎样取值才能保证结构及结构构件的可靠性？同时，梁和板传到支座的压力是多少？支座反力又是多少？这些都是要解决的问题。

4.1 结构上的荷载

4.1.1 荷载的分类

建筑结构在施工与使用期间要承受各种作用，如人群、风、雪及结构构件的自重等，这些外力直接作用在结构物上；还有温度变化、地基不均匀沉降等间接作用在结构上。称直接作用在结构上的外力为荷载。

荷载按作用时间的长短和性质，可分为三类：永久荷载、可变荷载和偶然荷载。

(1) 永久荷载是指在结构设计使用期内，其值不随时间变化，或其变化与平均值相比可以忽略不计，或其变化是单调的并能趋于限值的荷载，如结构的自重、土压力、预应力等荷载。永久荷载又称恒荷载。

(2) 可变荷载是指在结构设计使用期内其值随时间而变化，其变化与平均值相比不可忽略的荷载，如楼面活荷载、吊车荷载、风荷载、雪荷载等。可变荷载又称活荷载。

(3) 偶然荷载是指在结构设计使用期内不一定出现，一旦出现，其值很大且持续时间很短的荷载，如爆炸力、撞击力等。

4.1.2 荷载的分布形式

1. 材料的重度

某种材料单位体积的重量 (kN/m^3) 称为材料的重度，即重力密度，用 γ 表示，详见附录 C 表 C1。

 特别提示

> 如工程中常用水泥砂浆的重度是 20 kN/m³，石灰砂浆的重度是 17 kN/m³，钢筋混凝土的重度是 25 kN/m³，砖的重度是 19 kN/m³。

2. 均布面荷载

在均匀分布的荷载作用面上，单位面积上的荷载值称为均布面荷载，其单位为 kN/m²

或 N/m²。如图 4.1 所示为板的均布面荷载。

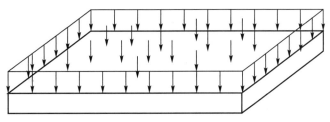

图 4.1　板的均布面荷载

 特别提示

　　一般板上的自重荷载为均布面荷载，其值为重度乘以板厚。

　　如一矩形截面板，板长为 L(m)，板宽度为 B(m)，截面厚度为 h(m)，重度为 γ(kN/m³)，则此板的总重量 $G=\gamma BLh$；板的自重在平面上是均匀分布的，所以单位面积的自重 $g_k = \dfrac{G}{BL} = \dfrac{\gamma BLh}{BL} = \gamma h$(kN/m²)。$g_k$ 值就是板自重简化为单位面积上的均布荷载标准值。

3. 均布线荷载

　　沿跨度方向单位长度上均匀分布的荷载，称为均布线荷载，其单位为 kN/m 或 N/m。梁上的均布线荷载如图 4.2 所示。

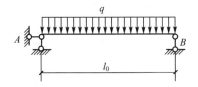

图 4.2　梁上的均布线荷载

 特别提示

　　一般梁上的自重荷载为均布线荷载，其值为重度乘以横截面面积。

　　如一矩形截面梁，梁长为 L(m)，其截面宽度为 b(m)，截面高度为 h(m)，重度为 γ(kN/m³)，则此梁的总重量 $G=\gamma bhL$；梁的自重沿跨度方向是均匀分布的，所以沿梁轴每米长度的自重 $g_k = \dfrac{G}{L} = \dfrac{\gamma bhL}{L} = \gamma bh$(kN/m)。$g_k$ 值就是梁自重简化为沿梁轴方向的均布荷载标准值，均布线荷载也称线荷载集度。

4. 非均布线荷载

　　沿跨度方向单位长度上非均匀分布的荷载，称为非均布线荷载，其单位为 kN/m 或 N/m。图 4.3(a) 所示挡土墙的土压力即为非均布线荷载。

5. 集中荷载 (集中力)

　　集中地作用于一点的荷载称为集中荷载，其单位为 kN 或 N，通常用 G 或 F 表示，图 4.3(b) 所示的柱子自重即为集中荷载。

 特别提示

　　一般柱子的自重荷载为集中力，其值为重度乘以柱子的体积，即 $G=ybhL$。其中，b、h 为柱截面尺寸，L 为柱高。

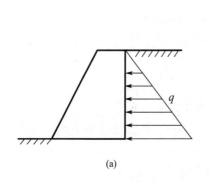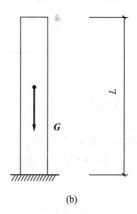

图 4.3　非均布线荷载和集中荷载

(a) 挡土墙的土压力；(b) 柱子的自重

 知识链接

均布面荷载化为均布线荷载的计算

　　在工程计算中，板面上受到均布面荷载 $q'(\text{kN/m}^2)$ 时，它传给支承梁的为线荷载，梁沿跨度（轴线）方向均匀分布的线荷载如何计算？

　　实例一：设板上受到均匀的面荷载 $q'(\text{kN/m}^2)$ 作用，板跨度为 3.3(m)（受荷宽度），L2 梁跨度为 5.1(m)，如图 4.4 所示。那么，梁 L2 上受到的全部荷载 $q=q'\times3.3+$ 梁 L2 自重 (kN/m)，而荷载 q 是沿梁的跨度方向均匀分布的。

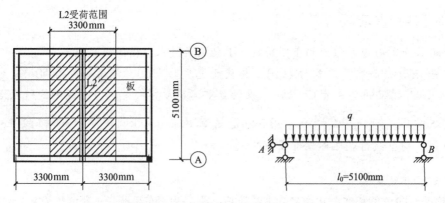

图 4.4　板上的荷载传给梁示意图

4.1.3　荷载的代表值

　　在后续进行结构设计时，对荷载应赋予一个规定的量值，该量值即所谓荷载代表值。

永久荷载采用标准值为代表值，可变荷载采用标准值、组合值、频遇值或准永久值为代表值。

1. 荷载标准值

荷载标准值是荷载的基本代表值，为设计基准期内(50 年)最大荷载统计分布的特征。

(1) 永久荷载标准值 (G_k)，是永久荷载的唯一代表值。对于结构自重可以根据结构的设计尺寸和材料的重度确定，《建筑结构荷载规范》(GB 50009—2012) 中列出了常用材料和构件自重，部分见附录 C 的表 C1。

应用案例4-1

实例一中矩形截面钢筋混凝土梁 L2，计算跨度为 5.1 m，截面尺寸为 b=250 mm，h=500 mm，求该梁自重 (即永久荷载) 标准值。

解：梁自重为均布线荷载的形式，梁自重标准值应按照 $g_k=\gamma bh$ 计算。其中钢筋混凝土的重度 γ=25 kN/m³，b=250 mm=0.25 m，h=500 mm=0.5 m，故梁自重标准值

$$g_k=\gamma bh=(25 \times 0.25 \times 0.5) \text{ kN/m}=3.125 \text{ kN/m}$$

 特别提示

计算过程中应注意物理量单位的换算。梁的自重标准值用 g_k 表示。

应用案例4-2

实例一中楼面做法为 30 mm 水磨石地面，120 mm 钢筋混凝土空心板 (折算为 80 mm 厚的实心板)，板底石灰砂浆粉刷厚 20 mm，求楼板自重标准值。

解：板自重为均布面荷载的形式，其楼面做法中每一层标准值均应按照 $g_k=\gamma h$ 计算，然后把三个值加在一起就是楼板的自重标准值。

查附录 C 表 C1 得：30 mm 水磨石地面的面荷载为 0.65 kN/m²，钢筋混凝土的重度为 25 kN/m³，石灰砂浆的重度为 17 kN/m³。

楼面做法：30 mm 水磨石地面　　　　　0.65 kN/m²

　　　　　120 mm 空心板自重　　　　(25 × 0.08) kN/m²=2 kN/m²

　　　　　板底粉刷　　(17×0.02) kN/m² = 0.34 kN/m²

板每平方米总重力 (面荷载) 标准值：g_k = 2.99 kN/m²

应用案例4-3

实例一中钢筋混凝土梁 L5(7)，截面尺寸 b=200 mm=0.2 m，h=300 mm=0.3 m，且梁上放置 120 mm 厚、1.2 m 高的砌体栏板，栏板两侧用 20 mm 厚石灰砂浆抹面，求作用在梁上的永久荷载标准值。

解：经分析，梁 L5(7) 的自重及作用在梁上的栏杆、石灰砂浆抹面为梁的永久荷载，荷载计算如下。

查附录 C 表 C1 得：钢筋混凝土的重度为 25 kN/m³，石灰砂浆的重度为 17 kN/m³，砖

重度为 19 kN/m³，故：

梁 L5(7) 的自重	(25×0.2×0.3) kN/m=1.5 kN/m
梁上的栏杆及石灰砂浆抹面	[1.2×(0.12×19 + 0.02×17×2)]kN/m=3.552 kN/m

梁上的永久荷载标准值：g_k=5.052 kN/m

(2) 可变荷载标准值 (Q_k)，由设计基准期内最大荷载概率分布的某个分位值确定，是可变荷载的最大荷载代表值，由统计获得。《建筑结构荷载规范》(GB 50009—2012) 对于楼 (屋) 面活荷载、雪荷载、风荷载、吊车荷载等可变荷载标准值，规定了具体的数值，设计时可直接查用。

① 楼 (屋) 面可变荷载标准值见附录 C 的表 C2 和表 C3。

 特别提示

根据附录 C 表 C2，查得实例二教学楼教室的楼面活荷载标准值为 2.5 kN/m²；楼梯上的楼面活荷载标准值为 3.5 kN/m²。

② 风荷载标准值 (w_k)。风受到建筑物的阻碍和影响时，速度会改变，并在建筑物表面上形成压力和吸力，即建筑物所受的风荷载。根据《建筑结构荷载规范》(GB 50009—2012) 相关规定，计算主要受力结构时，垂直于建筑物表面上的风荷载标准值 (w_k) 按式 (4-1) 计算：

$$w_k=\beta_z \mu_s \mu_z w_0 \tag{4-1}$$

式中，w_k——风荷载标准值 (kN/m²)；

β_z——高度 z 处的风振系数，考虑风压脉动对结构产生的影响；

μ_s——风荷载体型系数；

μ_z——风压高度变化系数；

w_0——基本风压 (kN/m²) 是以当地平坦空旷地带，10 m 高处统计得到的 50 年一遇 10 min 平均最大风速为标准确定的，按《建筑结构荷载规范》(GB 50009—2012) 中"全国基本风压分布图"查用。

③ 此外雪荷载标准值、施工及检修荷载标准值见《建筑结构荷载规范》(GB 50009—2012) 相关规定取值。

2. 可变荷载组合值

当结构上同时作用有两种或两种以上可变荷载时，由于各种可变荷载同时达到其最大值 (标准值) 的可能性极小，因此计算时采用可变荷载组合值，用 Q_c 表示：

$$Q_c=\Psi_c Q_k \tag{4-2}$$

式中，Q_c——可变荷载组合值；

Q_k——可变荷载标准值；

Ψ_c——可变荷载组合值系数，一般雪荷载取 0.7，风荷载取 0.6，取值见附录 C 的表 C2 和表 C3。

3. 可变荷载频遇值

可变荷载频遇值是指结构上时而出现的较大荷载。对可变荷载，在设计基准期内，其超越的总时间为规定的较小比率或超越频率为规定频率的荷载值。可变荷载频遇值总是小于荷载标准值，其值取可变荷载标准值乘以小于 1 的荷载频遇值系数，用 Q_f 表示：

$$Q_f = \Psi_f Q_k \tag{4-3}$$

式中，Q_f——可变荷载频遇值；

Ψ_f——可变荷载频遇值系数，见附录 C 的表 C2 和表 C3。

4. 可变荷载准永久值

可变荷载准永久值是指可变荷载中在设计基准期内经常作用（其超越的时间约为设计基准期一半）的可变荷载。在规定的期限内有较长的总持续时间，也就是经常作用于结构上的可变荷载。其值取可变荷载标准值乘以小于 1 的荷载准永久值系数，用 Q_q 表示：

$$Q_q = \Psi_q Q_q \tag{4-4}$$

式中，Q_q——可变荷载准永久值；

Ψ_q——可变荷载准永久值系数，见附录 C 的表 C2 和表 C3。

4.1.4 荷载分项系数及荷载设计值

1. 荷载分项系数

荷载分项系数用于结构承载力极限状态设计中，目的是保证在各种可能的荷载组合出现时，结构均能维持在相同的可靠度水平上。荷载分项系数又分为永久荷载分项系数 γ_G 和可变荷载分项系数 γ_Q，其值见表 4-1。

表 4-1　建筑结构的作用分项系数

作用分项系数 \ 适用情况	当作用效应对承载力不利时	当作用效应对承载力有利时
γ_G	1.3	$\leqslant 1.0$
γ_P	1.3	$\leqslant 1.0$
γ_Q	1.5	0

2. 荷载设计值

一般情况下，荷载标准值与荷载分项系数的乘积为荷载设计值，也称设计荷载，其数值大体上相当于结构在非正常使用情况下荷载的最大值，它比荷载的标准值具有更大的可靠度。永久荷载设计值为 $\gamma_G G_k$；可变荷载设计值为 $\gamma_Q Q_k$。

应用案例4-4

实例二中，现浇钢筋混凝土楼面板板厚 h=100 mm，板面做法选用：8～10 mm 厚地砖，25 mm 厚干硬水泥砂浆，素水泥浆，其面荷载标准值合计为 0.7 kN/m²；板底为 20 mm 厚石灰砂浆粉刷。试确定楼面永久荷载设计值和可变荷载设计值。

解：(1) 永久荷载标准值：

现浇板自重　　　　　　　　　(25×0.10) kN/m² = 2.5 kN/m²

楼面做法　　　　　　　　　　0.7 kN/m²

板底粉刷　　　　　　　(17×0.02) kN/m² = 0.34 kN/m²

板每平方米总重力（面荷载）标准值：$g_k = 3.54$ kN/m²

(2) 永久荷载设计值：

$$g = \gamma_G g_k = (1.3 \times 3.54) \text{ kN/m}^2 = 4.602 \text{ kN/m}^2$$

(3) 可变荷载标准值：

查附录 C 的表 C2 知：教室楼面可变荷载标准值为 $q_k = 2.5$ kN/m²（面荷载）。

(4) 可变荷载设计值：

$$q = \gamma_Q q_k = (1.5 \times 2.5) \text{ kN/m}^2 = 3.75 \text{ kN/m}^2$$

4.2　静力平衡条件及构件支座反力计算

物体在力系的作用下处于平衡时，力系应满足一定的条件，这个条件称为力系的平衡条件。

4.2.1　平面力系的平衡条件

1. 平面任意力系的平衡条件

由模块 3 的力学概念知道，一般情况下平面力系与一个力及一个力偶等效。若与平面力系等效的力和力偶均等于零，则原力系一定平衡。**平面任意力系平衡的重要条件：力系中所有各力在两个坐标轴上的投影的代数和等于零，力系中所有各力对于任意一点 O 的力矩代数和等于零。**

由此得平面任意力系的平衡方程：

$$\sum F_x = 0$$

$$\sum F_y = 0$$

$$\sum M_O(F) = 0$$

 特别提示

$\sum F_x = 0$，即力系中所有力在 x 方向的投影代数和等于零；$\sum F_y = 0$，即力系中所有力在 y 方向的投影代数和等于零；$\sum M_O(F) = 0$，即力系中所有力对任意一点 O 的力矩代数和等于零。

平面任意力系的平衡方程，还有另外两种形式。

(1) 二矩式：

$$\sum F_x=0 \ (\text{或} \sum F_y=0)$$

$$\sum M_A(F)=0$$

$$\sum M_B(F)=0$$

其中，A、B 两点之间的连线不能垂直于 x 轴或 y 轴。

(2) 三矩式：

$$\sum M_A(F)=0$$

$$\sum M_B(F)=0$$

$$\sum M_C(F)=0$$

其中，A、B、C 三点不能共线。

2. 几种特殊情况的平衡方程

1) 平面汇交力系

若平面力系中的各力的作用线汇交于一点，则此力系称为平面汇交力系。根据力系的简化结果知道，汇交力系与一个力（力系的合力）等效。由平面任意力系的平衡条件知，平面汇交力系平衡的充要条件是：**力系的合力等于零**，即

$$\sum F_x=0$$

$$\sum F_y=0$$

2) 平面平行力系

若平面力系中的各力的作用线均相互平行，则此力系为平面平行力系。显然，平面平行力系是平面力系的一种特殊情况。由平面力系的平衡方程推出，由于平面平行力系在某一坐标轴 x 轴（或 y 轴）上的投影均为零，因此，平衡方程为：

$$\sum F_y=0 \ (\text{或} \sum F_x=0)$$

$$\sum M_O(F)=0$$

当然，平面平行力系的平衡方程也可写成二矩式：

$$\sum M_A(F)=0$$

$$\sum M_B(F)=0$$

其中，A、B 两点之间的连线不能与各力的作用线平行。

4.2.2 构件的支座反力计算

求解构件支座反力的基本步骤如下。

(1) 以整个构件为研究对象进行受力分析，绘制受力图。

(2) 建立 xOy 直角坐标系。

(3) 依据静力平衡条件，根据受力图建立静力平衡方程，求解方程得支座反力。

 特别提示

> xOy 直角坐标系，一般假定 x 轴以水平向右为正，y 轴以竖直向上为正；绘制受力图时，支座反力均假定为正方向；求解出支座反力后，应标明其实际受力方向。

应用案例4-5

如图 4.5 所示简支梁，计算跨度为 l_0，承受均布载 q，求梁的支座反力。

解：(1) 以梁为研究对象进行受力分析，绘制受力图，如图 4.5(b) 所示。

(2) 建立如图 4.5(b) 所示的直角坐标系。

(3) 建立平衡方程，求解支座反力：

$$\sum F_x=0 , \quad F_{Ax}=0$$

$$\sum F_y=0 , \quad F_{Ay} - ql_0 + F_{By}=0$$

$$\sum M_A=0 , \quad F_{By}l_0 - \frac{ql_0^2}{2}=0$$

解得：

$$F_{Ax}=0 ; \quad F_{Ay}=F_{By}=\frac{ql_0}{2}(\uparrow)$$

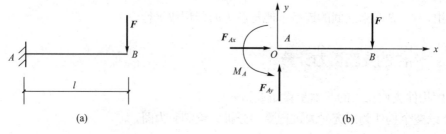

图 4.5 梁的支座反力计算

(a) 计算简图；(b) 受力图

应用案例4-6

如图 4.6 所示悬臂梁，计算跨度为 l，承受的集中荷载设计值为 F，求支座反力。

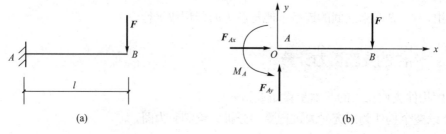

图 4.6 悬臂梁受力图

(a) 计算简图；(b) 受力图

解：(1) 以梁为研究对象进行受力分析，绘制受力图，如图 4.7(b) 所示。

(2) 建立如图 4.7(b) 所示的直角坐标系。

(3) 建立平衡方程, 求解支座反力:

$$\sum F_x = 0, \quad F_{Ax} = 0$$
$$\sum F_y = 0, \quad F_{Ay} - F = 0$$
$$\sum M_A(F) = 0, \quad M_A - Fl = 0$$

解得: $\quad F_{Ax} = 0, \quad F_{Ay} = F(\uparrow), \quad M_A = Fl(\curvearrowleft)$

应用案例4-7

如图 4.7 所示简支梁, 计算跨度为 l, 承受的集中荷载设计值 P, 作用在跨中 C 点, 求简支梁的支座反力。

解: (1) 以梁为研究对象进行受力分析, 绘制受力图, 如图 4.7(a) 所示。

(2) 建立如图 4.7(b) 所示的直角坐标系。

(3) 建立平衡方程, 求解支座反力:

$$\sum F_x = 0, \quad F_{Ax} = 0$$
$$\sum F_y = 0, \quad F_{Ay} - P + F_{By} = 0$$
$$\sum M_A = 0, \quad F_{By} \times l - P \times \frac{l}{2} = 0$$

解得: $\quad F_{Ax} = 0; \quad F_{Ay} = F_{By} = \frac{P}{2}(\uparrow)$

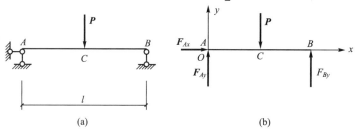

图 4.7 简支梁受力图

(a) 计算简图; (b) 受力图

模块小结

(1) 按作用时间的长短和性质, 荷载可分为三类: 永久荷载、可变荷载和偶然荷载。

(2) 永久荷载的代表值是荷载标准值, 可变荷载的代表值有荷载标准值、组合值、频遇值和准永久值; 荷载标准值是荷载在结构使用期间的最大值, 是荷载的基本代表值。

(3) 荷载的设计值是荷载分项系数与荷载代表值的乘积, 荷载分项系数分为永久荷载分项系数、可变荷载分项系数。

(4) 平面任意力系平衡的重要条件是: 力系中所有各力在两个坐标轴上的投影的代数和等于零, 力系中所有各力对于任意一点 O 的力矩代数和等于零。

(5) 根据力系平衡原理及平衡方程, 可以求解静定结构构件的支座反力。

习　题

1. 选择题

(1) 永久荷载的代表值是（　　）。

A．标准值　　　　　　B．组合值　　　　　　　C．设计值　　　　　　D．准永久值

(2) 当两种或两种以上的可变荷载同时出现在结构上时，应采用荷载的代表值是（　　）。

A．标准值　　　　　　B．组合值　　　　　　　C．设计值　　　　　　D．准永久值

(3) 办公楼楼梯上的可变荷载标准值是（　　）。

A. 2 kN/m² 　　　　B. 2.5 kN/m² 　　　　C. 3.5 kN/m² 　　　　D. 4 kN/m²

(4) 可变荷载的设计值是（　　）。

A. $\gamma_Q Q_k$ 　　　　　B. Q_k 　　　　　　C. $\gamma_G G_k$ 　　　　　D. G_k

(5) 当楼面上的可变荷载标准值大于 4 kN/m²，可变荷载分项系数 γ_Q 应取（　　）。

A. 1.2 　　　　　　B. 1.3 　　　　　　C. 1.4 　　　　　　D. 1.35

2. 填空题

(1) 平面任意力系平衡的重要条件是：力系中所有各力在 ＿＿＿＿＿＿＿ 的代数和等于零，力系中所有各力对于 ＿＿＿＿＿＿＿ 的力矩代数和等于零。

(2) 平面汇交力系平衡的重要条件是：＿＿＿＿＿＿＿。

(3) 若平面力系中各力的作用线均相互平行，则此力系为 ＿＿＿＿＿＿＿。

(4) 能够直接利用平衡方程求解出全部未知量，这类问题称为 ＿＿＿＿＿＿＿；结构或构件的未知量的数目超过了独立的平衡方程数目，无法直接利用平衡方程求解出全部未知量，这类问题称为 ＿＿＿＿＿＿＿。

(5) 荷载标准值是荷载的 ＿＿＿＿＿＿＿ 代表值，是指其在结构使用期间可能出现的 ＿＿＿＿＿＿＿ 荷载值。

(6) 一般情况下，荷载标准值与荷载分项系数的乘积为 ＿＿＿＿＿＿＿，也称设计荷载。

3. 计算题

(1) 某办公楼走廊平板，现浇钢筋混凝土板板厚 120 mm，30 mm 厚水磨石楼面，板底 20 mm 厚石灰砂浆抹灰，求该走廊板上的面荷载标准值。

(2) 某办公楼钢筋混凝土简支梁，计算跨度为 6 m，梁的截面尺寸为 200 mm×500 mm，作用在梁上的恒载标准值 g_k=10 kN/m(未考虑梁自重)，活载标准值 q_k=5 kN/m，试计算：①该梁上的恒载标准值；②该梁恒载标准值和活载标准值共同作用下的支座反力。

(3) 如图 4.8 所示的悬臂梁，求支座反力。

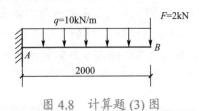

图 4.8　计算题 (3) 图

(4) 试确定出图书馆书库的楼面活荷载标准值，并求出其准永久值。

(5) 求图 4.9 中各计算简图的支座反力。

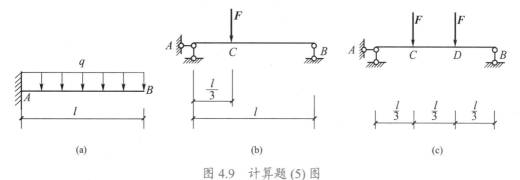

图 4.9　计算题 (5) 图

模块 5 构件内力计算及荷载效应组合

通过学习构件的内力计算，了解内力的概念及计算方法，能够进行简单结构构件内力图的绘制，了解荷载效应组合的基本概念。

能力目标	相关知识	权重
掌握内力及应力的基本概念，了解平面弯曲梁截面应力分布的特点	内力及应力的基本概念	15%
掌握运用截面法计算指定截面上的内力	指定截面的内力计算	35%
了解梁的内力图的规律，能够绘制简单梁的剪力图和弯矩图，通过内力图能够判定梁控制截面的位置	静定单跨梁的内力图绘制	35%
了解荷载效应组合的基本概念	荷载效应及荷载效应组合	15%

内力及应力的基本概念；指定截面内力计算；静定单跨梁的内力图绘制。

⌂ 引例

实际工程中，所有建筑物都要依靠其建筑结构来承受荷载和其他间接作用（如温度变化、地基不均匀沉降等），结构是建筑的重要组成部分。结构构件在外荷载及其他作用下必定在其内部引起内力和变形，即荷载效应。荷载效应的大小决定了后续的结构设计工作中选择的材料、材料的强度等级、材料的用量、构件截面形状及尺寸等内容。以钢筋混凝土结构为例，构件在荷载作用下的荷载效应之一是弯矩，截面的弯矩大小决定了截面纵向受力钢筋的多少及钢筋所处的位置。本模块在模块3、模块4的基础上主要介绍构件内力计算的基本方法及荷载效应组合的基本概念。

5.1 内力的基本概念

5.1.1 内力

1. 内力的定义

当用双手拉长一根弹簧时会感到弹簧内有一种反抗拉长的力，要想使弹簧拉得更长，就要施加更大的外力，而弹簧的反抗力也越大，这种反抗力就是弹簧的内力。内力是指杆件受外力作用后在其内部所引起的各部分之间的相互作用力。内力是由外力引起的，且外力越大，内力也越大。

工程构件内常见的内力有轴力、剪力、弯矩。轴力用 N 表示，与截面正交，与杆件重合；剪力用 V 表示，与截面相切，与轴线正交；弯矩用 M 表示，与截面互相垂直，见图 5.1～图 5.3。

2. 内力的符号规定

1) 轴力符号的规定

轴力用符号 N 表示，背离截面的轴力称为拉力，为正值；指向截面的轴力称为压力，为负值。图 5.1(a) 所示的截面受拉，N 为正号；图 5.1(b) 所示的截面受压，N 为负号。轴力的单位为牛顿 (N) 或千牛顿 (kN)。

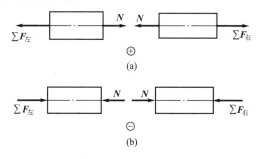

图 5.1 轴力的正负号规定

(a) 拉力；(b) 压力

2) 剪力符号的规定

剪力用符号用 V 表示，其正负号规定如下：当截面上的剪力绕梁段上任一点有顺时针转动趋势时为正，反之为负，如图 5.2 所示。剪力的单位为牛顿 (N) 或千牛顿 (kN)。

3) 弯矩符号的规定

弯矩用符号 M 表示，其正负号规定如下：当截面上的弯矩使梁产生下凸的变形时为正，反之为负，如图 5.3 所示。柱子的弯矩的正负号可随意假设，但弯矩图画在杆件受拉的一侧，图中不标正负号。弯矩的单位为牛顿·米 (N·m) 或千牛顿·米 (kN·m)。

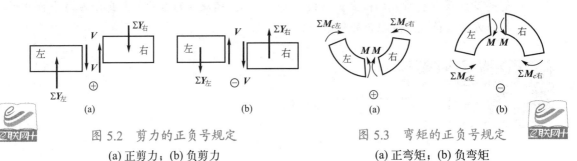

图 5.2　剪力的正负号规定　　　　　图 5.3　弯矩的正负号规定

(a) 正剪力；(b) 负剪力　　　　　　(a) 正弯矩；(b) 负弯矩

特别提示

(1) 用截面法求解杆件截面内力时，轴力、剪力、弯矩均假定为正方向。

(2) 工程中结构构件内力除轴力、剪力、弯矩外，还有扭矩，用 T 表示，单位为牛顿·米 (N·m) 或千牛顿·米 (kN·m)。

5.1.2　应力

1. 应力的基本概念

杆件在外荷载作用下的截面内力计算是通过截面法求解的，从其求解步骤来看，截面上的内力只与杆件的支座、荷载及长度有关，而与构件的材料和截面尺寸无关。因此，内力的大小不足以反映杆件截面的强度，内力在杆件上的密集程度才是影响强度的主要原因。

我们将内力在一点处的集度称为应力，用分布在单位面积上的内力来衡量。应力的单位为帕 (Pa)，常用单位还有兆帕 (MPa) 或吉帕 (GPa)。一般将应力分解为垂直于截面和相切于截面的两个分量，垂直于截面的应力分量称为正应力或法应力，用 σ 表示；相切于截面的应力分量称为剪应力或切向应力，用 τ 表示。

2. 轴向拉压杆件横截面上的应力计算

轴向拉伸（压缩）时，杆件横截面上的应力为正应力。根据材料的均匀连续假设，可知正应力在其截面上是均匀分布的。若用 A 表示杆件的横截面面积，N 表示该截面的轴力，则等直杆轴向拉伸（压缩）时横截面的正应力 σ 计算公式为：

$$\sigma = \frac{N}{A} \tag{5-1}$$

正应力有拉应力与压应力之分，拉应力为正，压应力为负。

图 5.4(a) 所示为等截面轴心受压柱的简图，其横截面面积为 A，荷载竖直向下且大小为 N。通过截面法求得 1—1 截面的轴力为 $-N$，负号说明轴力为压力，正应力 σ 为压应力，大小为 $\dfrac{N}{A}$，其分布如图 5.4(b) 所示。

3. 矩形截面梁平面弯曲时横截面上的应力

一般情况下，梁在竖向荷载作用下会产生弯曲变形。本书只涉及平面弯曲的梁。平面弯曲指梁上所有外力都作用在纵向对称面内，梁变形后轴线形成的曲线也在该平面内弯曲，如图 5.5 所示。

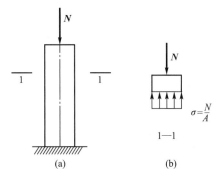

图 5.4 轴向压杆横截面上的应力分布

(a) 轴心受压柱；(b) 1—1 截面处的应力分布

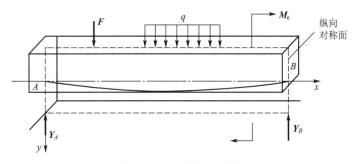

图 5.5 平面弯曲的梁

梁平面弯曲时，其横截面上的内力有弯矩和剪力，因此，梁横截面上必然会有正应力和剪应力存在。

1) 弯曲正应力

假设梁是由许多纵向纤维组成的，在受到图 5.6 所示的外力作用下，将产生图示的弯曲变形，凹边各层纤维缩短，凸边各层纤维伸长。这样梁的下部纵向纤维产生拉应变，上部纵向纤维产生压应变。从下部的拉应变过渡到上部的压应变，必有一层纤维既不伸长也不缩短，即此层线应变为零，定义这一层为中性层。中性层与横截面的交线称为中性轴，如图 5.7 中 z 轴。

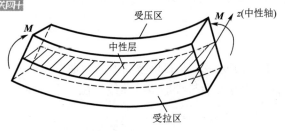

图 5.6 弯矩作用下梁的变形

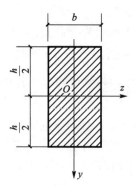

图 5.7 矩形截面

平面弯曲梁的横截面上任一点的正应力 σ 计算公式为

$$\sigma=\frac{M}{I_z}y \tag{5-2}$$

式中，M——横截面上的弯矩；

I_z——截面对中性轴的惯性矩，矩形截面 $I_z=\dfrac{bh^3}{12}$，圆形截面 $I_z=\dfrac{\pi}{64}d^4$（d 为直径）；

y——所求应力点到中性轴的距离。

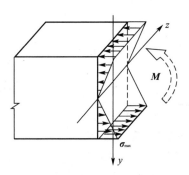

图 5.8 弯曲正应力分布

由式 (5-2) 可知，对于同一个截面，M、I_z 为常量，截面上任一点处的正应力的大小与该点到中性轴的距离成正比，沿截面高度呈线性变化，如图 5.8 所示。

如图 5.9 所示，如果截面上弯矩为正弯矩，则中性轴至截面上边缘区域为受压区，中性轴至截面下边缘区域为受拉区，且中性轴上应力为零，截面上边缘处压应力最大，截面下边缘处拉应力最大；假若截面上的弯矩为负弯矩时，中性轴至截面上边缘区域为受拉区，中性轴至截面下边缘区域为受压区，且中性轴处应力为零，截面上边缘处拉应力最大，截面下边缘处压应力最大。

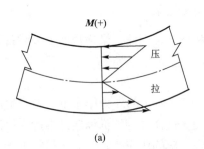
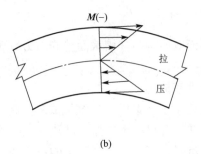

图 5.9 正弯矩及负弯矩下的正应力分布

(a) 正弯矩；(b) 负弯矩

特别提示

对于工程中的钢筋混凝土梁，其受力钢筋应放置在受拉区，因此，处于不同受力状态的梁，其受力纵筋所处的位置也不同。

2) 弯曲剪应力

平面弯曲的梁，横截面上任一点处的剪应力 τ 计算公式为

$$\tau = \frac{V S_z^*}{I_z b} \tag{5-3}$$

式中，V——横截面上的剪力；

I_z——截面对中性轴的惯性矩；

b——截面宽度；

S_z^*——横截面上所求剪应力处的水平线以下（或以上）部分 A^* 对中性轴的静矩。

剪应力的方向可根据与横截面上剪力方向一致来确定。对矩形截面梁，其剪应力沿截面高度呈二次抛物线变化，如图 5.10 所示，中性轴处剪应力最大，离中性轴越远剪应力越小，截面上、下边缘处剪应力为零。中性轴上下两点如果距离中性轴相同，其剪应力也相同。

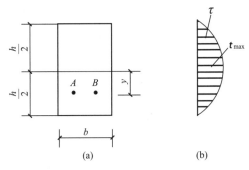

图 5.10 矩形截面梁剪应力分布

(a) 矩形截面梁；(b) 剪应力分布

特别提示

对于矩形截面梁来讲，截面弯矩引起的正应力在中性轴处为零，截面边缘处正应力最大；而剪力引起的剪应力在中性轴处最大，在截面边缘处剪应力为零。

5.2 静定结构内力计算

静定结构是指结构的支座反力和各截面的内力可以用平衡条件唯一确定的结构。本节将介绍静定结构的内力计算，包括求解结构构件指定截面的内力与绘制整个结构构件内力图两大部分。

5.2.1 指定截面的内力计算

求解不同结构构件的指定截面内力采用的基本方法是截面法，其基本步骤如下。

(1) 按模块 4 中介绍的方法求解支座反力。

(2) 沿所需求内力的截面处假想切开，选择其中一部分为脱离体，另一部分留置不顾。

(3) 绘制脱离体的受力图，应包括原来在脱离体部分的荷载和反力，以及切开截面上的待定内力。

(4) 根据脱离体受力图建立静力平衡方程，求解方程得截面内力。

1. 轴向受力杆件的轴力

应用案例5-1

杆件受力如图 5.11(a) 所示，在力 F_1、F_2、F_3 作用下处于平衡。已知 F_1=25 kN，F_2=35 kN，F_3=10 kN，求截面 1—1 和 2—2 上的轴力。

解：杆件承受多个轴向力作用时，外力将杆分为几段，各段杆的内力将不相同，因此要分段求出杆的力。

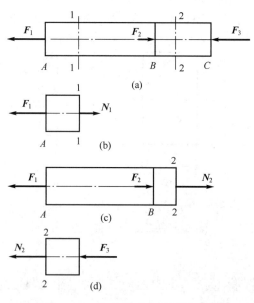

图 5.11　轴向受力杆件的内力

(1) 求 1—1 的轴力。用 1—1 截面在 AB 段内将杆假想截开，取左段为研究对象[图 5.11(b)]，截面上的轴力用 N_1 表示，并假设为拉力，由平衡方程

$$\sum F_x=0, \quad N_1 - F_1=0$$

求得 $N_1=F_1$=25 kN。正值说明假设方向与实际方向相同，1—1 截面的轴力为拉力。

(2) 求 2—2 的轴力。用 2—2 截面在 BC 段内将杆假想截开，取左段为研究对象[图 5.11(c)]，截面上的轴力用 N_2 表示，由平衡方程

$$\sum F_x=0, \quad N_2 + F_2 - F_1=0$$

求得 $N_2=F_1 - F_2$=25 kN － 35 kN= － 10 kN。负值说明假设方向与实际方向相反，2—2

截面的轴力为压力。

求 2—2 的轴力时，也可取右段为研究对象，如图 5.11(d) 所示，经求解

$$N_2 = -10 \text{ kN}$$

 **特别提示**

不难看出，AB 段任一截面的轴力与 1—1 截面上的轴力相等，BC 段任一截面的轴力与 2—2 截面上的轴力相等。

2. 梁的内力计算

应用案例5-2

图 5.12(a) 所示为实例一混合结构楼层平面图中简支梁 L2 的计算简图，计算跨度 $l_0 = 5100$ mm。已知梁上均布永久荷载标准值 $g_k = 13.332$ kN/m，计算梁跨中截面的内力。

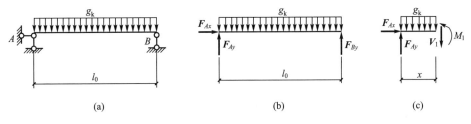

图 5.12　简支梁 L2

解：(1) 求支座反力。取整个梁为研究对象，画出梁的受力图，如图 5.12(b) 所示，建立平衡方程求解支座反力，即

$$\sum F_x = 0, \quad F_{Ax} = 0$$

$$\sum F_y = 0, \quad F_{Ay} - g_k \times l_0 + F_{By} = 0$$

$$\sum M_A(F) = 0, \quad F_{By} \times l_0 - \frac{g_k l_0^2}{2} = 0$$

解得：

$$F_{Ax} = 0, \quad F_{Ay} = F_{By} = \frac{1}{2} g_k l_0 = \left(\frac{1}{2} \times 13.332 \times 5.1 \right) \text{kN} = 33.997 \text{ kN}(\uparrow)$$

(2) 求跨中截面内力。在跨中截面将梁假想截开，取左段梁为脱离体，画出脱离体的受力图。假定该截面的剪力 V_1 和弯矩 M_1 的方向均为正方向，如图 5.12(c) 所示，$x = \frac{l_0}{2}$。建立平衡方程，求解剪力 V_1 和弯矩 M_1，即

$$\sum F_x = 0, \quad F_{Ax} = 0$$

$$\sum F_y = 0, \quad F_{Ay} - V_1 - \frac{g_k l_0}{2} = 0$$

$$\sum M_A(F) = 0, \quad M_1 - V_1 \times l_0/2 - g_k \times \frac{l_0}{2} \times \frac{l_0}{4} = 0$$

解得：

$$V_1 = 0, \quad M_1 = \frac{1}{8} g_k l_0^2 = \left(\frac{1}{8} \times 13.332 \times 5.1^2 \right) \text{kN·m} = 43.346 \text{ kN·m}$$

应用案例5-3

图 5.13(a) 所示为实例一中悬挑梁 XTL1 的计算简图，$l_0=2.1$ m，永久荷载标准值 $g_k=12.639$ kN/m，$F_k=16.665$ kN。计算梁支座 1—1 截面的内力。

解：通过截面法求解 1—1 截面内力时，沿 1—1 截面将梁假想截开，不难发现：取左端梁为脱离体时，脱离体包含支座，需要求解支座反力；取右段梁为脱离体时，脱离体没有支座，无须求解支座反力。所以，为了方便起见，取右段梁为脱离体，画出脱离体的受力图，假定该截面的剪力 V_1 和弯矩 M_1 的方向均为正方向，如图 5.14(b) 所示，$x=l_0$。建立平衡方程，求解剪力 V_1 和弯矩 M_1，即

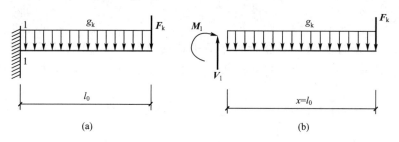

图 5.13　悬臂梁 XTL1

$$\sum F_y=0, \quad V_1-g_kl_0-F_k=0$$

$$\sum M_1(F)=0, \quad -M_1-\frac{1}{2}g_kl_0^2-F_kl_0=0$$

解得：

$$V_1=g_kl_0+F_k=(12.639\times2.1)\ \text{kN}+16.665\ \text{kN}=43.207\ \text{kN}$$

$$M_1=-\frac{1}{2}g_kl_0^2-F_kl_0=(-\frac{1}{2}\times12.639\times2.1^2)\ \text{kN·m}-(16.665\times2.1)\ \text{kN·m}=-62.865\ \text{kN·m}$$

特别提示

在求解悬臂梁、外伸梁外伸部分截面内力时无须求解支座反力。

3. 静定平面刚架的内力计算

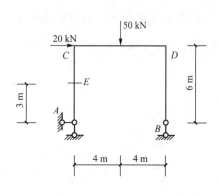

图 5.14　静定平面刚架

静定平面刚架是由横梁和柱共同组成的一个整体静定承重结构，如图 5.14 所示。刚架的特点是具有刚结点，即梁与柱的接头是刚性连接的，共同组成一个几何不变的整体。静定平面刚架中构件的内力既有轴力、剪力，又有弯矩，任意截面上的内力仍用截面法求解（略）。

4. 静定平面桁架的受力特点

静定平面桁架是指由在一个平面内的若干直杆在两端用铰连接所组成的静定结构，如图 5.15 所示。

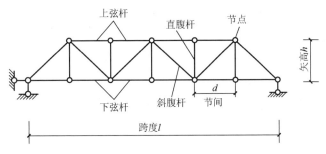

图 5.15　平面桁架

组成桁架的各杆依其所在的位置可分为弦杆和腹杆两类。弦杆是指桁架外围的杆件，上部的称为上弦杆，下部的称为下弦杆；上、下弦杆之间的杆件统称为腹杆，其中竖向的称为直腹杆，斜向的称为斜腹杆。从上弦最高点至下弦的距离称矢高，也称为桁架高；杆件与杆件的连接点称为节点；弦杆上两相邻节点间的区间称为节间；桁架两支座之间的距离称为跨度。

为了简化计算，在取桁架计算简图时，通常做如下假定：

(1) 各杆在两端用光滑的理想铰相互连接；

(2) 所有杆件的轴线都是直线，在同一平面内且通过铰的中心；

(3) 荷载和支座反力都作用在节点上且位于桁架所在的平面内。

符合上述假定的桁架称为理想桁架，其各杆件在节点荷载作用下其内力仅为轴力，且应力均匀分布。

5.2.2 内力图

结构构件在外力作用下，截面内力随截面位置的变化而变化，为了形象直观地表达内力沿截面位置变化的规律，通常绘出内力随横截面位置变化的图形，即内力图。根据内力图可以找出构件内力最大值及其所在截面的位置。

特别提示

内力图在结构设计中有重要的作用，构件的承载力计算是以构件在荷载作用下控制截面的内力作为依据。对于等截面结构构件，其控制截面是指内力最大的截面；对于变截面结构构件，其控制截面除了内力最大的截面外，还有尺寸突变的截面。不同的结构构件，不同的荷载作用下，其控制截面的位置和数量是不一样的，可以通过绘制结构构件内力图的方法来达到这一目的。

1. 轴向受力杆件的内力图——轴力图

可按选定的比例尺，用平行于轴线的坐标表示横截面的位置，用垂直于杆轴线的坐标表示各横截面轴力的大小，绘出表示轴力与截面位置关系的图线，该图形就称为轴力图。画图时，习惯上将正值的轴力画在上侧，负值的轴力画在下侧。

绘制仅受轴向集中力杆件的轴力图的步骤如下：

(1) 求解支座反力；

(2) 根据施加荷载情况分段；

(3) 求出每段内任一截面上的轴力值；

(4) 选定一定比例尺，用平行于轴线的坐标表示横截面的位置，用垂直于杆轴线的坐标表示各横截面轴力的大小，绘制轴力图。

应用案例5-4

等截面杆件受力如图 5.16(a) 所示，试作出该杆件的轴力图。

解： (1) 求支座反力。根据平衡条件可知，轴向拉压杆固定端的支座反力只有 F_{Ax}，如图 5.16(b) 所示。取整根杆为研究对象，列平衡方程：

$$\sum F_x = 0, \quad -F_{Ax} - F_1 + F_2 - F_3 + F_4 = 0$$

解得：

$$F_{Ax} = -F_1 + F_2 - F_3 + F_4 = (-20 + 60 - 40 + 25)\ \text{kN} = 25\ \text{kN}(\leftarrow)$$

(2) 求各段杆的轴力。如图 5.16(b) 所示，杆件在 5 个集中力作用下保持平衡，分四段：AB 段、BC 段、CD 段、DE 段。

求 AB 段轴力：用 1—1 截面将杆件在 AB 段内截开，取左段为脱离体 [图 5.16(c)]。以 N_1 表示截面上的轴力，由平衡方程

$$\sum F_x = 0, \quad -F_{Ax} + N_1 = 0$$

解得：

$$N_1 = F_{Ax} = 25\ \text{kN}(\text{拉力})$$

求 BC 段的轴力：用 2—2 截面将杆件截断，取左段为脱离体 [图 5.16(d)]。由平衡方程

$$\sum F_x = 0, \quad -F_{Ax} + N_2 - F_1 = 0$$

解得：

$$N_2 = F_{Ax} + F_1 = (20 + 25)\ \text{kN} = 45\ \text{kN}(\text{拉力})$$

求 CD 段轴力：用 3—3 截面将杆件截断，取左段为脱离体 [图 5.16(e)]。由平衡方程

$$\sum F_x = 0, \quad N_3 - F_{Ax} + F_2 - F_1 = 0$$

解得：

$$N_3 = F_{Ax} - F_2 + F_1 = (25 - 60 + 20)\text{kN} = -15\ \text{kN}(\text{压力})$$

求 DE 段轴力：用 4—4 截面将杆件截断，取右段为脱离体 [图 5.16(f)]。由平衡方程

$$\sum F_x = 0, \quad F_4 - N_4 = 0$$

解得：

$$N_4 = F_4 = 25\ \text{kN}(\text{拉力})$$

(3) 画轴力图。以平行于杆轴的 x 轴为横坐标，垂直于杆轴的坐标轴为 N 轴，按一定比例将各段轴力标在坐标轴上，可作出轴力图，如图 5.16(g) 所示。

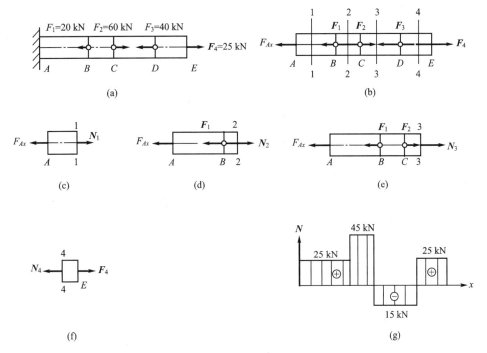

图 5.16 轴向拉压杆的内力图

特别提示

(1) 拉力为"＋"，压力为"－"。

(2) 绘制轴力图时，杆件是以作用在杆件的集中力（包括支反力和外荷载）的位置来分段求解的，对于两个集中力之间的杆件，任一截面处的内力均相等。

(3) BC 段截面上的拉力值最大，为轴拉杆件设计的控制段；同时 CD 段上的压力值最大，也为轴压杆件设计的控制段。

2. 梁的内力图——剪力图和弯矩图

梁的内力图包括剪力图和弯矩图，其绘制方法与轴力图相似，即用平行于梁轴线的横坐标 x 轴为基线表示该梁的横坐标位置，用纵坐标的端点表示相应截面的剪力或弯矩，再把各纵坐标的端点连接起来。在绘剪力图时习惯上将正剪力画在 x 轴的上方，负剪力画在 x 轴的下方，并标明正负号。而绘弯矩图时则规定画在梁受拉的一侧，即正弯矩画在 x 轴的下方，负弯矩画在 x 轴的上方，可以不标明正负号。

1) 利用内力图的规律绘制内力图

(1) 梁上荷载与剪力图、弯矩图之间的关系，见表 5-1。

表 5-1　梁上荷载与剪力图弯矩图的关系

项次	梁段上荷载情况	剪力图	弯矩图
1	无荷载区段	特征：V 图为水平直线 $V=0$ 时 $V>0$ 时 $V<0$ 时	特征：M 图为斜直线 $V=0$ 时 $M<0$ $M=0$ $M>0$ $V>0$ 时 下斜直线 $V<0$ 时 上斜直线
2	均布荷载向上作用 $q>0$	特征：上斜直线	特征：上凸曲线
3	均布荷载向下作用 $q<0$	特征：下斜直线	特征：下凸曲线
4	集中力作用处 C F C	特征：C 截面处有突变，突变值等于 F	特征：C 处有尖点，尖点方向同荷载方向
5	集中力偶作用处 C	特征：C 截面处无变化	C 截面处有突变，突变值等于 m

为了便于记忆表 5-1 中的规律，可以用下面的口诀简述。

① 对剪力图：没有荷载平直线，均布荷载斜直线，力偶荷载无影响，集中荷载有突变。

② 对弯矩图：没有荷载斜直线，均布荷载抛物线，集中荷载有尖点，力偶荷载有突变。

(2) 绘制内力图的步骤如下。

① 求解支座反力。

② 绘制荷载图。

③ 依据梁上荷载与剪力图、弯矩图之间的关系绘制剪力图、弯矩图。

应用案例5-5

图 5.17(a) 所示为实例一中简支梁 L2 的计算简图，计算跨度 l_0=5100 mm，已知梁上均布永久荷载标准值 g_k=13.332 kN/m，绘制简支梁 L2 的内力图。

解：(1) 求支座反力。应用案例 5-1 中已求出：$F_{Ax}=0$，$F_{Ay}=F_{By}=33.997$ kN(↑)

(2) 绘制受力图，如图 5.17(b) 所示，画出外荷载和支座反力的实际方向并标出大小。

(3) 依据荷载和与剪力图、弯矩图的规律绘制 V 图和 M 图，如图 5.17(c) 所示。

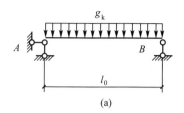

(a)

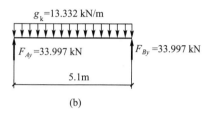

(b)

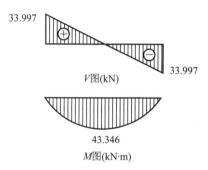

V图(kN)

M图(kN·m)

图 5.17　简支梁 L2 内力图

特别提示

不难看出：跨中截面弯矩最大，$M_{max}=43.346$ kN·m，且引起该截面上部受压、下部受拉；支座处剪力最大，$V_{max}=33.997$ kN。

应用案例5-6

图 5.18(a) 所示为实例一中悬挑梁 XTL1 的计算简图，$l_0=2.1$ m，永久荷载标准值 $g_k=12.639$ kN/m，$F_k=16.665$ kN，绘制悬挑梁 XTL1 的内力图。

解：(1) 以悬臂梁为研究对象，根据静力平衡条件求得支座反力：

$$F_{Ax}=0$$

$$F_{Ay}=g_k l_0+F_k=(12.639\times2.1)\ kN+16.665\ kN=43.207\ kN(\uparrow)$$

$$M_A=-\frac{1}{2}g_k l_0^2-F_k l_0=(-\frac{1}{2}\times12.639\times2.1^2)\ kN\cdot m-(16.665\times2.1)\ kN\cdot m$$

$$=-62.865\ kN\cdot m(\curvearrowleft)$$

(2) 绘制受力图，如图 5.18(b) 所示，画出外荷载和支座反力并标出大小。

(3) 依据荷载和与剪力图、弯矩图的规律绘制 V 图和 M 图，如图 5.18(c) 所示。不难看出：

悬挑梁 XTL1 负弯矩最大值 $M_{max}= -60.865$ kN·m，且位于支座处，引起该截面上部受拉、下部受压；支座处剪力最大，$V_{max}=43.207$ kN。

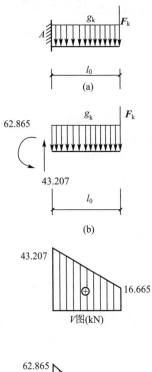

图 5.18　悬挑梁 XTL1 的计算简图与内力图

2) 常见静定单跨梁在荷载作用下的内力图（表 5-2）

表 5-2　常见静定单跨梁在荷载作用下的内力图

序号	计算简图	支座反力	剪力图	弯矩图
1		$F_{Ay}=F_{By}=\dfrac{ql}{2}(\uparrow)$		$\dfrac{ql^2}{8}$
2		$F_{Ay}=F_{By}=\dfrac{F}{2}(\uparrow)$		$\dfrac{Fl}{4}$
3		$F_{Ax}=0$ $F_{Ay}=ql(\uparrow)$ $M_A=\dfrac{ql^2}{2}(\circlearrowleft)$	ql	$\dfrac{ql^2}{2}$

续表

序号	计算简图	支座反力	剪力图	弯矩图
4		$F_{Ax}=0$ $F_{Ay}=F\,(\uparrow)$ $M_A=Fl\,(\circlearrowleft)$		
5		$F_{Ax}=0$ $F_{Ay}=\dfrac{ql_1}{2}-F\dfrac{l_2}{l_1}$ $F_{By}=\dfrac{ql_1}{2}+F\left(1+\dfrac{l_2}{l_1}\right)$		

知识链接

超静定结构是指从几何组成性质的角度来看,属于几何不变且有多余约束的结构,其支座反力和内力不能用平衡条件来确定,建筑工程中常见的超静定结构形式有刚架、排架、桁架及连续梁等。

下面将直接给出某砖混结构楼层平面图中多跨连续梁 L5(7) 通过结构软件计算得到的多跨连续梁在竖向均布荷载作用下的内力图,如图 5.19(a) 所示。已知:q=6.06 kN/m,L5 共 7 跨,跨度为 3.3 m,梁的内力图如图 5.19(b)、(c) 所示。

不难看出:在每跨跨中正弯矩最大,中间支座处负弯矩最大且左右截面弯矩相等;支座处剪力最大,且左右截面剪力方向相反数值不同,跨中剪力较小。因此,对于多跨连续梁来讲,其每跨跨中弯矩最大处及支座左右边缘截面为结构计算的控制截面。

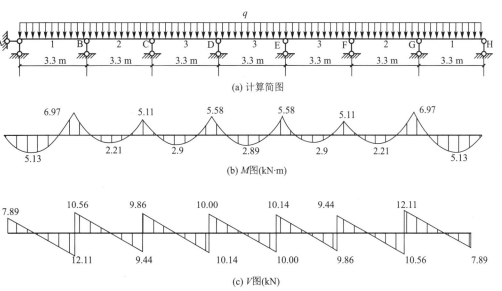

(a) 计算简图

(b) M图(kN·m)

(c) V图(kN)

图 5.19 梁 L5(7) 的计算简图与内力图

【结构力学求解器】

【力法与位移法】

【框架结构的内力和位移计算】

【框架结构的电算】

5.3 荷载效应组合

5.3.1 荷载效应及结构抗力

1. 荷载效应

荷载效应是指由于施加在结构或结构构件上的荷载产生的内力（拉力、压力、弯矩、剪力、扭矩）和变形（伸长、压缩、挠度、侧移、转角、裂缝），用 S 表示。因为结构上的荷载大小、位置是随机变化的，即为随机变量，所以荷载效应一般也是随机变量。

> **特别提示**
>
> 5.2 节中求解得到的结构或结构构件的内力均是荷载效应，例如，梁在竖向均布荷载作用下产生的弯矩 M 和剪力 V，框架结构在竖向荷载和风荷载作用下引起柱子和梁上的轴力 N、弯矩 M 和剪力 V 等。

2. 结构抗力

结构抗力是指整个结构或结构构件承受作用效应（即内力和变形）的能力，如构件的承载能力、刚度等，用 R 表示。

影响抗力的主要因素有材料性能（强度、变形模量等）、几何参数（构件尺寸）等和计算模式的精确性（抗力计算所采用的基本假设和计算公式够不够精确等）。因此，结构抗力也是一个随机变量。

> **特别提示**
>
> 模块 2 中 2.2 节二层全现浇钢筋混凝土框架结构平面布置图中的简支梁 L1，截面尺寸是 250 mm×500 mm，C25 混凝土，配有纵向受力钢筋 3⾍20，经计算（计算方法详见模块 6），梁能够承担的弯矩为 M=136.67 kN·m，即抗弯承载力，亦即抗力 R=136.67 kN·m。

5.3.2 极限状态下的实用设计表达式

在进行结构和结构构件设计时采用基于极限状态理论和概率论的计算设计方法，即概率极限状态设计法。同时考虑到应用上的简便，《建筑结构可靠性设计统一标准》(GB 50068—2018) 给出了设计表达式。

1. 承载能力极限状态设计表达式

$$\gamma_0 S_d \leqslant R_d \tag{5-4}$$

式中，γ_0——结构重要性系数，在持久设计状况和短暂设计状况下，对安全等级为一级的结构构件不应小于 1.1，对安全等级为二级的结构构件不应小于 1.0，对安全等级为三级的结构构件不应小于 0.9；对偶然设计状况和地震设计状况下应取 1.0。

S_d——承载能力极限状态下作用组合的效应设计值，对持久设计状况和短暂设计状况应按作用的基本组合计算；对地震设计状况应按作用的地震组合计算。

R_d——结构或结构构件的抗力设计值。

1) 荷载效应（内力）组合设计值 S_d 的计算

当结构上同时作用两种及两种以上可变荷载时，要考虑荷载效应（内力）的组合。荷载效应组合是指在所有可能同时出现的各种荷载组合中，确定对结构或构件产生的总效应，取其最不利值。承载能力极限状态的荷载效应组合分为基本组合（永久荷载＋可变荷载）与偶然组合（永久荷载＋可变荷载＋偶然荷载）两种情况。

(1) 对持久设计状况和短暂设计状况，应采用基本组合。

①基本组合的效应设计值按式 5-5 中最不利值确定：

$$S_d = S\left(\sum_{i \geq 1} \gamma_{G_i} G_{ik} + \gamma_P P + \gamma_{Q_1} \gamma_{L_1} Q_{1k} + \sum_{j>1} \gamma_{Q_j} \psi_{cj} \gamma_{L_j} Q_{jk} \right) \tag{5-5}$$

式中：$S(\cdot)$——作用组合的效应函数；

G_{ik}——第 i 个永久荷载的标准值；

P——预应力作用的有关代表值；

Q_{1k}——第 1 个可变荷载的标准值；

Q_{jk}——第 j 个可变荷载的标准值；

γ_{Gi}——第 i 个永久荷载的分项系数，详见模块四；

γ_p——预应力作用的分项系数，详见模块四；

γ_{Q1}——第 1 个可变荷载的分项系数，详见模块四；

γ_{Qj}——第 j 个可变荷载的分项系数，详见模块四；

γ_{L1}、γ_{Lj}——第 1 个和第 j 个考虑结构设计使用年限的荷载调整系数，详见表 5-3；

ψ_{cj}——第 j 个可变荷载的组合值系数，详见模块四。

②当作用与作用效应按线性关系考虑时，基本组合的效应设计值按式 5-6 中最不利值计算：

$$S_d = \sum_{i \geq 1} \gamma_{G_i} S_{G_{ik}} + \gamma_P S_P + \gamma_{Q_1} \gamma_{L_1} S_{Q_{1k}} + \sum_{j>1} \gamma_{Q_j} \psi_{cj} \gamma_{L_j} S_{Q_{jk}} \tag{5-6}$$

式中：S_{Gik}——第 i 个永久荷载标准值的效应；

S_P——预应力作用有关代表值的效应；

S_{Q1k}——第 1 个可变荷载标准值的效应；

S_{Qjk}——第 i 个可变荷载标准值的效应；

表5-3　建筑结构考虑结构设计使用年限的调整系数 γ_L

结构设计使用年限/年	5	50	100
γ_L	0.9	1.0	1.1

注：对于设计使用年限25年的结构构件，γ_L 应按各种材料结构设计标准的规定采用。

 特别提示

> 当对 $S_{Q,k}$ 无法明显判断时，依次以各可变荷载效应为 $S_{Q,k}$，选其中最不利的荷载效应组合。

(2) 对偶然设计状况，应采用偶然组合。

偶然组合是指一个偶然作用与其他可变荷载相结合，这种偶然作用的特点是发生概率小，持续时间短，但对结构的危害大，偶然组合的效应设计值 S_d 参见《建筑结构可靠性设计统一标准》(GB 50068—2018)。

2) 结构构件承载力设计值 R_d 的计算

结构构件承载力设计值与材料的强度、材料用量、构件截面尺寸、形状等有关，根据结构构件类型的不同，承载力设计值 R_d 的具体计算公式将在以后的模块涉及。

2. 正常使用极限状态设计表达式

对于正常使用极限状态，应根据不同的设计要求，采用荷载的标准组合、频遇组合或准永久组合，并按下列设计表达式进行设计，使变形、裂缝、振幅等计算值不超过相应的规定限值，即

$$S_d \leq C \tag{5-7}$$

式中，C——设计对变形、裂缝等规定的相应限值。应按有关的结构设计标准的规定采用。

模 块 小 结

> (1) 内力是由外力（或外界因素）引起的杆件内的各部分间的相互作用力，轴向拉压时截面上的内力是轴力，它通过截面的形心并与横截面垂直。
>
> (2) 求解截面内力的基本方法是截面法。其步骤为：首先在所求内力的截面假想切开，选择其中一部分为脱离体，另一部分留置不顾；其次绘制脱离体的受力图，应包括原来在脱离体部分的荷载与反力，以及切开截面上的待定内力；最后根据脱离体受力图建立静力平衡方程，求解方程得截面内力。
>
> (3) 矩形截面平面弯曲梁的正应力及剪应力分布。弯矩引起截面一侧受压另一侧受拉，其截面上任一点处的正应力的大小与该点到中性轴的距离成正比，沿截面高度呈线性变化；其剪应力沿截面高度呈二次抛物线变化，中性轴处剪应力最大，离中性轴越远剪应力越小，截面上、下边缘处剪力为零。

(4) 结构构件在外力作用下，截面内力随截面位置的变化而变化。为了形象直观地表达内力沿截面位置变化的规律，通常给出内力随横截面位置变化的图形，即内力图。根据内力图可以找出构件内力最大值及其所在截面的位置。

(5) 荷载效应 S_d 是指由于施加在结构上的荷载产生的结构内力与变形，如各种构件的截面拉力、压力、弯矩、剪力、扭矩等内力和伸长、压缩、挠度、转角等变形以及产生的裂缝、滑移等后果。结构抗力 R_d 是指整个结构或结构构件承受作用效应（即内力和变形）的能力，如构件的承载能力、刚度等。

(6) 对于承载能力极限状态，结构构件应按荷载效应（内力）的基本组合和偶然组合（必要时）进行；对于正常使用极限状态，应根据不同的设计要求，采用荷载的标准组合、频遇组合和准永久组合，使变形、裂缝、振幅等计算值不超过相应的规定限值。

习　题

1. 选择题

(1) 截面上的内力与（　　）有关。

A. 位置　　　　　　　　　　　B. 形状　　　　　　　　　　　C. 材料

(2) 拉伸时轴力为正，方向（　　）截面。

A. 指向　　　　　　　　　　　B. 背离　　　　　　　　　　　C. 平行于

(3) 剪力使所在的脱离体有（　　）转动趋势时为正，反之为负。

A. 顺时针　　　　　　　　　　B. 逆时针

(4) 弯矩使所在的脱离体产生（　　）的变形为正，反之为负。

A. 下凸　　　　　　　　　　　B. 上凹

(5) 如图 5.20 所示构件，1—1 截面的轴力为（　　）。

A. 20kN 拉力　　　　　　　　B. –10kN 压力　　　　　　　　C. 10kN 拉力

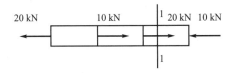

图 5.20　构件受力图

(6) 在集中力作用处（　　）不发生突变。

A. 剪力　　　　　　　　　　　B. 弯矩　　　　　　　　　　　C. 轴力

(7) 在集中力偶作用处（　　）发生突变。

A. 剪力　　　　　　　　　　　B. 弯矩　　　　　　　　　　　C. 剪力和弯矩

(8) 两根跨度相同、荷载相同的简支梁，当材料相同、截面形状及尺寸不同时，其弯矩图的关系是（　　）。

A. 相同　　　　　　　　　　　B. 不同　　　　　　　　　　　C. 无法确定

(9) 两根材料不同、截面不同的杆，受同样的轴向拉力作用，则它们的内力（　　）。

A. 相同 　　　　　　　　　　 B. 不同 　　　　　　　　　　 C. 不一定

(10) 杆件上内力（　　）的截面称为控制截面。

A. 最大 　　　　　　　　　　 B. 最小 　　　　　　　　　　 C. 为零

(11) 正应力截面的应力分量（　　）于横截面。

A. 垂直 　　　　　　　　　　 B. 相切 　　　　　　　　　　 C. 平行

(12) 受弯构件，矩形截面的中性轴上其（　　）。

A. 正应力等于零 　　　　　　　　　　 B. 剪应力等于零

C. 正应力与剪应力都等于零

(13) 梁横截面上的应力不受（　　）的影响。

A. 截面尺寸和形状 　　　　　　　　　　 B. 荷载 　　　　　　　　　　 C. 材料

2. 判断题

(1) 求解内力的基本方法就是截面法。　　　　　　　　　　　　　　　　　（　　）

(2) 截面法就是一个真正的截面切构件为两部分。　　　　　　　　　　　　（　　）

(3) 截面上的剪力使脱离体发生顺时针转动趋势时为负剪力。　　　　　　　（　　）

(4) 作用线与杆轴重合的力为轴力。　　　　　　　　　　　　　　　　　　（　　）

(5) 轴向拉压杆横截面的正应力的正负由截面上的轴力确定，当轴力为正时，正应力为拉应力。　　　　　　　　　　　　　　　　　　　　　　　　　　　　　　（　　）

(6) 画轴力图时，正轴力画在 x 轴上方。　　　　　　　　　　　　　　　（　　）

(7) 在无荷载区，剪力图无变化，弯矩图为平直线。　　　　　　　　　　　（　　）

(8) 画内力图时，剪力图正的画在 x 轴上方，负的画在 x 轴下方。　　　（　　）

(9) 负弯矩也必需画在梁的受拉一侧。　　　　　　　　　　　　　　　　　（　　）

(10) 平面弯曲时，中性轴上下两个区域内的正应力一定符号相反。　　　　（　　）

3. 作图题

(1) 画出图 5.21 所示杆件的轴力图，不用写步骤。

图 5.21　杆件受力图

(2) 图 5.22 所示为实例一中简支梁 L3 的计算简图，计算跨度 l_0=2100mm，已知梁上均布荷载 q=13.775kN/m，绘制图示梁 L3 的内力图。

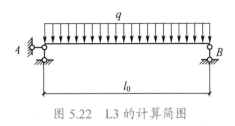

图 5.22　L3 的计算简图

4. 计算题

图 5.23 所示为实例一中简支梁 L1 的计算简图，计算跨度 l_0=6000mm，已知梁上均布荷载 q=25.238kN/m，计算梁跨中截面的内力。

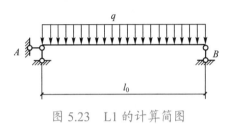

图 5.23　L1 的计算简图

模块6 钢筋混凝土梁、板及构造

教学目标

掌握受弯构件的构造要求；理解结构构件的设计结果是通过计算书和施工图来表达的；了解预应力的概念及其构造。

教学要求

能力目标	相关知识	权重
利用钢筋混凝土材料性能解决实际工程问题	钢筋、混凝土材料的种类，强度等级，混凝土与钢筋的黏结力	20%
在实际工程中理解和运用受弯构件构造知识	混凝土保护层，钢筋的锚固长度，钢筋的连接方式，梁、板构件的构造规定	70%
正确理解预应力板、梁构造要求	预应力构件中施加预应力的方法，预应力梁板构件的构造要求等	10%

学习重点

钢筋的分类及强度指标，混凝土的强度等级，钢筋和混凝土之间的黏结力，受弯构件的相关构造要求，预应力板、梁的构造要求及施加预应力的方法。

引例

1. 工程与事故概况

某教学楼为 3 层混合结构，纵墙承重，外墙厚 300 mm，内墙厚 240 mm，灰土基础，楼盖为现浇钢筋混凝土肋形楼盖，平面示意如图 6.1 所示。

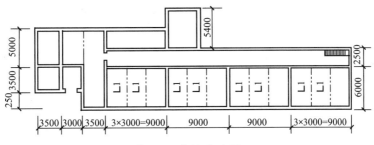

图 6.1 建筑平面图

该工程在 10 月浇筑第二层楼盖混凝土，11 月初浇筑第三层楼盖，主体结构于次年 1 月完成。4 月做装饰工程时，发现大梁两侧的混凝土楼板上部普遍开裂，裂缝方向与大梁平行。凿开部分混凝土检查，发现板内负钢筋被踩下。施工人员决定加固楼板，7 月施工，板厚由 70 mm 增加到 90 mm。

该教学楼使用后，各层大梁普遍开裂。

2. 事故原因分析

1) 施工方面的问题

(1) 浇筑混凝土时，把板中的负弯矩钢筋踩下，造成板与梁连接处附近出现通长裂缝。

(2) 出现裂缝后，采用增加板厚 20 mm 的方法加固，使梁的荷重加大而开裂明显。

(3) 混凝土水泥用量过少，每立方米混凝土仅用水泥 0.21t。

(4) 第二层楼盖浇完后 2 h，就在新浇楼板上铺脚手板，大量堆放砖和砂浆，并进行上层砖墙的砌筑，施工荷载超载和早龄期混凝土受振动是事故的重要原因之一。

(5) 混凝土强度低：第三层楼盖浇筑混凝土时，室内温度已降至 0 ~ 1℃，没有采取任何冬期施工措施。试块强度 21d 才达到设计值的 42.5%。此外，混凝土振实差、养护不良以及浇筑前模板内杂物未清理干净等因素，也造成混凝土强度低下。

2) 设计方面存在的问题

(1) 对楼板加厚产生的不利因素考虑不周。

(2) 梁箍筋间距太大。梁箍筋为 φ6@300 mm，箍筋间距太大。

(3) 纵向钢筋截断处均有斜裂缝，其原因是违反设计规范"纵向钢筋不宜在受拉区截断"的构造规定而造成。

6.1 混凝土结构的材料性能

我们在引例中看到，事故中的教学楼楼板属于钢筋混凝土结构构件，涉及钢筋和混凝土两种建筑材料，本节将介绍其性能。

6.1.1 钢筋

混凝土结构对钢筋的性能有以下四方面的要求。

(1) 强度要高。采用强度较高的钢筋，可以节约钢材。例如，HPB300 级钢筋的强度设计值为 270 kN/mm^2，而 HRB400 级钢筋的强度设计值为 360 kN/mm^2，所以采用 HRB400 级钢筋较 HPB300 级钢筋可以节约 25% 左右的钢材。

(2) 延性要好。所谓延性好，是指钢材在断裂之前有较大的变形，能给人以明显的警示；如果延性不好，就会在没有任何征兆时发生突然脆断，后果严重。

(3) 焊接性能要好。良好的焊接性使钢筋能够按照使用需要焊接，而不破坏其强度和延性。

(4) 与混凝土之间的黏结力要强。黏结力是钢筋与混凝土两种不同材料能够共同工作的基本前提之一。如果没有黏结力，两种材料不能成为一个整体，也就谈不上钢筋混凝土构件了。

1. 钢筋的品种、级别

钢材的品种繁多，能满足混凝土结构对钢筋性能要求的钢筋，分为普通钢筋混凝土钢筋和预应力混凝土钢筋两大类。还可以按力学性能、化学成分、加工工艺、轧制外形等进行分类，如图 6.2 所示。

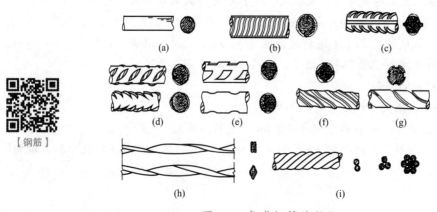

图 6.2　各类钢筋的形状

(a) 光面钢筋（钢丝）；(b) 等高肋钢筋（人字纹、螺旋纹）；(c) 月牙肋钢筋；(d) 冷轧带肋钢筋；(e) 刻痕钢丝（两面、三面）；(f) 螺旋肋钢丝；(g) 螺旋槽钢丝；(h) 冷轧扭钢筋（矩形、菱形）；(i) 绳状钢绞线 (2 股、3 股、7 股)

钢筋的具体分类见表 6-1 和表 6-2。热轧带肋钢筋的牌号由 HRB 和牌号的屈服点最小值构成，其中"H""R""B"分别代表"热轧""带肋""钢筋"三个词。例如，HRB400 表示屈服强度标准值为 400MPa 的热轧带肋钢筋；HRBF500 表示屈服强度标准值为 500MPa 的细晶粒热轧带肋钢筋。

表 6-1　普通钢筋分类

分类 符号	按力学性能分 （屈服强度） $/(N/mm^2)$	按加工 工艺分	按轧制 外形分	按化学 成分分	公称直径 d/mm
ϕ	HPB300 (300)	热轧 (H)	光圆 (P)	低碳钢	6 ~ 14
Φ	HRB335 (335)	热轧 (H)	带肋 (R)	低合金钢	6 ~ 14
Φ	HRB400 (400)	热轧 (H)	带肋 (R)	低合金钢	6 ~ 50
Φ^F	HRBF400 (400)	细晶粒热轧 (F)	带肋 (R)	低合金钢	6 ~ 50
Φ^R	RRB400 (400)	余热处理 (R)	带肋 (R)	低合金钢	6 ~ 50
Φ	HRB500 (500)	热轧 (H)	带肋 (R)	低合金钢	6 ~ 50
Φ^F	HRBF500 (500)	细晶粒热轧 (F)	带肋 (R)	低合金钢	6 ~ 50

表 6-2　预应力钢筋分类

种类	分类 符号	按轧制外形分	按化学成分分	公称直径 d/mm
中强度预应力钢丝	ϕ^{PM} ϕ^{HM}	光面螺旋肋	中碳低合金钢	5、7、9
预应力螺纹钢筋	ϕ^T	螺纹	中碳低合金钢	18、25、32、40、50
消除应力钢丝	ϕ^P ϕ^H	光面螺旋肋	高碳钢	5、7、9
钢绞线	ϕ^S	三股	高碳钢	8.6、10.8、12.9
		七股		9.5、12.7、15.2、17.8、2.6

2. 钢筋的力学性能

1) 钢筋的拉伸试验

钢筋的力学性能指标是通过钢筋的拉伸试验得到的。

图 6.3 是热轧低碳钢在试验机上进行拉伸试验得出的典型应力应变曲线。图中 c ~ d 段称为屈服台阶，说明低碳钢有良好的纯塑性变形性能。低碳钢在屈服时对应的应力 f_y 称为屈服强度，是钢筋强度设计时的主要依据。应力的最大值 f_u 称为极限抗拉强度。极限抗拉强度

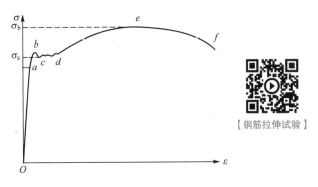

【钢筋拉伸试验】

图 6.3　有明显屈服点钢筋的应力 – 应变关系

与屈服强度的比值 f_u/f_y，反映钢筋的强度储备，称为强屈比。钢筋拉断后的伸长值与原始长度的比率称为延伸率 δ，是反映钢筋延性性能的指标。延伸率大的钢筋，在拉断前有足够变形，延性较好。

图 6.4 是高强钢丝的应力 – 应变曲线。高强钢丝的应力 – 应变曲线没有明显的屈服点，表现出强度高、延性低的特点。设计时取残余应变为 0.2% 时的应力 $\sigma_{0.2}$ 作为假想屈服强度，称为"条件屈服强度"。

2) 钢筋的冷弯试验

在常温下将钢筋绕规定的弯心直径 D 弯曲 α 角度，不出现裂纹、鳞落和断裂现象，即认为钢筋的冷弯性能符合要求 (图 6.5)。

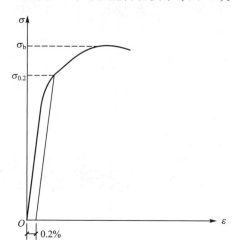

图 6.4　无明显屈服点钢筋的应力 – 应变关系

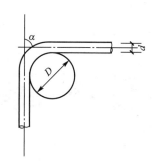

图 6.5　钢筋冷弯示意图

 特别提示

对有明显屈服点的钢筋进行质量检验时，主要测定四项指标：屈服强度、极限抗拉强度、延伸率和冷弯性能。对没有明显屈服点钢筋的质量检验须测定三项指标：极限抗拉强度、延伸率和冷弯性能。

3. 钢筋的强度指标

1) 钢筋强度标准值

为保证结构设计的可靠性，对同一强度等级的钢筋，取具有一定保证率的强度值作为该等级的标准值。《混凝土结构设计规范》规定，钢筋材料强度的标准值应具有不少于95%的保证率。

2) 钢筋强度设计值

钢筋强度设计值为钢筋强度标准值除以材料的分项系数 γ_s。《混凝土结构设计规范》规定，钢筋混凝土结构按承载力设计计算时，钢筋应采用强度设计值。

普通钢筋、预应力钢筋强度标准值、设计值及钢筋弹性模量见附录 D 的表 D1、表 D2。

6.1.2 混凝土

1. 混凝土的强度

为了设计、施工和质量检验的方便，必须对混凝土的强度规定统一的等级，混凝土立方体抗压强度是划分混凝土强度等级的主要标准。

1) 立方体抗压强度标准值 $f_{cu,k}$

立方体抗压强度标准值是按照标准方法制作、标准条件养护的边长为 150 mm×150 mm×150 mm 的立方体试件，在 28d 龄期用标准试验方法测得的具有 95% 保证率的抗压强度，用符号 $f_{cu,k}$ 表示。依此将混凝土划分为 14 个强度等级：C15、C20、C25、C30、C35、C40、C45、C50、C55、C60、C65、C70、C75、C80。C 代表混凝土强度等级，数字代表混凝土承受的抗压强度值，单位为 N/mm²。C50 ~ C80 属高强度混凝土。

2) 混凝土轴心抗压强度标准值 f_{ck}

实际工程中钢筋混凝土构件的长度要比截面尺寸大得多，故取棱柱体 (150 mm×150 mm×300 mm 或 150 mm×150 mm×450 mm) 标准试件测定混凝土轴心抗压强度。

【混凝土立方体
抗压强度试验】

3) 混凝土轴心抗拉强度标准值 f_{tk}

轴心抗拉强度远低于轴心抗压强度。

 特别提示

> 混凝土的强度等级是用立方体抗压强度来划分的。
>
> 混凝土轴心抗压强度和轴心抗拉强度都可通过对比试验由立方体抗压强度推算求得，三者之间的大小关系是：$f_{cu,k} > f_{ck} > f_{tk}$。

2. 混凝土的计算指标

1) 混凝土强度标准值

混凝土轴心抗压强度标准值 f_{ck} 和轴心抗拉强度标准值 f_{tk} 具有 95% 的保证率。

2) 混凝土强度设计值

混凝土强度设计值表示为混凝土强度标准值除以混凝土的材料分项系数 γ_c，即 $f_c = f_{ck}/\gamma_c$，$f_t = f_{tk}/\gamma_c$。

混凝土强度标准值、设计值及混凝土弹性模量见附录 D 的表 D3。

3. 混凝土的收缩和徐变

1) 混凝土的收缩

混凝土在空气中硬化体积缩小的现象称为混凝土的收缩。混凝土的收缩对混凝土的构件会产生有害的影响，使构件产生裂缝，对预应力混凝土构件会引起预应力损失等。

减少收缩的主要措施：控制水泥用量及水灰比、混凝土振捣密实、加强养护等，对纵向延伸的结构，在一定长度上需设置伸缩缝。

2) 混凝土的徐变

混凝土在长期不变荷载作用下应变随时间继续增长的现象叫做混凝土的徐变。徐变对结构产生的不利影响是：增大构件变形、引起应力重分布，使预应力构件中的预应力损失大大增加。

影响混凝土徐变的主要因素：①水泥用量越大、水灰比越大，徐变越大；②混凝土强度等级高，则徐变小；③构件龄期长、结构致密，则徐变小；④骨料用量多，最大粒径大，则徐变小；⑤应力水平越高，徐变越大；⑥养护温度越高，湿度越大，徐变越小。

4. 混凝土的耐久性

对于一般建筑结构，设计使用年限为 50 年，重要的建筑物可取为 100 年。混凝土的耐久性是指混凝土在所处环境条件下经久耐用的性能。不利于混凝土的外部环境因素包括酸、碱、盐的腐蚀作用，冰冻破坏作用，水压渗透作用，碳化作用，干湿循环引起的风化作用，荷载应力作用和振动冲击作用等；内部不利因素包括碱骨料反应和自身体积变化。

通常用混凝土的抗渗性、抗冻性、抗碳化性能、抗腐蚀性能和碱骨料反应综合评价混凝土的耐久性。《混凝土结构设计规范》对混凝土结构耐久性做了明确规定，应根据规定的设计使用年限和环境类别进行设计。混凝土结构的环境类别应根据附录 D 的表 D4 划分。设计使用年限为 50 年的混凝土结构，其混凝土材料应符合附录 D 中表 D5 的规定。

6.1.3 钢筋和混凝土之间的黏结力

1. 黏结力的组成

黏结力是钢筋和混凝土能有效地结合在一起共同工作的必要条件。钢筋与混凝土之间的黏结力由以下三部分组成。

(1) 由于混凝土收缩将钢筋紧紧握裹而产生的摩阻力。

(2) 由于混凝土颗粒的化学作用产生的混凝土与钢筋之间的胶合力。

(3) 由于钢筋表面凹凸不平与混凝土之间产生的机械咬合力。

上述三部分中，以机械咬合力作用最大，约占总黏结力的一半以上。

2. 保证钢筋与混凝土黏结力的构造措施

钢筋与混凝土黏结力在构件设计时采取有效的构造措施加以保证。例如，钢筋伸入支座应有足够的锚固长度；保证钢筋最小搭接长度；钢筋的间距和混凝土的保护层不能太小；要优先采用小直径的变形钢筋；光面钢筋末端应设弯钩；钢筋不宜在混凝土的受拉区截断；在大直径钢筋的搭接和锚固区域内宜设置横向钢筋（如箍筋）等，以上构造措施的具体规定详见 6.2 节。

6.2 钢筋混凝土梁、板的构造规定

6.2.1 一般规定

1. 钢筋级别及混凝土强度等级的选择

1）混凝土结构中钢筋选用的规定

纵向受力普通钢筋宜选用 HRB400、HRB500、HRBF400、HRBF500 钢筋，也可采用

HRB335、HPB300、RRB400 钢筋。其中 HRB400 级钢筋具有强度高、延性好、与混凝土结合握裹力强等优点，是目前我国钢筋混凝土结构的主力钢筋。

箍筋宜采用 HRB400、HRBF400、HPB300、HRB500、HRBF500 钢筋，也可采用 HRB335 钢筋。

预应力钢筋宜采用预应力钢丝、钢绞线和预应力螺纹钢筋。

2) 混凝土材料的选用原则

钢筋混凝土结构的混凝土强度等级不应低于 C20；采用强度级别 400MPa 及以上的钢筋时，混凝土强度等级不应低于 C25。

承受重复荷载的钢筋混凝土构件，混凝土强度等级不应低于 C30。

预应力混凝土结构的混凝土强度等级不宜低于 C40，且不应低于 C30。

2. 混凝土保护层

在钢筋混凝土构件中，为防止钢筋锈蚀，并保证钢筋和混凝土牢固黏结在一起，钢筋外面必须有足够厚度的混凝土保护层。结构构件由钢筋的外边缘到构件混凝土表面的范围用于保护钢筋的混凝土称为混凝土保护层（图 6.6）。

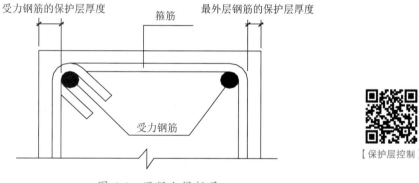

【保护层控制】

图 6.6 混凝土保护层

混凝土保护层的作用如下。

(1) 维持受力钢筋与混凝土之间的黏结力。

(2) 保护钢筋免遭锈蚀。混凝土的碱性环境使包裹在其中的钢筋不易锈蚀。一定的保护层厚度是保证结构耐久性所必需的条件。

(3) 提高构件的耐火极限。混凝土保护层具有一定的隔热作用，遇到火灾时使其强度不致降低过快。

《混凝土结构设计规范》规定，混凝土结构构件中受力钢筋的保护层厚度不应小于钢筋的直径 d。设计使用年限为 50 年的混凝土结构，最外层钢筋保护层厚度应符合附录 D 中表 D6 的规定；设计使用年限为 100 年的混凝土结构，应按附录 D 中表 D6 的规定增加 40%；当采取有效的表面防护及定期维修等措施时，保护层厚度可适当减薄。

3. 钢筋的锚固

为了保证钢筋与混凝土之间的可靠黏结，钢筋中须有一定的锚固长度，如果钢筋锚固长度不够，将会使构件提前破坏，引起承载力丧失并引发垮塌等灾难性后果。

1) 钢筋的基本锚固长度 l_{ab}

普通钢筋的基本锚固长度为

$$l_{ab}=\alpha\frac{f_y}{f_t}d \tag{6-1}$$

式中，f_y——受拉钢筋的抗拉强度设计值 (N/mm²)；

f_t——锚固区混凝土轴心抗拉强度设计值，当混凝土强度等级大于 C40 时按 C40 考虑 (N/mm²)；

d——锚固钢筋的直径 (mm)；

α——钢筋的外形系数，按表 6-3 取值。

表 6-3 锚固钢筋的外形系数 α

钢筋类型	光面钢筋	带肋钢筋	螺旋肋钢丝	三股钢绞线	七股钢绞线
钢筋外形系数 α	0.16	0.14	0.13	0.16	0.17

注：光面钢筋末端应做 180° 弯钩，弯后平直段长度不应小于 3d，但作为受压钢筋时可不做弯钩。

2) 受拉钢筋的锚固长度 l_a

受拉钢筋的锚固长度应根据具体锚固条件按式 (6-2) 计算，且不应小于 200 mm。

$$l_a=\zeta_a l_{ab} \tag{6-2}$$

式中，ζ_a——锚固长度修正系数，按下列规定取用，当多于一项时，可按连乘计算，但不应小于 0.6。

① 当带肋钢筋的公称直径大于 25 mm 时取 1.10。

② 环氧树脂涂层带肋钢筋取 1.25。

③ 施工过程中易受扰动的钢筋取 1.10。

④ 当纵向受力钢筋的实际配筋面积大于其设计计算面积时，修正系数取设计计算面积与实际配筋面积的比值，但对有抗震设防要求及直接承受动力荷载的结构构件，不应考虑此项修正。

⑤ 锚固区保护层厚度为 3d 时修正系数可取 0.80，保护层厚度为 5d 时修正系数可取 0.7，中间按内插取值，此处 d 为纵向受力带肋钢筋的直径。

3) 锚固区横向构造钢筋

为防止锚固长度范围内的混凝土破碎，应配置横向构造钢筋加以约束，以维持其锚固能力。当锚固钢筋保护层厚度不大于 5d 时，锚固长度范围内应配置横向构造钢筋，其直径不应小于 $d/4$；对于梁、柱一类的杆状构件间距不应大于 5d，对板、墙一类的平面构件间距不大于 10d，d 为锚固钢筋的直径。

4) 纵向钢筋的机械锚固

当支座构件因截面尺寸限制而无法满足规定的锚固长度要求时，采用钢筋弯钩或机械锚固是减少锚固长度的有效方式，如图 6.7 所示。包括弯钩或锚固端头在内的锚固长度 (投影长度) 可取为基本锚固长度 l_{ab} 的 0.6 倍。钢筋弯钩或机械锚固的形式和技术要求应符合表 6-4 的规定。

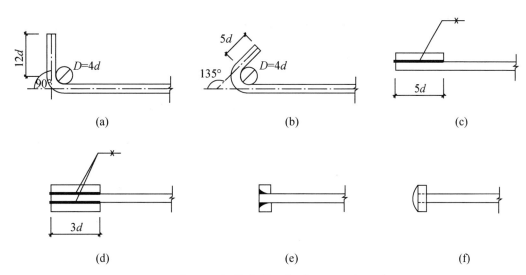

图 6.7　钢筋弯钩和机械锚固形式

(a)90° 弯钩；(b)135° 弯钩；(c) 一侧贴焊锚筋；

(d) 两侧贴焊锚筋；(e) 穿孔塞焊锚板；(f) 螺栓锚头

表 6-4　钢筋弯钩或机械锚固的形式和技术要求

锚固形式	技术要求
90° 弯钩	末端 90° 弯钩，弯后直段长度 12d
135° 弯钩	末端 135° 弯钩，弯后直段长度 5d
一侧贴焊锚筋	末端一侧贴焊长 5d 同直径钢筋，焊缝满足强度要求
两侧贴焊锚筋	末端两侧贴焊长 3d 同直径钢筋，焊缝满足强度要求
穿孔塞焊锚板	末端与厚度 d 的锚板穿孔塞焊，焊缝满足强度要求
螺栓锚头	末端旋入螺栓锚头，螺纹长度满足强度要求

5) 受压钢筋的锚固

混凝土结构中的纵向受压钢筋，当计算中充分利用钢筋的抗压强度时，受压钢筋的锚固长度不应小于相应受拉钢筋锚固长度的 0.7 倍。

6) 纵向钢筋在梁简支座内的锚固

钢筋混凝土简支梁和连续梁简支端的下部纵向受力钢筋，其从支座边缘算起伸入梁支座内的锚固长度 l_{as}(图 6.8) 应符合下列规定。

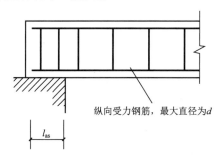

纵向受力钢筋，最大直径为d

l_{as}

图 6.8　纵向受力钢筋伸入简支支座范围内的锚固

(1) 当 $V \leqslant 0.7f_tbh_0$ 时，$l_{as} \geqslant 5d$；当 $V > 0.7f_tbh_0$ 时，带肋钢筋 $l_{as} \geqslant 12d$，光面钢筋 $l_{as} \geqslant 15d$。此处，d 为钢筋的最大直径。

(2) 如纵向受力钢筋伸入梁支座范围内的锚固长度不符合上述要求时，应采取前述纵向钢筋的机械锚固措施。

(3) 支承在砌体结构上的钢筋混凝土独立梁，在纵向受力钢筋的锚固长度 l_{as} 范围内应配置不少于两个箍筋（图6.8），其直径不宜小于纵向受力钢筋最大直径的0.25倍，间距不宜大于纵向受力钢筋最小直径的10倍。

(4) 伸入梁支座范围内的纵向受力钢筋不应少于两根。

7）板中受力钢筋的锚固

对于板，一般剪力较小，通常能满足 $V \leqslant 0.7f_tbh_0$ 的条件，故板的简支支座和中间支座下部纵向受力钢筋伸入支座的锚固长度均取 $l_{as} \geqslant 5d$。

8）箍筋的锚固

通常箍筋采用封闭式（图6.9），箍筋末端采用135°弯钩，弯钩端头直线段长度不小于 $5d(d$ 为箍筋直径)[图6.9(a)]。受扭所需的箍筋应做成封闭式，末端应做成135°弯钩，弯钩端头平直段长度不应小于 $10d$[图6.9(b)]。

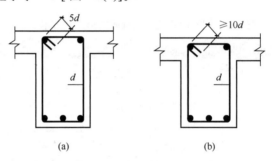

图 6.9　箍筋的锚固

应用案例6-1

某锻工车间屋面梁为12m跨度的T形薄腹梁。在车间建成后使用不久，梁端头突然断裂，造成厂房部分倒塌，如图6.10所示。倒塌构件包括屋面大梁及大型屋面板。

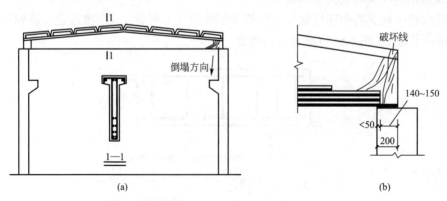

图 6.10　受力钢筋锚固长度不合要求造成的后果

【案例点评】

经现场调查分析，该屋面梁混凝土强度能满足设计要求，从梁端断裂处看，大梁支承端钢筋深入支座的锚固长度不够是导致事故发生的主因。该梁设计要求钢筋伸入支座锚固长度应为至少 150 mm，但实际上不足 50 mm；图纸标明钢筋端头至梁端为 40 mm，实际上却有 140～150 mm，如图 6.10(b) 所示。因此，梁端与柱的连接近于素混凝土节点，这是非常不可靠的。加之本车间为锻工车间，投产后锻锤的振动力很大，这在一定程度上增加了大梁的负荷，使梁柱连接处的构造做法更加恶化，最终导致大梁的断裂。

4. 钢筋的连接

实际施工中钢筋长度不够时常需要连接。钢筋的连接可分为三类：绑扎搭接、机械及焊接连接。钢筋连接的原则：接头宜设置在受力较小处，同一纵向受力钢筋不宜设置两个或两个以上接头，在结构的重要构件和关键传力部位，如柱端、梁端的箍筋加密区，纵向受力钢筋不宜设置连接接头。同一构件中相邻纵向受力钢筋的连接接头宜相互错开（图 6.11）。

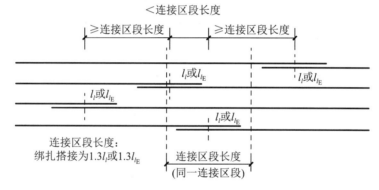

图 6.11 同一连接区段内纵向受拉钢筋绑扎搭接接头示意（图示接头面积百分率为 50%）

特别提示

钢筋的连接区段长度，对绑扎连接为 1.3 倍搭接长度；对机械连接为 $35d$；对焊接连接为 $35d$ 且不小于 500 mm。d 为纵向受力钢筋的较小直径。凡连接接头的中点位于该连接区段长度范围内，均属同一连接区段，如图 6.11 所示。

1) 绑扎搭接

纵向受拉钢筋的最小搭接长度 l_l 按下式计算：

$$l_l = \zeta_l l_a \tag{6-3}$$

式中，ζ_l——纵向受拉钢筋搭接长度修正系数，按表 6-5 采用。当纵向搭接钢筋接头面积百分率为表的中间值时，修正系数可按内插取值。

在任何情况下，纵向受拉钢筋的搭接长度不应小于 300 mm。采用绑扎搭接时，受拉钢筋直径不宜大于 25 mm，受压钢筋直径不宜大于 28 mm。

表 6-5　纵向受拉钢筋搭接长度修正系数

纵向钢筋搭接接头面积百分率 /%	≤ 25	50	100
ξ_l	1.2	1.4	1.6

纵向钢筋搭接接头面积百分率 (%) 的意义：需要接头的钢筋截面面积与全部纵向钢筋总截面面积之比。《混凝土结构设计规范》第 8.43 条规定，从任一绑扎接头中心至搭接长度的 1.3 倍区段范围内，受拉钢筋搭接接头面积百分率：对梁、板、墙类构件不宜大于 25%；对柱类构件不宜大于 50%。当工程中确有必要增大接头面积百分率时，对梁类构件，不宜大于 50%；对板、墙、柱等其他构件，可根据实际情况放宽。

纵向受压钢筋搭接时，其最小搭接长度应根据式 (6-2) 的规定确定后，再乘以系数 0.7 取用。在任何情况下，受压钢筋的搭接长度不应小于 200 mm。

绑扎搭接接头中钢筋的横向净距不应小于钢筋直径，且不应小于 25 mm。搭接长度的末端与钢筋弯折处的距离，不得小于钢筋直径的 10 倍。接头不宜位于构件最大弯矩处。在受拉区域内，光面钢筋绑扎接头的末端应做弯钩 [图 6.12(a)]，变形钢筋可不做弯钩 [图 6.12(b)]。

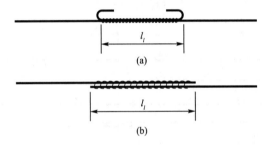

图 6.12　钢筋的绑扎搭接连接

(a) 光面钢筋；(b) 变形钢筋

在纵向受力钢筋搭接长度范围内，应配置符合下列规定的箍筋。

(1) 箍筋直径不应小于搭接钢筋较大直径的 0.25 倍。

(2) 搭接区段的箍筋间距不应大于搭接钢筋较小直径的 5 倍，且不应大于 100 mm（图 6.13）。

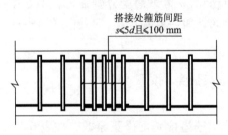

图 6.13　受拉钢筋搭接处箍筋加密

(3) 当受压钢筋 (如柱中纵向受力钢筋) 直径大于 25 mm 时，应在搭接接头两个端面外 100 mm 范围内各设置两个箍筋，其间距宜为 50 mm。

2) 机械连接

钢筋机械连接是通过连接件的机械咬合作用或钢筋端面的承压作用，将一根钢筋中的力传递至另一根钢筋的连接方法 (图 6.14)。机械连接施工简便、接头质量可靠、节约钢材。

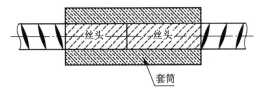

图 6.14 钢筋的机械连接 (直螺纹连接)

纵向受力钢筋的机械连接接头宜相互错开。同一连接区段内，纵向受拉钢筋接头面积百分率不宜大于 50%；但对于板、墙、柱及预制构件的拼接处，可根据实际情况放宽。受压钢筋不受此限。机械连接套筒的混凝土保护层厚度宜满足钢筋最小保护层厚度的要求。套筒的横向净距不宜小于 25 mm；套筒处箍筋的间距仍应满足构造要求。

【电渣压力焊】

3) 焊接连接

利用热加工，熔融金属实现钢筋的连接。

采用焊接连接时，同一连接区段内，纵向受拉钢筋接头面积百分率不宜大于 50%，但对预制构件拼接处，可根据实际情况放宽。受压钢筋不受此限。

5. 抗震构造规定

1) 材料的选择

(1) 混凝土强度等级：一般结构构件，不应低于 C20；框支梁、框支柱及抗震等级为一级的框架梁、柱、节点核芯区，不应低于 C30。

(2) 钢筋：普通纵向受力钢筋宜选用符合抗震性能指标的不低于 HRB400 级的热轧钢筋，也可采用符合抗震性能指标的 HRB335 级热轧钢筋；箍筋宜选用符合抗震性能指标的不低于 HRB335 级的热轧钢筋，也可选用 HPB300 级热轧钢筋。

按一、二、三级抗震等级设计的各类框架中的纵向受力钢筋，其抗拉强度实测值与屈服强度实测值的比值不应小于 1.25；同时钢筋的屈服强度实测值与强度标准值的比值不应大于 1.3，且钢筋在最大拉力下的总伸长率实测值不宜小于 9%。这是为了保证结构破坏时有足够的延性。

(3) 在施工中，当需要以强度等级较高的钢筋替代原设计中的纵向受力钢筋时，应按照钢筋受拉承载力设计值相等的原则换算，并应满足最小配筋率要求。钢筋混凝土结构构件中纵向受力钢筋的配筋百分率见附录 D 的表 D9。

2) 纵向受拉钢筋的抗震锚固长度

对有抗震设防要求的混凝土结构构件，应根据结构不同的抗震等级增大其锚固长度。纵向受拉钢筋的抗震锚固长度 l_{aE} 应按式 (6-4) ~ 式 (6-6) 计算：

一、二级抗震等级

$$l_{aE}=1.15l_a \tag{6-4}$$

三级抗震等级

$$l_{aE}=1.05l_a \tag{6-5}$$

四级抗震等级

$$l_{aE}=l_a \qquad\qquad (6\text{-}6)$$

 特别提示

> 结构抗震等级的分类见后续模块。

3) 纵向受拉钢筋的抗震搭接长度

抗震搭接长度 l_{lE} 按式 (6-7) 计算：

$$l_{lE}=\zeta_l l_{aE} \qquad\qquad (6\text{-}7)$$

在纵向受力钢筋抗震搭接长度范围内配置的箍筋，必须满足下列规定：箍筋直径不应小于搭接钢筋较大直径的 0.25 倍；间距不应大于搭接钢筋较小直径的 5 倍，且不应大于 100 mm。

4) 钢筋的连接要求

在抗震结构中，构件纵向受力钢筋的连接可采用绑扎搭接、机械连接或焊接。连接接头位置宜避开梁端、柱端箍筋加密区；无法避开时，应采用机械连接或焊接。位于同一连接区段内的纵向受力钢筋接头面积百分率不宜超过 50%。

5) 箍筋

箍筋宜采用焊接封闭箍筋、连续螺旋箍筋或连续复合螺旋箍筋。当采用非焊接封闭箍筋时，其末端应做成 135° 弯钩，弯钩端头平直段长度不应小于箍筋直径的 10 倍，如图 6.15 所示，以保证箍筋对中心区混凝土的有效约束；在纵向钢筋搭接长度范围内的箍筋间距不应大于搭接钢筋较小直径的 5 倍，且不宜大于 100 mm。

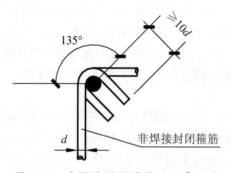

图 6.15　非焊接封闭箍筋的抗震构造

6.2.2　梁的构造规定

1. 梁的截面

常见的梁的截面形式有矩形、T 形、I 形，还有叠合梁，如图 6.16 所示。

梁截面高度 h 一般按高跨比 h/l 估算，如简支梁的高度 $h=(1/12 \sim 1/8)l$；悬臂梁的高度 $h=l/6$；多跨连续梁的高度 $h=(1/18 \sim 1/12)l$。

梁截面宽度常用截面高宽比 h/b 确定。对于矩形截面一般 $h/b=2 \sim 3.5$；对于 T 形截面一般 $h/b=2.5 \sim 4.0$。

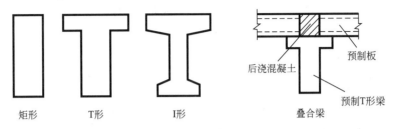

矩形　　　　　T形　　　　　　I形　　　　　　叠合梁

图 6.16　梁的截面形式

为了统一模板尺寸和便于施工，通常采用梁宽度 $b=150$ mm、180 mm、200 mm、…，$b>200$ mm 时采用 50 mm 的倍数；梁高度 $h=250$ mm、300 mm、…，$h \leqslant 800$ mm 时采用 50 mm 的倍数，$h>800$ mm 时采用 100 mm 的倍数。

2. 梁的配筋

梁中的钢筋有纵向受力钢筋、弯起钢筋、箍筋和架立筋等，如图 6.17 所示。

1) 纵向受力钢筋

纵向受力钢筋主要承受弯矩产生的拉力，如图 6.17 中的 ⑤ 号钢筋。常用直径为 12 ～ 25 mm。梁的上部纵向钢筋水平方向的净间距不应小于 30 mm 和 1.5d，下部纵向钢筋的水平净间距不应小于 25 mm 和 d。当梁的下部纵向钢筋配置多于两层时，两层以上钢筋水平方向的中距应比下面两层的中距增大一倍；各层钢筋之间的净间距应不小于 25 mm 和 d，d 为纵向钢筋的最大直径，如图 6.18 所示。

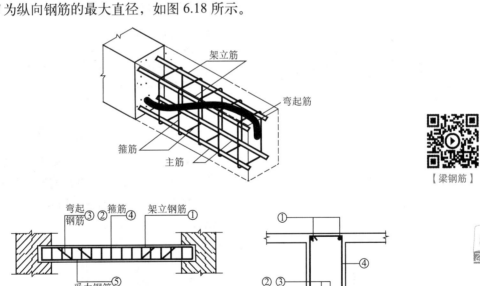

图 6.17　梁的配筋形式

111

图 6.18 中，h_0 为梁的有效高度，是受拉钢筋的合力作用点到截面受压混凝土边缘的距离：$h_0 = h - a_s$，a_s 为受拉钢筋的合力作用点至截面受拉区边缘的距离。

为便于计算 h_0，通常的做法是根据混凝土保护层最小厚度及上述梁中纵向受力钢筋排列的构造规定，当假设梁中纵向受力钢筋的直径为 20 mm，箍筋直径为 10 mm 时，在一类环境情况下，h_0 可按表 6-6 的数值取用。

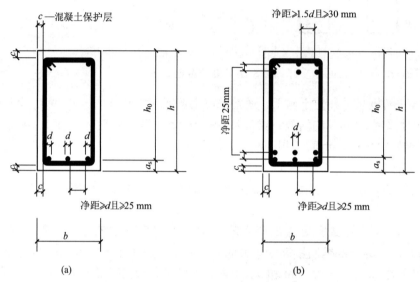

(a)   (b)

图 6.18　梁内纵向受力钢筋的排列

(a) 钢筋放一排时；(b) 钢筋放两排时

表 6-6　一类环境下梁、板的 h_0 值表　　　　　　单位：mm

构件类型		混凝土强度等级	
		≤ C25	C30 级及以上
板		$h_0 = h - 25$	$h_0 = h - 20$
梁	一排钢筋	$h_0 = h - 45$	$h_0 = h - 40$
	两排钢筋	$h_0 = h - 70$	$h_0 = h - 65$

为满足钢筋排布的构造规定，方便施工，可采用同类型、同直径两根或三根钢筋并在一起配置，形成并筋 [图 6.19(b)、(c)]。直径 28 mm 及以下的钢筋并筋数量不宜超过 3 根；直径为 32 mm 的钢筋宜为 2 根；直径 36 mm 及以上的钢筋不应采用并筋。

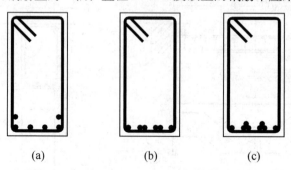

(a)   (b)   (c)

图 6.19　梁中钢筋的并筋形式

(a) 双排布筋；(b) 2 根并筋；(c) 3 根并筋

2) 弯起钢筋

弯起钢筋由纵向钢筋在支座附近弯起形成，如图 6.17 中的②、③号钢筋。

弯起钢筋的弯起角度：当梁高 $h \leqslant 800$ mm 时，采用 45°；当梁高 $h>800$ mm 时，采用 60°。位于梁底层的角部钢筋不应弯起，顶层钢筋中的角部钢筋不应下弯。

弯起钢筋的末端应留有直线段，其长度在受拉区不应小于 $20d$，在受压区不应小于 $10d$，d 为弯起钢筋直径。对于光面钢筋，在其末端还应设置弯钩，如图 6.20 所示。

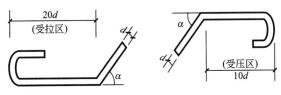

图 6.20 弯起钢筋端部构造

弯起钢筋可单独设置在支座两侧，作为受剪钢筋，这种弯起钢筋称为"鸭筋"，如图 6.21(a) 所示，但锚固不可靠的"浮筋"不允许设置，如图 6.21(b) 所示。

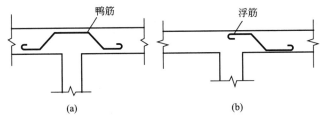

图 6.21 鸭筋和浮筋

(a) 鸭筋；(b) 浮筋

3) 箍筋

箍筋主要用来承担剪力，在构造上能固定受力钢筋的位置和间距，并与其他钢筋形成钢筋骨架，如图 6.17 中的④号钢筋。梁中的箍筋应按计算确定，除此之外，还应满足以下构造要求。

(1) 构造箍筋。若按计算不需要配箍筋时，当截面高度 $h>300$ mm 时，应沿梁全长设置箍筋；当 $h=150 \sim 300$ mm 时，可仅在构件端部各四分之一跨度范围内设置箍筋；但当在构件中部二分之一跨度范围内有集中荷载作用时，则应沿梁全长设置箍筋；当 $h<150$ mm 时，可不设箍筋。

(2) 箍筋直径。箍筋的最小直径不应小于表 6-7 的规定。

(3) 箍筋间距。梁的箍筋从支座边缘 50 mm 处 (图 6.22) 开始设置。梁中箍筋间距 S 除应符合计算要求外，最大间距 S_{max} 宜符合表 6-8 的规定。

表 6-7 箍筋的最小直径

梁高 h/mm	最小直径 /mm
$h \leqslant 800$	6
$h>800$	8
配有受压钢筋的梁	$\geqslant d/4$(d 为受压钢筋中的最大直径)

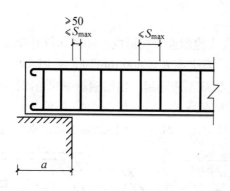

图 6.22　箍筋的间距及简支梁支承长度

表 6-8　梁中箍筋的最大间距 S_{max} 　　　　　　　　单位：mm

梁高 h	$V>0.7f_tbh_0$	$V \leqslant 0.7f_tbh_0$
$150<h \leqslant 300$	150	200
$300<h \leqslant 500$	200	300
$500<h \leqslant 800$	250	350
$h>800$	300	400

　　当梁中配有按计算需要的纵向受压钢筋时，箍筋的间距不应大于 $15d$（d 为纵向受压钢筋的最小直径），同时不应大于 400 mm；当一层内的纵向受压钢筋多于 5 根且直径大于 18 mm 时，箍筋的间距不应大于 $10d$；当梁的宽度大于 400 mm 且一层内的纵向受压钢筋多于 3 根时，或当梁的宽度不大于 400 mm 但一层内的纵向受压钢筋多于 4 根时，应设置复合箍筋。

　　(4) 箍筋形式。箍筋的形式有开口和封闭两种 [图 6.23(a)、(b)]。开口式只用于无振动荷载或开口处无受力钢筋的现浇 T 形梁的跨中部分。除上述情况外，箍筋应做成封闭式。

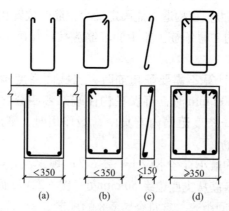

图 6.23　箍筋的形式和肢数
(a) 开口式双肢箍；(b) 封闭式双肢箍；(c) 单肢箍；(d) 四肢箍

　　(5) 箍筋肢数。一个箍筋垂直部分的根数称为肢数。常用的有双肢箍 [图 6.23(a)、(b)]、四肢箍 [图 6.23(d)] 和单肢箍 [图 6.23(c)] 等几种形式。当梁宽小于 350 mm 时，通常用双肢箍；梁宽大于或等于 350 mm 或纵向受拉钢筋在一排的根数多于 5 根时，应采用四肢箍；当梁配有受压钢筋时，应使受压钢筋至少每隔一根处于箍筋的转角处；只有当梁宽小于 150 mm 或作为腰筋的拉结筋时，才允许使用单肢箍。

4) 架立钢筋

为了将受力钢筋和箍筋联结成整体骨架，在施工中保持正确的位置，一般应设置架立钢筋，如图 6.17 中的①号钢筋。

架立钢筋的直径：当梁的跨度小于 4 m 时，不宜小于 8 mm；当跨度等于 4 ~ 6 m 时，不宜小于 10 mm；当跨度大于 6 m 时，不宜小于 12 mm。

架立钢筋与受力钢筋的搭接长度：当架立钢筋直径 $d \geqslant 12$ mm 时，为 150 mm；当 $d<12$ mm 时，为 100 mm；当考虑架立筋受力时，则为 l_l。

5) 梁支座上部纵向构造钢筋

如果简支梁支座端上面有砖墙压顶，阻止了梁端自由转动；或者梁端与另一梁或柱整体现浇，而未按固定端支座计算内力时，梁端将产生一定的负弯矩，这时需要设置梁端支座上部构造钢筋 (图 6.24)。

构造钢筋不应少于 2 根，其截面面积不少于跨中下部纵向受力钢筋面积的 1/4；由支座伸向跨内的长度不应小于 $0.2l_n$，l_n 为梁净跨；构造钢筋伸入支座的锚固长度为 l_a，当直段长度小于 l_a 时可弯折，伸至主梁外侧、纵筋内侧后弯折，水平段长度不小于 $0.35l_{ab}$，竖直段长度取 $15d$。

 **特别提示**

> 构造钢筋在端支座处，当充分利用钢筋抗拉强度时，伸向跨内的长度不应小于 $l_n/3$，l_n 为梁净跨；伸入支座弯锚时，水平段长度不小于 $0.6l_{ab}$，竖直段长度取 $15d$。

构造钢筋可以利用架立钢筋 [图 6.24(a)]，这时架立筋不宜少于 $2\phi12$；也可以采用另加钢筋 [图 6.24(b)]。

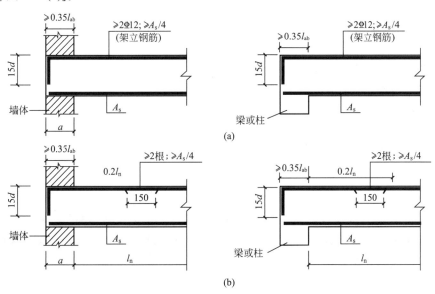

图 6.24　梁端构造钢筋

(a) 架立钢筋代构造负筋；(b) 单独设置构造负筋

6) 梁侧纵向构造钢筋及拉筋

当梁的腹板高度 $h_w \geqslant 450$ mm 时，应在梁的两个侧面沿高度配置纵向构造钢筋。纵向构造钢筋间距 $a \leqslant 200$ mm，并用拉筋联系，建议拉筋紧靠纵筋并勾住箍筋，如图 6.25 所示。拉筋直径按梁宽选择，当梁宽 $\leqslant 350$ mm 时，直径为 6 mm，当梁宽 >350 mm 时，直径为 8 mm。拉筋间距为非加密区箍筋间距的 2 倍，当设有多排拉筋时，上下两排拉筋竖向错开布置。

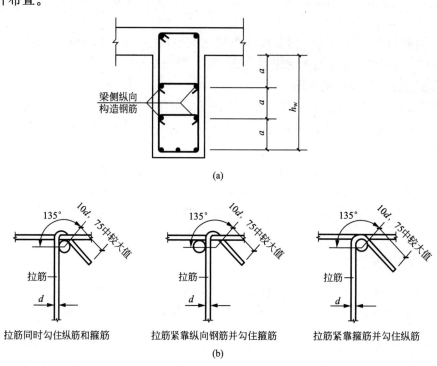

图 6.25　梁侧纵向构造钢筋和拉筋

特别提示

> (1) 梁的腹板高度 h_w 的计算公式：
>   矩形截面取梁的有效高度 $h_w = h_0$；
>   T 形截面取有效高度减去翼缘高度 $h_w = h_0 - h'_f$；
>   I 形截面取腹板净高 $h_w = h - h_f - h'_f$。
> (2) 拉筋处理方式可参考 16G101—1。

应用案例6-2

一些高度较大的钢筋混凝土梁由于梁侧纵向构造钢筋（俗称腰筋）配置过稀，在使用期间甚至在使用以前往往在梁的腹部发生竖向等间距裂缝。这种裂缝多发生在构件中部，呈中间宽，两头细，至梁的上下缘附近逐渐消失，如图 6.26 所示。

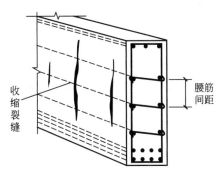

图 6.26 梁侧纵向构造钢筋不足产生的后果

【案例点评】

这种裂缝是由于混凝土收缩所致。两端固定在混凝土柱上的大梁，在凝结过程中因体积收缩而使梁在沿长度方向受拉。因梁的上下缘配有较多纵向受力钢筋，该拉力由纵向受力钢筋承受，混凝土开裂得很细，肉眼难以观察到；而大梁的中腹部，当腰筋配置过少、过稀时，不足以帮助混凝土承受这部分拉力，就会产生沿梁长均匀分布的竖向裂缝。

7) 附加横向钢筋

附加横向钢筋设置在梁中有集中力（次梁）作用的位置两侧（图 6.27），数量由计算确定。附加横向钢筋包括附加箍筋和吊筋，宜优先选用箍筋，也可采用吊筋加箍筋。

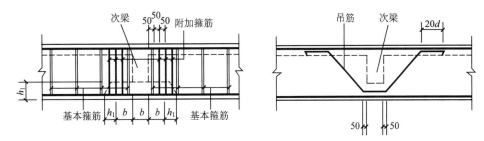

图 6.27 附加横向钢筋

3. 梁的支承长度

梁支承在砖砌体上的长度 a（图 6.22）一般采用：当梁高 $h \leqslant 500$ mm 时，$a \geqslant 180$ mm；当梁高 $h > 500$ mm 时，$a \geqslant 240$ mm。

6.2.3 板的构造规定

1. 一般规定

钢筋混凝土板的常用截面有矩形、槽形和空心等形式，如图 6.28 所示。板的厚度 h 一般宜满足跨厚比 l/h 要求，钢筋混凝土单向板 $l/h \leqslant 30$；双向板 $l/h \leqslant 40$。当板的荷载、跨度较大时，跨厚比宜适当减少。

现浇钢筋混凝土板的厚度不应小于附录 D 中表 D7 规定的数值。

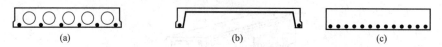

图 6.28 钢筋混凝土板截面形式

(a) 空心板；(b) 槽形板；(c) 矩形板

2. 板的受力钢筋

板中受力钢筋指承受弯矩作用下产生的拉力的钢筋，沿板跨度方向放置，如图 6.29 所示。

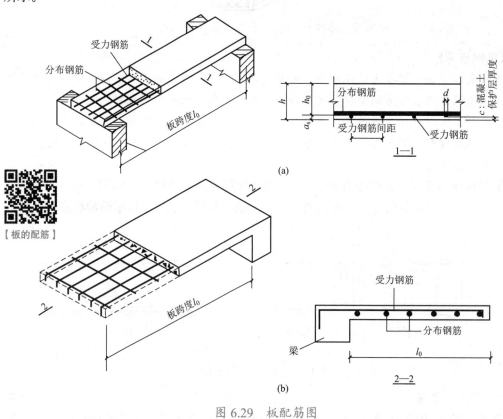

图 6.29 板配筋图

(a) 简支板；(b) 悬壁板

特别提示

悬臂板由于受负弯矩作用，截面上部纤维受拉。受力钢筋应放置在板受拉一侧，即板上部，施工中尤应注意，以免放反，造成事故。

(1) 直径。板中受力钢筋直径通常采用 6 mm、8 mm、10 mm 和 12 mm。

(2) 间距。为了使板受力均匀和混凝土浇筑密实，板中受力钢筋的间距不应小于 70 mm；当板厚 $h \leqslant 150$ mm 时，不宜大于 200 mm；当板厚 $h > 150$ mm 时，不宜大于 $1.5h$，且不宜大于 250 mm。

(3) 锚固长度。简支板或连续板下部纵向受力钢筋伸入支座的锚固长度不应小于 $5d$，且宜伸至支座中心线。当连续板内温度、收缩应力较大时，伸入支座的长度宜适当增加。

3. 板的分布钢筋

分布钢筋的作用是更好地分散板面荷载到受力钢筋上，固定受力钢筋的位置。分布钢筋应放置在板受力钢筋的内侧，如图 6.29 所示。

分布钢筋的数量：板的单位长度上分布钢筋的截面面积不宜小于板的单位宽度上受力钢筋截面面积的 15%，且不宜小于该方向板截面面积的 0.15%。同时，分布钢筋的间距不宜大于 250 mm，直径不宜小于 6 mm。

4. 板支座上部附加构造钢筋

(1) 嵌固在承重砌体墙内的现浇板，由于砖墙的约束作用，使沿墙周边的板面上方产生裂缝。因此，在板边上部应配置垂直于板边的附加构造钢筋 (图 6.30)，其直径不宜小于 8 mm，间距不宜大于 200 mm，且单位宽度内的配筋面积不宜小于跨中相应方向板底钢筋截面面积的 1/3，构造钢筋伸入板内的长度为 $l_0/7$。

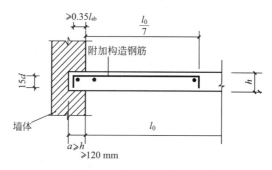

图 6.30 嵌固在砌体墙内的板上部构造钢筋

(2) 与混凝土梁、墙整体浇筑但按非受力边设计的现浇板，板边上部应配置垂直于板边的附加构造钢筋 (图 6.31)，其直径不宜小于 8 mm，间距不宜大于 200 mm，且单位宽度内的配筋面积不宜小于受力方向板底钢筋截面面积的 1/3，并按受拉钢筋锚固在梁内、柱内、墙内，构造钢筋伸入板内的长度为 $l_0/4$。

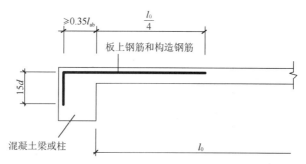

图 6.31 与混凝土梁、柱整浇的板上部构造钢筋

(3) 在柱角或墙阳角处的楼板凹角部位，钢筋伸入板内的长度应从柱边或墙边算起。

5. 板的支承长度

现浇板搁置在砖墙上时，其支承长度 a 一般不小于板厚度 h，且不小于 120 mm (图 6.30)。

6.3 预应力混凝土构件

6.3.1 预应力混凝土的基本概念

关于预应力的基本概念人们早已应用于生活实践中了。如木桶在制作过程中，预先用竹箍把木板箍紧，目的是使木板间产生环向预压力，装水或装汤后，由水产生环向拉力，在拉应力小于预压应力时，水桶就不会漏水，如图6.32(a)所示。又如从书架上取下一叠书时，由于受到双手施加的压力，这一叠书如同一根横梁，可以承担全部书的重量，如图6.32(b)所示。

为了避免钢筋混凝土结构的裂缝过早出现，充分利用高强度钢筋及高强度混凝土，可以设法在结构构件承受外荷载作用之前，预先对受拉区混凝土施加压力，以此产生的预压应力来减小或抵消外荷载引起的混凝土拉应力，这种在混凝土构件受荷载以前预先对构件使用时的混凝土受拉区施加压应力的结构称为预应力混凝土结构。

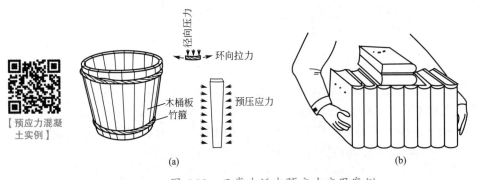

图 6.32　日常生活中预应力应用案例

6.3.2 施加预应力的方法

根据张拉钢筋与浇筑混凝土的先后关系，施加预应力的方法可分为先张法和后张法两类。

1. 先张法

先张拉预应力钢筋，然后浇筑混凝土的施工方法，称为先张法。先张法的张拉台座设备，如图6.33所示。

先张法的优点主要是，生产工艺简单，工序少，效率高，质量易于保证，同时由于省去了锚具和减少了预埋件，构件成本较低。先张法主要适用于工厂化大量生产，尤其适宜用于长线法生产中、小型构件。

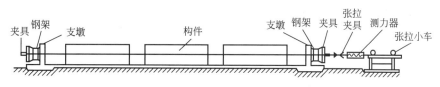

图 6.33　先张法的张拉台座设备

2. 后张法

先浇筑混凝土，待混凝土硬化后，在构件上直接张拉预应力钢筋，这种施工方法称为后张法。后张法的张拉台座设备，如图 6.34 所示。

后张法的主要缺点是生产周期较长；需要利用工作锚锚固钢筋，钢材消耗较多，成本较高；工序多，操作较复杂，造价一般高于先张法。

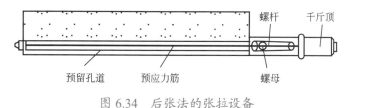

图 6.34　后张法的张拉设备

【先张法与后张法】

6.3.3 预应力混凝土的特点

与普通钢筋混凝土相比，预应力混凝土具有以下特点。

(1) 构件的抗裂性能较好。

(2) 构件的刚度较大。由于预应力混凝土能延迟裂缝的出现和开展，并且受弯构件要产生反拱，因而可以减小受弯构件在荷载作用下的挠度。

(3) 构件的耐久性较好。由于预应力混凝土能使构件在使用过程中不出现裂缝或减小裂缝宽度，因而可以减少大气或侵蚀性介质对钢筋的侵蚀，从而延长构件的使用期限。

(4) 由于预应力结构必须采用高强度材料，因此可以减小构件截面尺寸，节省材料，减轻自重，既达到经济的目的，又扩大了钢筋混凝土结构的使用范围。例如可以用于大跨度结构，代替某些钢结构。

(5) 工序较多，施工较复杂，且需要张拉设备和锚具等设施。

由于预应力混凝土具有以上特点，因而在工程结构中得到了广泛的应用。在工业与民用建筑中，屋面板、楼板、檩条、吊车梁、柱、墙板、基础等构配件，都可采用预应力混凝土。

 特别提示

预应力混凝土不能提高构件的承载能力。也就是说，当截面和材料相同时，预应力混凝土与普通钢筋混凝土受弯构件的承载能力相同，与受拉区钢筋是否施加预应力无关。

6.3.4 预应力混凝土材料

1. 钢筋

1) 性能要求

(1) 强度高。预应力混凝土从制作到使用的各个阶段预应力钢筋一直处于高强受拉应力状态，因此需要采用较高的张拉应力，这就要求预应力钢筋具有较高的抗拉强度。

(2) 较好的塑性、可焊性。高强度的钢筋塑性性能一般较低，为了保证结构在破坏之前有较大的变形，必须有足够的塑性性能。

(3) 良好的黏结性。由于先张法是通过黏结力传递预压应力，所以纵向受力钢筋宜选用直径较细的钢筋，高强度的钢丝表面要进行"刻痕"或"压波"处理。

(4) 低松弛。预应力钢筋在长度不变的前提下，其应力随着时间的延长在慢慢降低，所以应选用松弛小的钢筋，以降低应力松弛带来的不利影响。

2) 预应力钢筋的种类

(1) 预应力混凝土所用钢丝分为冷拉钢丝和消除应力钢丝两种。消除应力钢丝包括光面 (Φ^P) 钢丝和螺旋肋 (Φ^H) 钢丝。

(2) 钢绞线是以一根直径较粗的钢丝作为钢绞线的芯，并用边丝围绕其进行螺旋状绞捻而成，用符号 Φ^S 表示。其在后张法预应力混凝土中采用较多。其优点是强度高、低松弛，黏结性好。

(3) 预应力螺纹钢筋也称精轧螺纹钢筋，是由热轧、轧后余热处理或热处理等工艺生产的用于预应力混凝土的螺纹钢筋，用符号 Φ^T 表示。它具有连接、锚固简便，黏结力强等优点。

2. 混凝土

预应力混凝土结构构件所用的混凝土，需满足下列要求。

(1) 高强度。预应力混凝土必须采用高强度的混凝土，采用高强度的混凝土可以有效减少构件截面尺寸，减轻构件自重。

(2) 收缩小、徐变小。由于混凝土收缩徐变的结果，使得混凝土得到的有效预压力减少，即预应力损失，所以在结构设计中应采取措施减少混凝土收缩徐变。

(3) 快硬、早强。可及早施加预应力，提高张拉设备的周转率，加快施工速度。

模块小结

> 本模块对钢筋混凝土梁、板构件的设计过程进行了简单阐述，详述了包括混凝土结构所使用材料的力学性能、分类，简支梁、简支板的设计计算以及混凝土构件的基本构造要求，还述及预应力构件的概念及其有关构造要求。对于混凝土结构梁、板的构造要求，应在理解的基础上学会应用。学习时可结合《混凝土结构设计规范》的相关条文。

针对普通钢筋混凝土容易开裂的缺点，设法在混凝土结构或构件承受使用荷载前，预先对受拉区的混凝土施加压力后的混凝土就是预应力混凝土。预应力能够提高构件的抗裂性能和刚度。施加预应力的方法有先张法和后张法。

习　题

1. 填空题

(1) 混凝土结构中保护层厚度是指 _____。

(2) 修正后的钢筋锚固长度，除不应小于按计算确定的长度的 0.7 倍外，还不应小于 _____mm。

(3) 在任何情况下，纵向受拉钢筋绑扎搭接接头的搭接长度均不应小于 _____mm。

(4) 板中分布钢筋应位于受力筋的 _____，且应与受力筋 _____。

(5) 钢筋和混凝土能够共同工作的主要原因是 _____。

(6) 钢筋混凝土结构的混凝土强度等级不应低于 _____，预应力混凝土结构的混凝土强度等级不应低于 _____。

(7) 当梁的腹板高度不小于 _____mm 时，在梁的两侧应设置纵向构造钢筋和相应的拉筋。

(8) 我国混凝土规范提倡用 _____ 级钢筋作钢筋混凝土结构的主力钢筋。

(9) 预应力混凝土构件按施工方法可分为 _____ 和 _____。

(10) 预应力混凝土中钢筋宜采用 _____。

2. 选择题

(1) 在混凝土各强度指标中，其设计值大小关系为（　　）。

A. $f_t > f_c > f_{cu}$ 　　B. $f_{cu} > f_c > f_t$

C. $f_{cu} > f_t > f_c$ 　　D. $f_c > f_{cu} > f_t$

(2) 钢材的伸长率 δ 用来反映材料的（　　）。

A. 承载能力 　　B. 弹性变形能力

C. 塑性变形能力 　　D. 抗冲击荷载能力

(3) 以下关于混凝土徐变的论述正确的是（　　）。

A. 水灰比越大徐变越小 　　B. 水泥用量越多徐变越小

C. 骨料用量越多徐变越小 　　D. 养护环境湿度越大徐变越大

(4) 梁中下部纵向受力钢筋的净距不应小于（　　）。

A. 25 mm 和 1.5d 　　B. 30 mm 和 2d

C. 30 mm 和 1.5d 　　D. 25 mm 和 d

(5) 以下不属于减少混凝土收缩措施的项目是（　　）。

A. 控制水泥用量 　　B. 提高混凝土强度等级

C. 提高混凝土的密实性 　　D. 减小水灰比

(6) 对构件施加预应力的主要目的是（　　）。

A．提高构件承载力

B．在构件使用阶段减少或避免裂缝出现，发挥高强度材料作用

C．对构件进行性能检验

D．提高构件延性

3．判断题

(1) 先张法是在浇筑混凝土之前张拉预应力钢筋。　　　　　　　（　　）

(2) 板中受力钢筋沿板跨度方向布置，且放置在构件下部。　　　（　　）

(3) 架立钢筋的主要作用是承担支座产生的负弯矩。　　　　　　（　　）

(4) 对于某一构件而言，混凝土强度等级越高，构件的混凝土最小保护层越厚。（　　）

(5) 钢筋混凝土结构混凝土的强度等级不应低于 C15。　　　　　（　　）

(6) 与混凝土不同，钢筋的抗拉与抗压强度设计值总是相等的。　（　　）

(7) 材料的强度设计值小于材料的强度标准值。　　　　　　　　（　　）

(8) 立方体抗压强度标准值的保证率为 95%。　　　　　　　　　（　　）

(9) 测定混凝土立方体抗压强度时，采用的是以标准方法制作的尺寸为 150 mm×150 mm×300 mm 试块。　　　　　　　　　　　　　　　　　（　　）

模块 **7**
钢筋混凝土柱和框架结构

通过学习，掌握钢筋混凝土柱的构造要求；掌握钢筋混凝土框架的抗震构造。

教学要求

能力目标	相关知识	权重
在实际工程中理解和运用受压构件构造知识	钢筋混凝土柱的承载力计算及构造要求	40%
理解钢筋混凝土梁柱连接设计基本知识，掌握钢筋混凝土框架结构节点构造	钢筋混凝土框架梁构造要求；钢筋混凝土框架柱构造要求；框架节点构造	60%

学习重点

现浇框架结构抗震构造。

📖 引例

1. 工程与事故概况

某公司职工宿舍楼，该工程为四层三跨框架建筑物，长60 m，宽27.5 m，高16.5 m(底层高4.5 m，其余各层4.0 m)，建筑面积6600 m²(图7.1)。始建于1993年10月，按一层作为食堂使用考虑建造，使用8个月后又于1995年6—11月在原一层食堂上加建三层宿舍。两次建设均严重违反建设程序，无报建、无招投标、无证设计、无勘察、无证施工、无质监。此楼投入使用后，1996年雨季后，西排柱下沉130 mm，西北墙也下沉，墙体开裂，窗户变形。1997年3月8日，底层地面出现裂缝，且多在柱子周围。建设单位请包工头看后认为没有问题，未做任何处理。3月25日裂缝急剧发展，当日下午4时再次请包工头看，仍未做处理。当晚7时30分该楼整体倒塌，110人被砸，死亡31人。

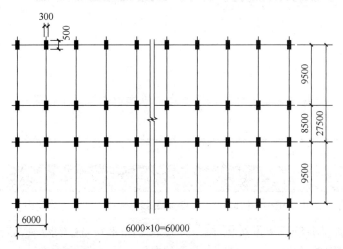

图7.1 某宿舍楼柱网平面

倒塌现场的情况如下。

(1) 主梁全部断裂为两三段，次梁有的已经碎裂；从残迹看，构件尺寸、钢筋搭接长度均不符合《混凝土结构设计规范》的规定。

(2) 柱子多数断裂成两三截，有的粉碎，箍筋、拉结筋也均不符合《混凝土结构设计规范》的规定。

(3) 柱底单独基础发生锥形冲切破坏，柱的底端冲破底板伸入地基土层内有400 mm之多。

(4) 梁、柱筋的锚固长度严重不足，梁的主筋伸入柱内只有70～80 mm。

2. 事故原因分析

(1) 实际基础底面土压力为天然地基承载力设计值的2.3～3.6倍，造成土体剪切破坏。柱基沉降差大大超过地基变形的允许值，因而在倒塌前已造成建筑物严重倾斜、柱列沉降量过大、沉降速率过快、墙体构件开裂、地面柱子周围出现裂缝等现象。在此情况下单独柱基受力状态变得十分复杂，一部分柱基受力必然加大，而基础底板厚度又过小，造成柱下基础底板锥型冲切破坏，柱子沉入地基土层400 mm之多。这是一般框架结构事故中罕见的现象。

(2) 上部结构配筋过少。底层中柱纵、横向实际配筋只达到估算需要量的 21.9% 和 13.1%；底层边柱只达到估算需要量的 32.3% 和 20.4%；一、二、三层梁的边支座和中间支座处实际配筋也只有估算需要量的 20.8% 和 58.9%。

(3) 上部结构的构造做法不符合《混凝土结构设计规范》的要求，如梁伸入柱的主筋的锚固长度太短，柱的箍筋设置过少等。

(4) 施工质量低劣。柱基础混凝土取芯两处，分别只有 7.4 MPa 和 12.2 MPa；在倒塌现场，带灰黄色的低强度等级的混凝土遍地可见；采用大量改制钢材，多数钢筋力学性能不符合《混凝土结构工程施工规范》的要求；钢筋的绑扎也不符合《混凝土结构工程施工规范》的要求。

(5) 管理失控。本工程施工两年，除了几张做单层工程时的草图外没有任何技术资料；原材料水泥、钢筋没有合格证，也无试验报告单；混凝土不做试配，未留试块。技术上处于没有管理、随心所欲的完全失控状态。后期出现种种质量事故的征兆，不加处理，则更进一步加速建筑物的整体倒塌。

7.1 钢筋混凝土柱基本知识

钢筋混凝土受压构件按纵向力与构件截面形心相互位置的不同，可分为轴心受压构件与偏心受压构件 (单向偏心受压和双向偏心受压构件)，如图 7.2 所示。偏心受压构件又可分为大偏心受压构件和小偏心受压构件。当纵向外力 N 的作用线与构件截面形心轴线重合时为轴心受压构件，当纵向外力 N 的作用线与构件截面形心轴线不重合时为偏心受压构件。

  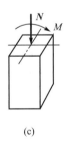 

(a)   (b)   (c)   (d)   【钢筋混凝土柱】

图 7.2 轴心受压和偏心受压

(a) 轴心受压；(b)、(c) 单向偏心受压；(c) 双向偏心受压

 特别提示

一般在竖向荷载下，中间轴线上的框架柱按轴心受压考虑，边柱按单向偏心受压考虑，角柱按双向偏心受压考虑。

7.1.1 轴心受压构件

钢筋混凝土轴心受压柱的正截面承载力由混凝土承载力和钢筋承载力两部分组成，其计算步骤如下。

1) 稳定系数 φ

由于实际工作中初始偏心距的存在，且多为细长的受压构件，破坏前将发生纵向弯曲，所以需要考虑纵向弯曲对构件截面承载力的影响。在轴心受压柱承载力的计算中，采用了稳定系数 φ 来表示承载力的降低程度，见表 7-1。构件的计算长度 l_0 与构件两端支承情况有关，一般多层房屋中梁柱为刚接的框架结构，各层柱的计算长度 l_0 可按表 7-2 确定。

表 7-1 钢筋混凝土轴心受压构件的稳定系数

l_0/b	$\leqslant 8$	10	12	14	16	18	20	22	24	26	28
l_0/d	$\leqslant 7$	8.5	10.5	12	14	15.5	17	19	21	22.5	24
l_0/i	$\leqslant 28$	35	42	48	55	62	69	76	83	90	97
φ	1.0	0.98	0.95	0.92	0.87	0.81	0.75	0.70	0.65	0.60	0.56
l_0/b	30	32	34	36	38	40	42	44	46	48	50
l_0/d	26	28	29.5	31	33	34.5	36.5	38	40	41.5	43
l_0/i	104	111	118	125	132	139	146	153	160	167	174
φ	0.52	0.48	0.44	0.40	0.36	0.32	0.29	0.26	0.23	0.21	0.19

注：表中 l_0 为构件计算长度，b 为矩形截面的短边尺寸，d 为圆形截面的直径，i 为截面最小回转半径。

特别提示

(1) 当应用表 7-1 查 φ 值时，如 l_0/b 为表格中没有列出的数值，可利用插入法来确定 φ 值。

(2) 当 $l_0/b \leqslant 8$ 时，$\varphi=1$。

表 7-2 框架结构各层柱的计算长度

楼盖类型	柱的类别	l_0
现浇楼盖	底层柱	$1.0H$
	其余各层柱	$1.25H$
装配式楼盖	底层柱	$1.25H$
	其余各层柱	$1.5H$

特别提示

对底层柱，H 为基础顶面到一层楼盖顶面之间的高度；对其余各层柱，H 为上、下两层楼盖顶面之间的高度。

2) 求纵向钢筋截面面积 A'_s

$$N \leqslant 0.9\varphi(f_c A + f'_y A'_s) \tag{7-1}$$

式中，N——轴向力设计值；

　　　φ——钢筋混凝土轴心受压构件的稳定系数，按表 7-1 采用；

　　　f_c——混凝土轴心抗压强度设计值 (N/mm²)；

　　　f'_y——纵向钢筋的抗压强度设计值 (N/mm²)；

　　　A——构件截面面积 (mm²)；

　　　A'_s——全部纵向钢筋的截面面积，当纵向钢筋配筋率大于 3% 时，式中 A 应改用 $A–A'_s$ 代替。

🏠 **特别提示**

当柱中全部纵向受力钢筋的配筋率大于 3% 时，箍筋直径不应小于 8 mm；间距不应大于纵向受力钢筋最小直径的 10 倍，且不应大于 200 mm。箍筋末端应做成 135° 弯钩，且弯钩末端平直段长度不应小于箍筋直径的 10 倍。

应用案例7-1

实例二中柱子 KZ3 按轴心受压构件计算，底层柱高 H=4.6 m，柱截面面积 $b \times h$=500mm × 500 mm，承受轴向压力设计值 N=1416 kN，采用 C30 级混凝土 (f_c=14.3 N/mm²)，HRB400 级钢筋 (f'_y=360 N/mm²)，求纵向钢筋面积，并配置纵向钢筋和箍筋。

解：(1) 求稳定系数。

柱计算长度：l_0=1.0H=1.0 × 4.6 m=4.6 m

$$\frac{l_0}{b} = \frac{4600}{500} = 9.2, \text{查表 7-1，得 } \varphi=0.988$$

(2) 计算纵向钢筋面积 A'_s。

因为 N=1416 kN<$0.9\varphi f_c A$=0.9 × 0.988 × 14.3 × 500 × 500=3179 (kN)，所以按构造配筋即可，选择 12 ⏀22(A_s=4561.2 mm²)

(3) 按构造要求配置箍筋。

选⏀10@200，柱端箍筋加密为⏀10@100。

(4) 验算。

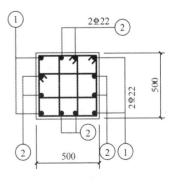

$$\rho' = \frac{A'_s}{b \times h} = \frac{4561.2}{500 \times 500} = 1.8\% > \rho_{min} = 0.55\%, \text{ 且} < 5\%$$

(5) 画截面配筋图，如图 7.3 所示。

图 7.3　截面配筋图

7.1.2 偏心受压构件

受压力 N 和弯矩 M 共同作用的截面，等效于偏心距为 $e_0=M/N$ 的偏心受压截面，如图 7.4 所示。当偏心距 $e_0=0$，即弯矩 $M=0$ 时，为轴心受压情况；当 $N=0$ 时，为受纯弯情况。因此，偏心受压构件的受力性能和破坏形态介于轴心受压和受弯之间。为增强抵抗压力和弯矩的能力，偏心受压构件一般同时在截面两侧配置纵向钢筋 A_s 和 A_s'（A_s 侧为受拉侧钢筋，A_s' 侧为受压侧钢筋），同时构件中应配置必要的箍筋，防止纵向受压钢筋的压曲。

【钢筋混凝土柱的破坏】

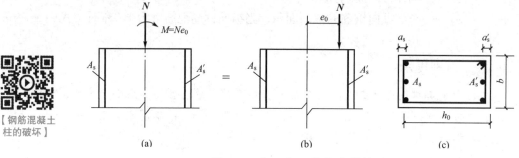

(a)　　　　　　(b)　　　　　　(c)

图 7.4　偏心受压构件计算简图

(a) 压弯构件；(b) 偏心受压构件；(c) 截面配筋

 特别提示

(1) 偏心受压构件的纵向钢筋配置方式有两种，对称配筋和非对称配筋。在柱弯矩作用方向的两边对称配置相同的纵向受力钢筋，称为对称配筋；在柱弯矩作用方向的两边配置不同的纵向受力钢筋称为非对称配筋。

(2) 对称配筋构造简单，施工方便，不易出错，但用钢量较大；非对称配筋用钢量较省，但施工易出错。

(3) 框架结构中的柱为偏心受压构件，由于在不同荷载（如风荷载、竖向荷载）组合下，在同一截面内可能要承受不同方向的弯矩，即在某一种荷载组合作用下受拉的部位，在另一种荷载组合作用下可能就变为受压，当两种不同符号的弯矩相差不大时，为了设计、施工方便，通常采用对称配筋。

当相对偏心距 e_0/h_0 较大，且受拉侧钢筋 A_s 配置合适时，截面受拉侧混凝土较早出现裂缝，受拉侧钢筋的应力随荷载增加发展较快，首先达到屈服。此后，裂缝迅速开展，受压区高度减小，最后受压钢筋 A_s' 屈服，受压区混凝土压碎而达到破坏，这种破坏称为受拉破坏。由于受拉破坏通常在轴向力偏心距 e_0 较大时发生，故习惯上称为大偏心受压破坏。受拉破坏有明显预兆，属于延性破坏。

当截面相对偏心距 e_0/h_0 较小，或虽然相对偏心距 e_0/h_0 较大，但受拉侧纵向钢筋 A_s 配置较多时，截面受压侧混凝土和钢筋的受力较大，而受拉侧钢筋应力较小，甚至距轴向压力 N 较远侧钢筋 A_s 还可能出现受压情况。截面最后是由于受压区混凝土首先压碎而破坏，这种破坏称为受压破坏。由于受压破坏通常在轴向力偏心距 e_0 较小时发生，故习惯上称为小偏心受压破坏。受压破坏无明显预兆，属于脆性破坏。

7.2 钢筋混凝土柱构造要求

7.2.1 材料强度

一般柱中采用 C25 及以上等级的混凝土，对于高层建筑的底层柱可采用更高强度等级的混凝土；梁、柱纵向受力普通钢筋应采用 HRB400、HRB500、HRBF400、HRBF500 钢筋；箍筋宜采用 HRB400、HRBF400、HPB300、HRB500、HRBF500 钢筋，也可采用 HRB335、HRBF335 钢筋。

7.2.2 截面形状和尺寸

钢筋混凝土受压构件为使制作方便，通常采用方形或矩形截面。其中，从受力合理考虑，轴心受压构件和在两个方向偏心距大小接近的双向偏心受压构件宜采用正方形，而单向偏心和主要在一个方向偏心的双向偏心受压构件则宜采用矩形（较大弯矩方向通常为长边）。对于装配式单层厂房的预制柱，当截面尺寸较大时，为减轻自重，也通常采用 I 形截面。

构件截面尺寸应能满足承载力、刚度、配筋率、建筑使用和经济等方面的要求，不能过小，也不宜过大。可根据每层构件的高度、两端支承情况和荷载的大小选用。对于现浇的钢筋混凝土柱，由于混凝土自上而下灌下，为避免造成灌注混凝土困难，截面最小尺寸不宜小于 250 mm，此外，考虑到模板的规格，柱截面尺寸宜取整数。在 800 mm 以下时，取 50 mm 的倍数；在 800 mm 以上的，取 100 mm 的倍数。

7.2.3 纵向钢筋

1. 受力纵筋的作用

对于轴心受压构件和偏心距较小，截面上不存在拉力的偏心受压构件，纵向受力钢筋主要用来帮助混凝土承压，以减小截面尺寸；同时，也可增加构件的延性以及抵抗偶然因素所产生的拉力。对偏心较大，部分截面上产生拉力的偏心受压构件，截面受拉区的纵向受力钢筋则是用来承受拉力的。

2. 受力纵筋的配筋率

受压构件纵向受力钢筋的截面面积不能太小，也不宜过大。除满足计算要求外，还需满足最小配筋率要求。《混凝土结构设计规范》(2015 年版)(GB 50010—2010) 规定全部纵向钢筋的配筋率不宜大于 5%，当采用强度等级 300 MPa、335 MPa 钢筋时不应小于 0.60%，当采用强度等级为 400 MPa 的钢筋时不应小于 0.55%；当采用强度等级为 500 MPa 的钢筋时不应小于 0.50%；同时，一侧受压钢筋的配筋率不应小于 0.2%。从经济和施工方便（不使钢筋太密集）的角度考虑，受压钢筋的配筋率一般不超过 3%，通常在 0.5% ~ 2% 之间。

特别提示

（1）偏心受拉构件中的受压钢筋应按受压构件一侧纵向钢筋考虑。

（2）当钢筋沿构件截面周边布置时一侧纵向钢筋系指沿受力方向两个对边中的一边布置的纵向钢筋。

3. 受力纵筋的直径

纵向受力钢筋宜采用直径较大的钢筋，以增大钢筋骨架的刚度、减少施工时可能产生的纵向弯曲和受压时的局部屈曲。纵向受力钢筋的直径不宜小于 12 mm，全部纵向钢筋的配筋率不宜大于 5%。

4. 受力纵筋的布置和间距

矩形截面钢筋根数不得少于 4 根，以便与箍筋形成刚性骨架。轴心受压构件中纵向受力钢筋应沿截面四周均匀配置，偏心受压构件中纵向受力钢筋应布置在离偏心压力作用平面垂直的两侧，如图 7.5 所示。圆形截面钢筋根数不宜少于 8 根，且不应少于 6 根，应沿截面四周均匀配置。纵向受力钢筋的净间距不应小于 50 mm，且不宜大于 300 mm；对于水平浇筑的预制柱，其净间距应可按梁的有关规定取用。偏心受压构件垂直于弯矩作用平面的侧面和轴心受压构件各边的纵向受力钢筋，其中距不宜大于 300 mm。

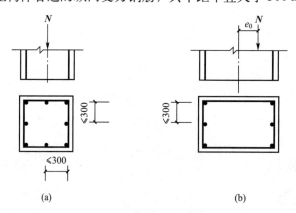

图 7.5 柱受力纵筋的布置

(a) 轴心受压柱；(b) 偏心受压柱

实例二中 KZ3 为 500 mm × 500 mm 矩形截面柱，所配纵筋为 12Φ22；KZ6 为直径 600 mm 的圆柱，其纵向钢筋为 12Φ20，均符合构造要求。

7.2.4 箍筋

1. 箍筋的作用

在受压构件中配置箍筋的目的是约束受压纵筋，防止其受压后外凸；密排式钢筋可约束内部混凝土，提高其强度；同时箍筋与纵筋构成骨架；一些剪力较大的偏心受压构件也需要利用箍筋来抗剪。

2. 箍筋的形式

受压构件中的周边箍筋应做成封闭式。对于形状复杂的构件，不可采用具有内折角的箍筋 (图 7.6)。其原因是，内折角处受拉箍筋的合力向外，可能使该处混凝土保护层崩裂。

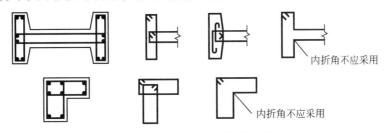

图 7.6　复杂截面的箍筋形式

当柱截面短边尺寸大于 400 mm，且各边纵向钢筋多于 3 根时，或当柱截面短边不大于 400 mm，但各边纵向钢筋多于 4 根时，应设置复合箍筋，其布置要求是使纵向钢筋至少每隔一根位于箍筋转角处，如图 7.7 和图 7.8 所示。

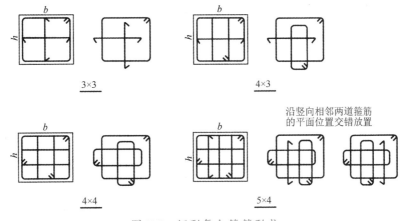

图 7.7　矩形复合箍筋形式

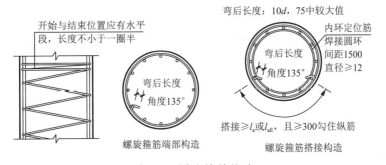

图 7.8　螺旋箍筋构造

3. 箍筋的直径和间距

箍筋直径不应小于 $d/4$，且不应小于 6 mm (d 为纵向钢筋的最大直径)。箍筋间距不应大于 400 mm 及构件截面的短边尺寸，且不应大于 15d(d 为纵向钢筋的最小直径)；柱中全部纵向受力钢筋的配筋率大于 3% 时，箍筋直径不应小于 8 mm，间距不应大于 10d 且不应大于 200 mm（*d* 为纵向受力钢筋的最小直径）；箍筋末端应做成 135° 弯钩，且弯钩末端平直段长度不应小于 10*d*（*d* 为箍筋的直径）。

柱内纵向钢筋搭接长度范围内的箍筋间距应加密，其直径不应小于搭接钢筋较大直径的 0.25 倍。当搭接钢筋受压时，箍筋间距不应大于 10*d*，且不应大于 200 mm；当搭接钢筋受拉时，箍筋间距不应大于 5*d*，且不应大于 100 mm，*d* 为纵向钢筋的最小直径。当受压钢筋直径 *d*>25 mm 时，尚应在搭接接头两个端面外 100 mm 范围内各设置两个箍筋。

7.3 框架结构抗震构造要求

震害调查表明，钢筋混凝土框架的震害主要发生在梁端、柱端和梁柱节点处。框架梁由于梁端处的弯矩、剪力均较大，并且是反复受力，故破坏常发生在梁端。梁端可能会由于纵筋配筋不足、钢筋端部锚固不好、箍筋配置不足等原因而引起破坏。框架柱由于两端弯矩大，破坏一般发生在柱的两端。柱端破坏可能由于柱内纵筋不足，箍筋较少，对混凝土约束差而引起破坏。梁柱节点多由于节点内未设箍筋或箍筋不足，以及核芯区钢筋过密而影响混凝土浇筑质量引起破坏。

7.3.1 抗震等级

《建筑抗震设计规范》(2016 年版)(GB 50011—2010) 根据建筑物的重要性、设防烈度、结构类型和房屋高度等因素，将其抗震要求以抗震等级来表示，抗震等级分为四级，现浇钢筋混凝土框架结构的抗震等级划分具体见表 7-3。一级抗震要求最高，四级抗震要求最低，对于不同抗震等级的建筑物采取不同的计算方法和构造要求，以利于做到经济合理地设计。

表 7-3　现浇钢筋混凝土框架结构的抗震等级

结构类型		设防烈度							
		6		7		8		9	
框架结构	高度 /m	≤ 24	>24	≤ 24	>24	≤ 24	>24	≤ 24	
	框架	四	三	三	二	二	一	一	
	大跨度框架	三		二		一		一	
框架抗震墙结构	高度 /m	≤ 60	>60	≤ 24	25 ~ 60	>60	≤ 24	25 ~ 60	>60	≤ 24	25 ~ 50
	框架	四	三	四	三	二	三	二	一	二	一
	抗震墙	三	三	三		二		一		一	

注：1. 建筑场地为 I 类时，除 6 度外应允许按表内降低一度所对应的抗震构造措施采取抗震构造措施，但相应的计算要求不应降低。

　　2. 接近或等于高度分界时，应允许结合房屋不规则程度及场地、地基条件确定抗震等级。

　　3. 大跨度框架指跨度不小于 18m 的框架。

特别提示

(1) 我国抗震设防烈度为 6 ~ 9 度，必须进行抗震计算和构造设计。

(2) 在进行建筑设计时，应根据建筑的重要性不同，采取不同的抗震设防标准。《建筑工程抗震设防分类标准》将建筑按其使用功能的重要程度不同，分为甲、乙、丙、丁四类。

(3) 实例二现浇框架抗震等级为三级，但该项目为教学楼，属重点设防类建筑，应按高于本地区抗震设防烈度一度的要求加强其抗震措施，即该框架采取二级抗震构造措施。

7.3.2 框架梁构造要求

1. 截面尺寸

梁的截面宽度不宜小于 200 mm，截面高宽比不宜大于 4，净跨与截面高度之比不宜小于 4。

2. 纵向钢筋

(1) 梁端纵向受拉钢筋的配筋率不宜大于 2.5%，且计入受压钢筋的梁端混凝土受压区高度和有效高度之比，一级不应大于 0.25，二、三级不应大于 0.35。

(2) 梁端截面的底面和顶面纵向钢筋配筋量的比值，除按计算确定外，一级不应小于 0.5，二、三级不应小于 0.3。

(3) 沿梁全长顶面和底面的配筋，一、二级不应小于 2 ϕ 14，且分别不应小于梁两端顶面和底面纵向钢筋中较大截面面积的 1/4，三、四级不应小于 2 ϕ 12。

【框架梁】

(4) 一、二、三级框架梁内贯通中柱的每根纵向钢筋直径，对矩形截面柱，不宜大于柱在该方向截面尺寸的 1/20；对圆形截面柱，不宜大于纵向钢筋所在位置柱截面弦长的 1/20。抗震框架梁和屋面框架梁纵向钢筋构造如图 7.9 所示。

实例二中 KL3 截面为 250 mm × 600 mm；梁端顶部所配钢筋为 2 Φ 22 + 2 Φ 20，底部钢筋为 3 Φ 20；沿梁全长顶面钢筋为 2 Φ 22；KZ3 截面尺寸为 500 mm × 500 mm，柱中的纵向钢筋直径为 22 mm；梁、柱截面和纵筋均符合构造要求。框架中的其余梁、柱也都符合相关构造要求。

3. 箍筋

梁端箍筋应加密 (图 7.10)，箍筋加密区的范围和构造要求应按表 7-4 采用，当梁端纵向受拉钢筋配筋率大于 2% 时，表中箍筋最小直径数值应增大 2 mm。梁端加密区的肢距，一级不宜大于 200 mm 和 20d(d 为箍筋直径较大者)，二、三级不宜大于 250 mm 和 20d，四级不宜大于 300 mm。

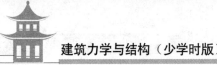
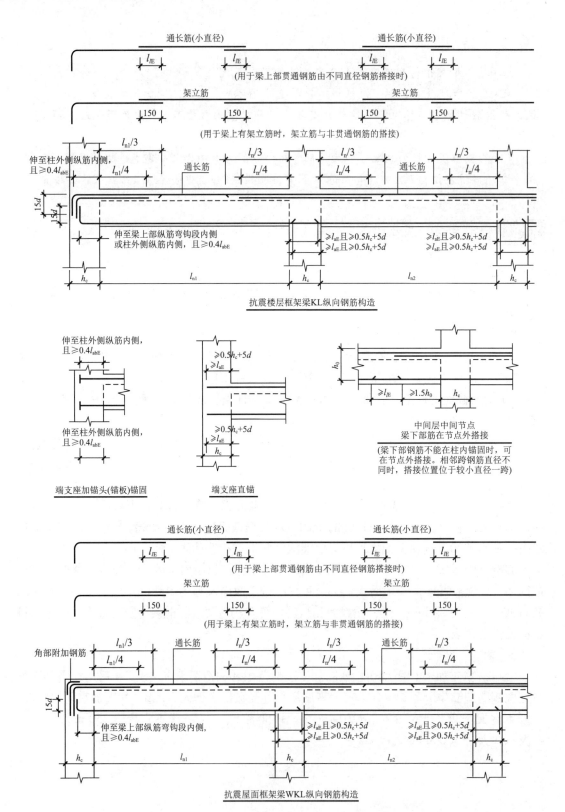

图 7.9　抗震框架梁 KL 和抗震屋面框架梁 WKL 纵向钢筋构造

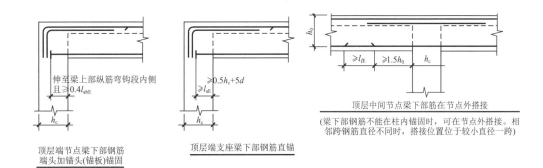

顶层端节点梁下部钢筋
端头加锚头(锚板)锚固

顶层端支座梁下部钢筋直锚

顶层中间节点梁下部筋在节点外搭接

(梁下部钢筋不能在柱内锚固时，可在节点外搭接。相
邻跨钢筋直径不同时，搭接位置位于较小直径一跨)

图 7.9 抗震框架梁 KL 和抗震屋面框架梁 WKL 纵向钢筋构造 (续)

表 7-4 梁端箍筋加密区的长度、箍筋的最大间距和最小直径

抗震等级	加密区长度 /mm （采用较大值）	箍筋最大间距 /mm （采用最小值）	箍筋最小直径 /mm
一	$2h_b$, 500	$h_b/4$, $6d$, 100	10
二	$1.5h_b$, 500	$h_b/4$, $8d$, 100	8
三	$1.5h_b$, 500	$h_b/4$, $48d$, 150	8
四	$1.5h_b$, 500	$h_b/4$, $8d$, 150	6

注：d 为纵向钢筋直径，h_b 为梁截面高度。一、二级抗震等级框架梁，当箍筋直径大于 12 mm 且肢数不
少于 4 肢时，箍筋加密区最大间距应允许适当放松，但不应大于 150 mm。

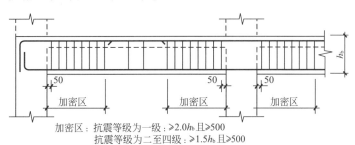

加密区：抗震等级为一级：$\geqslant 2.0h_b$ 且$\geqslant 500$
抗震等级为二至四级：$\geqslant 1.5h_b$ 且$\geqslant 500$

抗震框架梁KL、WKL箍筋加密区范围

(弧形梁沿梁中心线展开，箍筋间距沿凸
面线量度。h_b为梁截面高度)

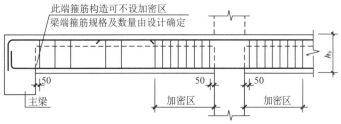

此端箍筋构造可不设加密区
梁端箍筋规格及数量由设计确定

加密区：抗震等级为一级：$\geqslant 2.0h_b$ 且$\geqslant 500$
抗震等级为二至四级：$\geqslant 1.5h_b$ 且$\geqslant 500$

抗震框架梁KL、WKL(尽端为梁)箍筋加密区范围

(弧形梁沿梁中心线展开，箍筋间距沿凸
面线量度。h_b为梁截面高度)

图 7.10 抗震 KL、WKL 箍筋构造

应用案例

实例二为二层全现浇钢筋混凝土框架结构，层高 3.6m，平面尺寸为 45m×17.4m。建筑抗震设防等级为 7 度。建筑平立剖面图见实例二建施图。该框架建筑抗震设防类别为重点设防类（乙类），采取二级抗震构造措施。

以 KL3 为例（图 7.11），该框架梁有三跨，两端跨截面尺寸 250 mm×600 mm，中跨 250 mm×400 mm，符合抗震框架梁截面尺寸不宜小于 200 mm，高宽比不宜大于 4 的要求。

该梁上部，A 支座 2Φ22 + 2Φ20，B 支座 2Φ22 + 2Φ20，C 支座 2Φ22 + 4Φ20(4/2)，在 D 支座 4Φ22，通长筋为③号钢筋 2Φ22。梁下部第一跨纵筋 3Φ20，第二跨纵筋 3Φ18，下部第三跨纵筋 2Φ25 + 2Φ22。符合二级框架应配置不少于 2Φ14 通长纵向钢筋的要求。

KL3 支座上部钢筋为两排，第二排钢筋应在伸出支座后 $l_n/4$ 处切断，即 $l_n/4$=6700/4=1675 (mm)，取 1700 mm；第一排钢筋应在伸出支座后 $l_n/3$ 处切断，即 $l_n/3$=6700/3=2233 (mm)，取 2250 mm。l_n 为左跨 2500 mm 和右跨 6700 mm 两者中的较大值。

该梁左端跨箍筋为Φ8@100/200(2)，中跨、右跨为Φ8@100(2)。根据表 7-4 的规定，抗震等级为二级时，箍筋最小直径为 8 mm，最大间距为 $h_b/4$、$8d$、100 中的较小值。$h_b/4$=600/4=150 (mm)；$8d$=8×22=176 (mm)；100 mm；采用Φ8@100 符合要求。加密区长度应取 $1.5h_b$=1.5×600=900 (mm) 和 500 mm 的较大值，即 900 mm。

该梁两端跨截面尺寸为 250 mm×600 mm，截面腹板高度大于 450 mm，在梁的两侧沿高度配置纵向构造钢筋 (CD 跨 4Φ14 为抗扭钢筋)4Φ12，用于防止在梁的侧面产生垂直于梁轴线的收缩裂缝，同时也可增强钢筋骨架的刚度。同时用拉筋Φ8@400 连系纵向构造钢筋。

7.3.3 框架柱构造要求

1. 截面尺寸

框架柱矩形截面的长边和短边尺寸，抗震等级为四级或不超过 2 层时不宜小于 300 mm；抗震等级为一、二、三级且超过 2 层时不宜小于 400 mm。圆柱直径，抗震等级为四级或不超过 2 层时不宜小于 350 mm；抗震等级为一、二、三级且超过 2 层时不宜小于 450 mm。剪跨比宜大于 2；截面长边与短边的边长比不宜大于 3。

2. 纵向钢筋

(1) 柱纵向钢筋的最小总配筋率应满足规定，同时每一侧配筋率不应小于 0.2%。

(2) 柱中纵筋宜对称配置。

(3) 截面尺寸大于 400 mm 的柱，其纵向钢筋间距不宜大于 200 mm。

(4) 柱总配筋率不应大于 5%。

(5) 抗震等级为一级且剪跨比不大于 2 的柱，其每侧纵向钢筋配筋率不宜大于 1.2%。

(6) 边柱、角柱在地震作用组合产生小偏心受拉时，柱内纵筋总截面面积应比计算值增加 25%。

(7) 柱纵向钢筋的绑扎接头应避开柱端的箍筋加密区。

【框架柱】

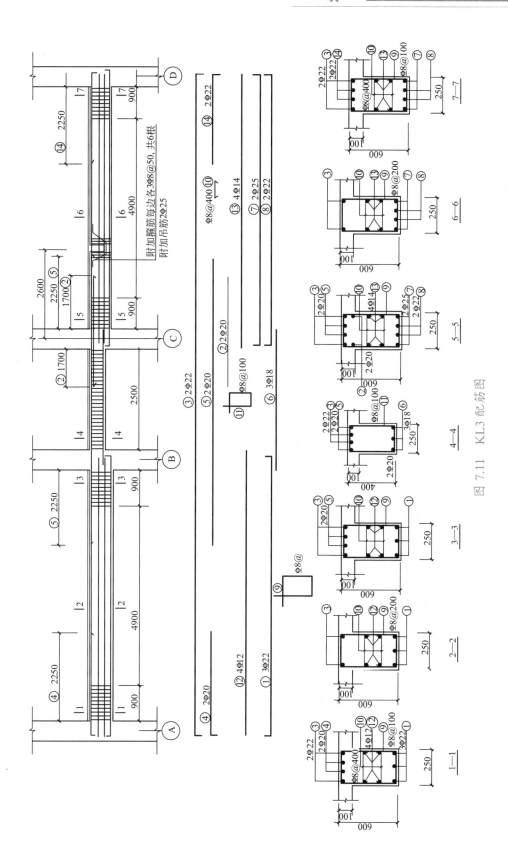

图 7.11 KL3 配筋图

3. 箍筋

框架柱的上下端箍筋应加密（图7.12）。一般情况下，柱梁端加密区的范围和构造要求应按表7-5采用；二级框架柱的箍筋直径不小于10 mm且箍筋距不大于200 mm，除柱根外最大间距应允许采用150 mm；三级框架柱的截面尺寸不大于400 mm时，箍筋最小直径应允许采用6 mm；四级框架柱剪跨比不大于2时，箍筋直径不应小于8 mm。

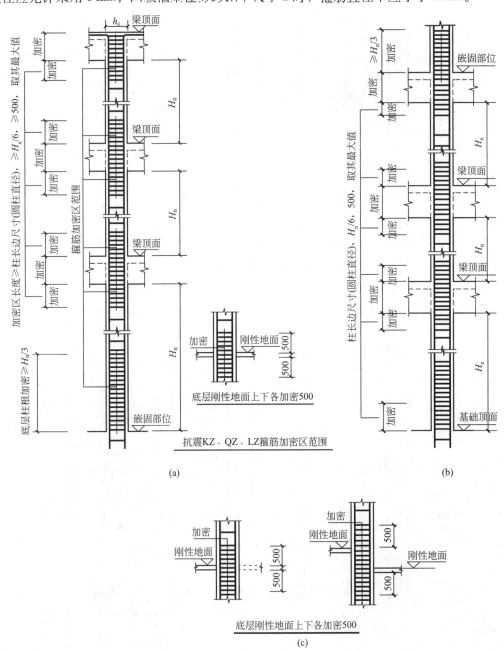

图 7.12　抗震框架柱箍筋加密

表 7-5　柱箍筋加密区长度、箍筋最大间距和最小直径

抗震等级	箍筋最大间距 /mm（采用较小值）	箍筋最小直径 /mm	箍筋加密区长度 /mm（采用较大者）
一	$6d$, 100	10	
二	$8d$, 100	8	$H(D)$ $H_n/6$ 500
三	$8d$, 150(柱根 100)	8	
四	$8d$, 150(柱根 100)	6(柱根 8)	

注：d 为柱纵筋最小直径，h 为矩形截面长边尺寸，D 为圆柱直径，H_n 为柱净高；柱根指框架底层柱的嵌固部位。

柱箍筋加密区箍筋肢距，一级不宜大于 200 mm，二、三级不宜大于 250 mm 和 20 倍箍筋直径的较大值，四级不宜大于 300 mm。至少每隔一根纵向钢筋宜在两个方向有箍筋或拉筋约束；采用拉筋复合箍时，拉筋宜紧靠纵向钢筋并勾住箍筋。

4. 抗震框架柱纵向钢筋连接构造 (图 7.13 ~ 图 7.16)

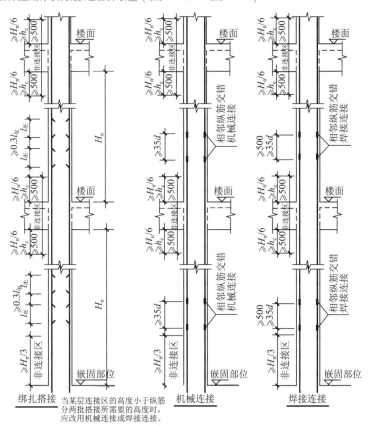

图 7.13　抗震 KZ 纵向钢筋连接 (一)

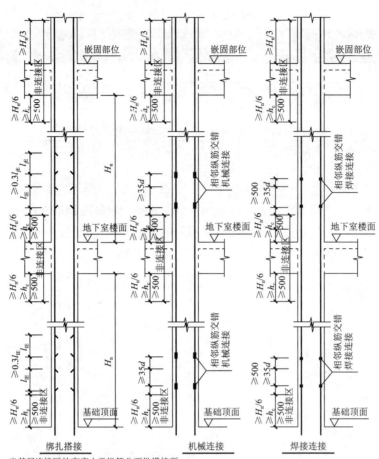

当某层连接区的高度小于纵筋分两批搭接所
需要的高度时，应改用机械连接或焊接连接。

图 7.14　抗震 KZ 纵向钢筋连接（二）

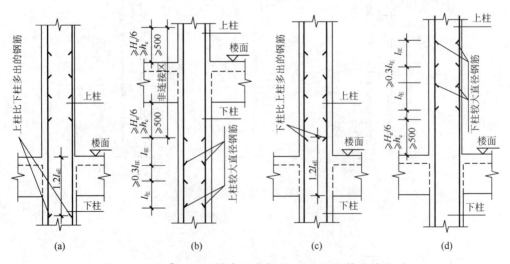

(a)　　　　　(b)　　　　　(c)　　　　　(d)

图 7.15　抗震 KZ 纵筋直径或根数不同时纵筋连接构造

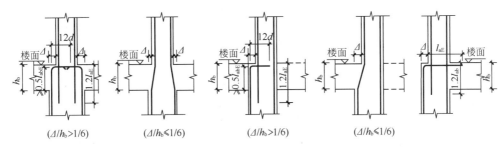

图 7.16 抗震 KZ 变截面位置纵向钢筋构造

框架柱的箍筋加密区长度，应取柱截面长边尺寸（或圆形截面直径）、柱净高的$\frac{1}{6}$和 500 mm 中的最大值；一、二级抗震等级的角柱全高加密箍筋。底层柱根箍筋加密区长度应取不小于该层柱净高的$\frac{1}{3}$；当有刚性地面时，除柱端箍筋加密区外尚应在刚性地面上、下各 500 mm 的高度范围内加密箍筋。

实例解读

实例二中框架柱 KZ3 截面 500 mm × 500 mm，柱中纵向受力钢筋 12 Φ 22，箍筋 Φ 10@100/200，柱高度自基础顶到 7.200 m。

该框架柱采用对称配筋，沿柱边均匀布置有 12 Φ 22 钢筋，纵筋间距不大于 200 mm。纵筋采用搭接连接，搭接位置在楼层梁顶标高以上 1000 mm 范围内，且该范围箍筋加密间距为 100 mm。顶层柱纵筋伸至柱顶并向外弯折锚固于梁内。

5. 框架节点的构造要求

（1）框架节点核心区内应设置箍筋，直径和间距按加密区设置。

（2）框架梁纵向受力钢筋的构造要求。

在中间层边节点处，上部钢筋和下部钢筋均应进行锚固；顶层及中间层中间节点处，梁上部钢筋应贯穿，下部钢筋可进行锚固也可在节点处搭接；顶层边节点处，梁上部钢筋与柱外侧纵筋进行搭接，下部钢筋应进行锚固。详见图 7.9。

（3）框架柱纵向受力钢筋的构造要求。

中间层边节点及中间节点处，柱纵筋宜贯穿，如出现特殊情况可锚固；顶层中间节点处，柱纵筋应锚固；顶层边节点处，柱外侧纵筋与梁上部纵筋应搭接，柱内侧纵筋应锚固。详见图 7.17 及图 7.18。

实例解读

实例二 KZ3 配筋图中，顶层中间节点柱内纵向钢筋 3 Φ 25 和 4 Φ 25 伸入柱顶向外弯入框架梁内进行锚固，锚固长度不小于 12d。顶层端节点柱内侧钢筋的锚固要求同顶层中间节点的纵向钢筋，外侧纵筋与梁上部纵筋在节点内搭接连接。

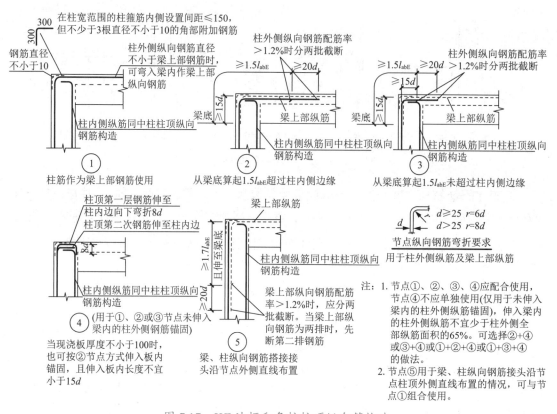

图 7.17　KZ 边框和角柱柱顶纵向筋构造

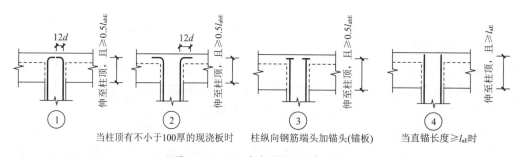

图 7.18　KZ 中柱柱顶纵向构造

模块小结

　　轴心受压构件的承载力由混凝土和纵向受力钢筋两部分抗压能力组成，同时要考虑纵向弯曲对构件截面承载力的影响。其计算公式为

$$N \leqslant 0.9\varphi(f_c A + f_y' A_s')$$

偏心受压构件按其破坏特征不同，分为大偏心受压构件和小偏心受压构件。

　　现浇框架的连接构造要求主要是梁与柱、柱与柱之间的配筋构造要求。梁、柱节点构造是保证框架结构整体空间性能的重要措施。

　　本模块对于抗震措施的框架节点构造要求进行了详细的阐述。

习 题

1．填空题

(1) 钢筋混凝土轴心受压构件的承载力由 _____ 和 _____ 两部分抗压能力组成。

(2) 钢筋混凝土柱中箍筋的作用之一是约束纵筋，防止纵筋受压后 _____。

(3) 钢筋混凝土柱中纵向钢筋净距不应小于 _____mm。

(4) 框架的抗震等级分为 _____ 级。

(5) 考虑抗震要求，框架柱截面的长边和短边尺寸不宜小于 _____mm。

2．选择题

(1)《混凝土结构设计规范》(2015 年版)(GB 50010—2010) 规定的受压构件全部受力纵筋的配筋率不宜大于 ( )。

A．4%   B．5%   C．6%   D．4.5%

(2) 关于钢筋混凝土柱构造要求的叙述中，不正确的是 ( )。

A．纵向钢筋配置越多越好   B．纵向钢筋沿周边布置

C．箍筋应形成封闭   D．纵向钢筋净距不小于 50 mm

3．判断题

(1) 大偏心受压破坏的截面特征是：受压钢筋首先屈服，最终受压边缘的混凝土也因压应变达到极限值而破坏。 ( )

(2) 一般柱中箍筋的加密区位于柱的中间部位。 ( )

(3) 框架梁下部纵向受力钢筋不允许在节点内接头。 ( )

(4) 框架柱纵向钢筋的接头可采用绑扎搭接、机械连接或焊接连接等方式，宜优先采用绑扎搭接。 ( )

模块 8 钢筋混凝土楼盖、楼梯及雨篷

引例

钢筋混凝土梁板结构是土木工程中应用最为广泛的一种结构形式，楼盖是建筑结构的重要组成部分，在混合结构房屋中，楼盖的造价约占房屋总造价的 30% ～ 40%，因此，楼盖结构形式选择和布置的合理性，以及结构计算和构造的正确性，对建筑物的安全使用和技术经济指标有着非常重要的意义。实例一的楼盖为钢筋混凝土装配式楼盖，如图 8.1(a) 所示，开间 3.3 m，在楼盖里有钢筋混凝土梁 L1、L2 等。实例二的楼盖为钢筋混凝土现浇楼盖，如图 8.1(b) 所示，柱距 9 m，梁间距 3 m。

思考：两种楼盖各有何优缺点？楼盖为什么这么布置？楼盖内的钢筋又是如何布置的？

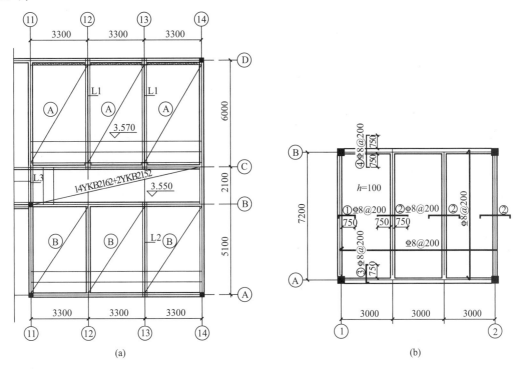

图 8.1　钢筋混凝土楼盖

(a) 实例一的钢筋混凝土装配式楼盖；(b) 实例二的钢筋混凝土现浇楼盖

8.1　钢筋混凝土楼盖的分类

钢筋混凝土楼盖按施工方法不同可分为现浇式、装配式和装配整体式三种形式。

现浇式楼盖整体性好、刚度大、防水性好且抗震性强，能适应房间的平面形状、设备管道、荷载或施工条件比较特殊的情况。其缺点是费工、费模板、工期长、施工受季节限制。整体现浇式楼盖结构按楼板受力和支承条件的不同，又分为肋梁楼盖、井式楼盖、密肋楼盖和无梁楼盖（图 8.2）。肋梁楼盖又分为双向板肋梁楼盖和单向板肋梁楼盖，双向板肋梁楼盖多用于公共建筑和高层建筑，单向板肋梁楼盖广泛用于多层厂房和公共建筑。

装配式楼盖的楼板采用混凝土预制构件，便于工业化生产，在多层民用建筑和工业厂房中得到广泛应用。但是，这种楼面整体性、防水性和抗震性都较差。

装配整体式楼盖，其整体性较装配式的好，又较现浇式的节省模板和支撑。但这种楼盖需要进行混凝土的二次浇筑，有时还须增加焊接工作量，故对施工进度和造价都带来一些不利影响。

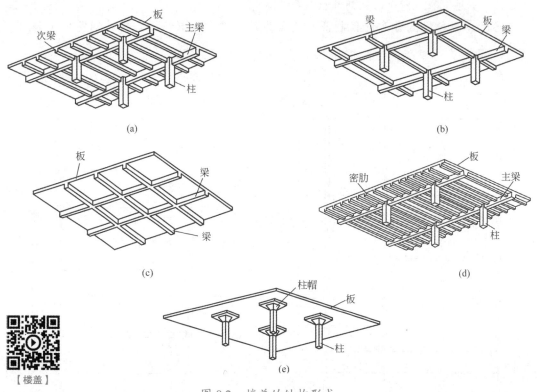

图 8.2　楼盖的结构形式

(a) 单向板肋梁楼盖；(b) 双向板肋梁楼盖；(c) 井式楼盖；(d) 密肋楼盖；(e) 无梁楼盖

8.2　现浇肋梁楼盖

现浇肋梁楼盖由板、次梁和主梁组成，其中板被梁划分成许多区格，每一区格的板一般是四边支承在梁或墙体上。对于四边支承的板，当板的长边 l_2 与短边 l_1 之比 $l_2/l_1 \geqslant 3$ 时，板上的荷载主要沿短边 l_1 方向传递到支撑梁或墙体上，而沿长边传递的荷载很小，可以忽略不计，板仅沿短边方向受力的楼盖称为单向板肋梁楼盖；当板的长边 l_2 与短边 l_1 之比 $l_2/l_1 \leqslant 2$ 时，板上荷载将通过两个方向传递到支撑梁或墙体上，板沿两个方向受力的楼盖称为双向板肋梁楼盖；对于 $2<l_2/l_1<3$ 的板，宜按双向板计算，若按单向板计算，沿长边方向应配有足够的构造钢筋。

8.2.1 单向板肋梁楼盖

1. 结构平面布置

在肋梁楼盖中，结构布置包括柱网、承重墙、梁格和板的布置，柱网尽量布置成长方形或正方形。主梁有沿横向和纵向两种布置方案 (图 8.3)。

单向板肋梁楼盖中，单向板、次梁和主梁的常用跨度：板的跨度为 1.7 ~ 2.7 m，一般不宜超过 3 m；次梁的跨度一般为 4 ~ 6 m；主梁的跨度一般为 5 ~ 8 m。

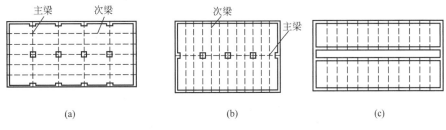

图 8.3　梁的布置

(a) 主梁沿横向布置；(b) 主梁沿纵向布置；(c) 有中间走道

 **特别提示**

> 柱网及梁格的布置除考虑上述因素外，梁格布置应尽可能是等跨的，且最好边跨比中间跨稍小 (约在 10% 以内)，因边跨弯矩较中间跨大些；在主梁跨间的次梁根数宜多于一根，以使主梁弯矩变化较为平缓，对梁的受力有利。

2. 单向板肋梁楼盖构造要求

1) 单向板构造要求

单向板的构造要求同模块 6 中论述。配筋常采用分离式配筋，即跨中正弯矩钢筋 (图 8.4 中⑤号筋) 宜全部伸入支座锚固，而在支座处另配负弯矩钢筋 (图 8.4 中②号筋)，其范围应能覆盖负弯矩区域并满足锚固要求。

(1) 钢筋的截断。对于承受均布荷载的等跨连续单向板或双向板，受力钢筋的截断位置可按图 8.4 确定，支座处的负弯矩钢筋，可在距支座边不小于 a 的距离处截断，其取值如下：

当 $q/g \leqslant 3$ 时，$a=l_n/4$；

当 $q/g>3$ 时，$a=l_n/3$。

式中，g、q——恒荷载及活荷载设计值；

l_n——板的净跨度。

(2) 板内构造钢筋。板内的构造钢筋种类较多，具体情况见表 8-1。

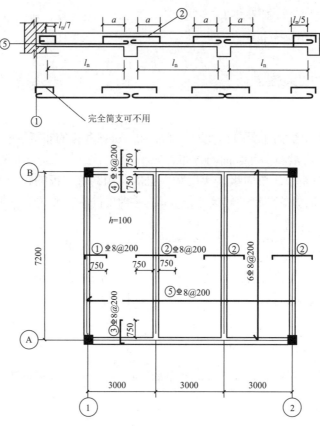

图 8.4　连续单向板的配筋方式

表 8-1　板内构造钢筋布置

名称	位置	作用	伸入板内长度	最小用量	最小直径及最大间距	备注
分布筋	受力筋内侧垂直受力筋	抵抗混凝土收缩或温度变化产生的内力；将荷载均匀地传递给受力筋；固定受力筋；承担计算中未考虑的长边方向的弯矩	贯通	$\geqslant 15\%A_s$(A_s为受力筋截面面积)，且配筋率不宜小于0.15%	$\phi 6@250$(集中荷载较大时，间距不宜大于200 mm)	图 8.4 ⑥号筋
主梁板面构造筋	主梁上侧；垂直于主梁	承担负弯矩，防止产生过大的裂缝	不宜小于$l_0/4$	不宜小于底部受力筋截面面积的1/3	$\phi 8@200$	图 8.4 ④号筋、图 8.5(b)
砌体墙中板面附加筋	承重墙边沿上侧；垂直于墙体	承担负弯矩	不宜小于$l_0/7$		$\phi 8@200$	图 8.5(a)
砌体墙中板角双向附加筋	墙内板角$l_0/4$部分上侧	防止由于板角翘离支座而产生的墙边裂缝和板角斜裂缝	不宜小于$l_0/4$		$\phi 8@200$	图 8.5(a)
现浇支座上部构造筋	周边与混凝土梁或墙体整浇的板上侧		不宜小于$l_0/5$	不宜小于底部受力筋截面面积的1/3	$\phi 8@200$	图8.4①、③号筋

特别提示

表 8-1 和图 8.5 中所示的 l_0 为单向板短边计算跨度。

2) 次梁构造要求

(1) 截面尺寸：一般次梁的跨度 $l=4 \sim 6$ m，梁高 $h=(1/18 \sim 1/12)l$，梁宽 $b=(1/3 \sim 1/2)h$，纵向钢筋的配筋率一般取为 0.6% ~ 1.5%。

(2) 次梁伸入墙内的支承长度一般不小于 240 mm。

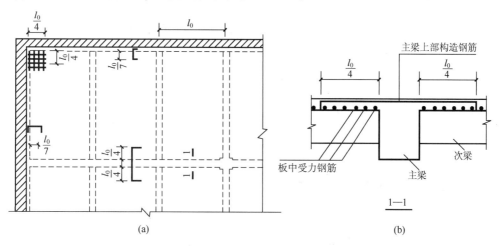

图 8.5 板的构造钢筋

(a) 板中构造配筋平面布置；(b) 板中垂直于主梁的构造钢筋

(3) 钢筋直径：梁的纵向受力钢筋及架立钢筋的直径不宜小于表 8-2 的规定。

表 8-2 梁内纵向钢筋的最小直径

钢筋类型	受力钢筋		架立钢筋		
条件	$h<300$ mm	$h \geqslant 300$ mm	$l<4$ m	4 m $\leqslant l \leqslant 6$ m	$l>6$ m
直径 d/mm	8	10	8	10	12

注：表中 h 为梁高，l 为梁的跨度。

(4) 配筋构造要求：对于相邻跨度相差不超过 20%，且均布活荷载和恒荷载的比值 $q/g \leqslant 3$ 的连续次梁，其纵中向受力钢筋的弯起和截断，可按图 8.6 进行。

 **特别提示**

(1) 图 8.6 中，l_n 为 l_{n1}、l_{n2} 两者的较大值。

(2) 梁下部的纵向钢筋除弯起的外，应全部伸入支座锚固，不得在跨间截断。

(3) 连续次梁因截面上、下均配置受力钢筋，所以一般均沿梁全长配置封闭式箍筋，第一根箍筋可距支座边 50 mm 处开始布置，在简支端支座范围一般宜布置两道箍筋。

3) 主梁的构造要求

(1) 截面尺寸：主梁的跨度 l 一般取 5 ~ 8 m，梁高 $h=(1/12 \sim 1/8)l$，梁宽

$b=(1/3 \sim 1/2)h$，纵向钢筋的配筋率一般为 $0.6\% \sim 1.5\%$。

(2) 主梁伸入墙体的支承长度一般不小于 370 mm。

(3) 钢筋的直径及间距要求与次梁相同。

(4) 主梁附加横向钢筋：主梁和次梁相交处，在集中荷载影响区 s 范围内加设附加横向钢筋（箍筋、吊筋），设置要求见模块 6 中相关内容。

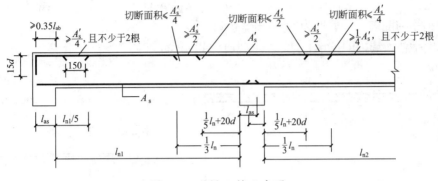

图 8.6　次梁配筋示意图

8.2.2　双向板肋梁楼盖

(1) 双向板的厚度。一般在 $80 \sim 160$ mm 之间，为保证板的刚度，板厚 h 还应符合：简支板，$h>l_x/45$；连续板，$h>l_x/50$，l_x 为短方向跨度。

(2) 钢筋的配置。受力钢筋沿纵横两个方向设置，此时应将弯矩较大方向的钢筋设置在外层，另一方向的钢筋设置在内层；板的配筋形式类似于单向板，沿墙边及墙角的板内构造钢筋与单向板楼盖相同。

受力钢筋的直径、间距、截断点的位置等均可参照单向板配筋的有关规定。

应用案例8-1

实例一中卫生间楼面现浇板短边尺寸 3300 mm，长边尺寸 6000 mm，长边与短边之比为 $1.82 \leqslant 2$，且四边支撑在墙上，故为单跨双向板，如图 8.7(a) 所示。①号钢筋在②号钢筋的外侧，③号筋为板面构造钢筋。屋面卫生间与楼梯间一块现浇，为双跨双向板，如图 8.7(b) 所示。板下部两个方向的钢筋都是受力钢筋，短向钢筋①号放在长向钢筋②的外侧。板上部沿墙体设置的钢筋是构造钢筋，长度是 $l_x/4$(l_x 为较小跨度)=3300 mm/4，取 800 mm。

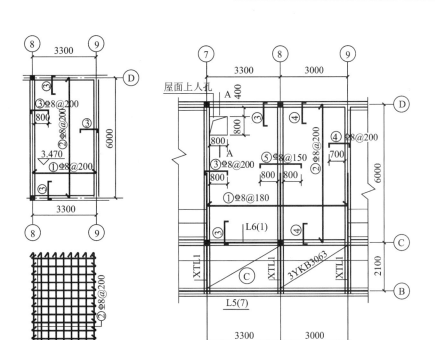

图 8.7 双向板楼盖

(a) 单跨双向板楼盖；(b) 双跨双向板楼盖

8.3 楼梯与雨篷

8.3.1 楼梯

最常见的现浇楼梯可分为板式楼梯和梁式楼梯。

1. 板式楼梯

板式楼梯由梯段板、平台板和平台梁组成（图 8.8）。梯段是斜放的齿形板，支承在平台梁上和楼层梁上，底层下端一般支承在地垄墙上。板式楼梯的优点是下表面平整，施工支模较方便，外观比较轻巧。其缺点是斜板较厚，其混凝土用量和钢材用量都较多，一般适用于梯段板的水平跨长不超过 3 m 时。为避免斜板在支座处产生裂缝，应在板上面配置一定量的钢筋，一般取 $\phi 8@200$ mm，长度为 $l_n/4$，分布钢筋可采用 $\phi 6$ 或 $\phi 8$，每级踏步一根。

平台板一般都是单向板，考虑到板支座的转动会受到一定约束，一般应将板下部受力钢筋在支座附近弯起一半，必要时可在支座处板上面配置一定量钢筋，伸出支承边缘长度

【楼梯】

为 $l_n/4$，如图 8.9 所示。

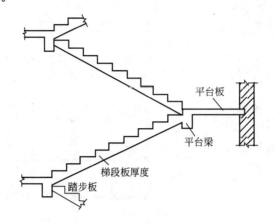

图 8.8　板式楼梯的组成

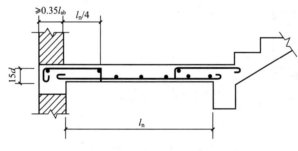

图 8.9　平台板配筋

2. 梁式楼梯

梁式楼梯由踏步板、斜梁、平台板和平台梁组成（图 8.10）。

踏步板为两端简支在斜梁上的单向板（图 8.11），板厚一般不小于 30 ～ 40 mm，每一级踏步一般需配置不少于 2Φ6 的受力钢筋，沿斜向布置间距不大于 300 mm 的 Φ6 分布钢筋。斜梁的受力特点与梯段斜板相似，斜梁的配筋构造图如图 8.12 所示。平台梁主要承受斜边梁传来的集中荷载（由上、下楼梯斜梁传来）和平台板传来的均布荷载，一般按简支梁计算。

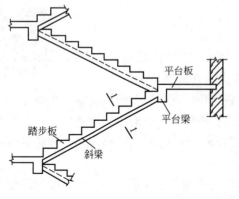

图 8.10　梁式楼梯的组成

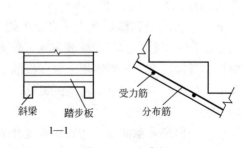

1—1

图 8.11　踏步板

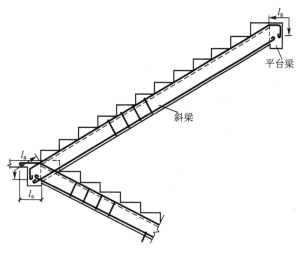

图 8.12　斜梁的配筋

特别提示

　　当楼梯下净高不够时，可将楼层梁向内移动，这样板式楼梯的梯段就成为折线形。对此设计中应注意两个问题：①梯段中的水平段，其板厚应与梯段相同，不能处理成和平台板同厚；②内折角处的下部受拉纵筋不允许沿板底弯折，以免产生向外的合力将该处的混凝土崩脱，应将此处纵筋断开，各自延伸至上面再行锚固。若板的弯折位置靠近楼层梁，板内可能出现负弯矩，则板上面还应配置承担负弯矩的短钢筋（图 8.13）。

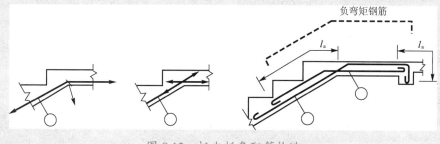

图 8.13　板内折角配筋构造

8.3.2　雨篷

案例导入

　　某百货大楼一层橱窗上设置有挑出 1200 mm 通长现浇钢筋混凝土雨篷，如图 8.14(a) 所示。待混凝土达到设计强度拆模时，突然发生从雨篷根部折断的质量事故，折断的雨篷呈门帘状，如图 8.14(b) 所示。

　　原因是受力筋放错了位置 (离模板只有 20 mm) 所致。原来受力筋按设计布置，钢筋工绑扎好后就离开了。浇筑混凝土前，一些"好心人"看到雨篷钢筋浮搁在过梁箍筋上，受力筋又放在雨篷顶部（传统的概念总以为受力筋就放在构件底面），就把受力筋临时改放到过梁的箍筋里面，并贴着模板。浇筑混凝土时，现场人员没有对受力筋位置进行检查，于是发生上述事故。

点评：雨篷、外阳台、挑檐是建筑工程中常见的悬挑构件，也是工程中出现事故较多的构件，因此，在施工中应注意对其钢筋进行检验检查。另外，它们的设计除与一般梁板相似以外，还存在倾覆的危险，在施工管理中也应加强注意。

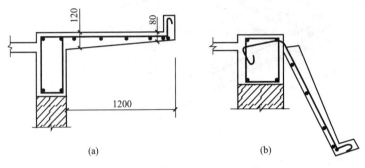

图 8.14　悬臂板的错误配筋

(a) 设计图；(b) 事故图

板式雨篷一般由雨篷板和雨篷梁两部分组成（图 8.15）。雨篷梁既是雨篷板的支承，又兼有过梁的作用。

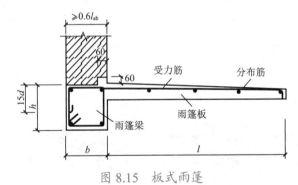

图 8.15　板式雨篷

1. 雨篷的破坏形式

(1) 雨篷板在支座处因抗弯承载力不足而断裂。

(2) 雨篷梁受弯、受扭破坏。

(3) 整个雨篷的倾覆破坏。

为了防止雨篷发生上述形式的破坏，雨篷的计算应包括雨篷板设计、雨篷梁设计和雨篷的抗倾覆验算三部分。

2. 构造要求

(1) 一般雨篷板的挑出长度为 0.6 ~ 1.2 m 或更大，视建筑要求而定。

(2) 雨篷的根部厚度一般取 $(1/12 ~ 1/10)\,l$（l 为雨篷板的挑出长度），但不小于 70 mm，板端不小于 50 mm。

(3) 雨篷梁的高度一般取 $(1/15 ~ 1/12)\,l$（l 为雨篷梁的计算跨度），梁宽等于墙宽。

(4) 雨篷板受力筋由计算求得，但不得小于 $\phi6@200(A_s=141\ mm^2)$，分布筋不少于 $\phi6@250$。

模块小结

(1) 楼盖结构包括现浇单向板肋形楼盖、双向板肋形楼盖、井式楼盖、无梁楼盖、装配式楼盖等，根据不同的建筑要求和使用条件选择合适的结构类型。

(2) 现浇肋形楼盖中，当板的长边与短边之比小于或等于 2 时，板在荷载作用下，沿两个正交方向受力且都不可忽略，称为双向板。双向板需分别按计算确定长边与短边方向的内力及配筋。

(3) 装配式混凝土楼盖主要由搁置在承重墙或梁上的预制混凝土铺板组成，故又称为装配式铺板楼盖。

(4) 现浇钢筋混凝土楼梯按受力方式的不同分为梁式楼梯和板式楼梯。梁式楼梯和板式楼梯的主要区别，在于楼梯梯段是采用梁承重还是板承重。前者受力较合理，用材较省，但施工较烦琐且欠美观，宜用于梯段较长的楼梯；后者反之。

(5) 雨篷、阳台等悬臂结构，除控制截面承载力计算外，尚应做整体抗倾覆的验算。工程事故表明，不宜采用悬挑板式阳台，而应采用悬挑梁式阳台，以确保安全。

习　题

1. 填空题

(1) 整体现浇式楼盖结构按楼板受力和支承条件的不同，分为 _____、_____、_____ 和 _____。

(2) 单向板肋梁楼盖中主梁沿横向布置的优点是 _____。

(3) 按结构形式的不同，最常见的现浇楼梯可分为 _____ 和 _____。

(4) 雨篷的破坏形式有 _____、_____ 和 _____。

(5) 梁式楼梯由 _____、_____、_____ 和 _____ 组成。

2. 选择题

(1) 若板区格的长边为 l_2，短边为 l_1，则当 (　　) 时称为双向板。

A．$l_2/l_1 \geqslant 1$　　B．$l_2/l_1 \geqslant 2$　　C．$l_2/l_1 < 2$　　D．$l_2/l_1 \leqslant 2$

(2) 钢筋混凝土连续梁的中间支座处，当配置好足够的箍筋后，若配置的弯起钢筋不能满足要求时，应增设 (　　) 来抵抗剪力。

A．纵筋　　B．鸭筋　　C．浮筋　　D．架立钢筋

(3) 板式楼梯的组成不包括 (　　)。

A．梯段板　　B．斜梁　　C．平台板　　D．平台梁

(4) 连续板中，对于支撑支座负弯矩的钢筋，若 $q/g \leqslant 3$ 时，可在距支座（　　）处截断。

A．$l_n/5$　　　　B．$l_n/4$　　　　C．$l_n/3$　　　　D．$l_n/2$

(5) 次梁伸入墙体的支撑长度一般不应小于（　　）。

A．120 mm　　　　B．240 mm　　　　C．370 mm　　　　D．没要求

(6) 连续板内的分布筋应布置在受力筋的（　　）。

A．上侧　　　　B．下侧　　　　C．外侧　　　　D．内侧

(7) 为避免板式楼梯的斜板在支座处产生裂缝，应在板上面配置一定量的钢筋，其长度为（　　）。

A．$l_n/5$　　　　B．$l_n/4$　　　　C．$l_n/3$　　　　D．$l_n/2$

(8) 下列雨篷板配筋图正确的一项是（　　）。

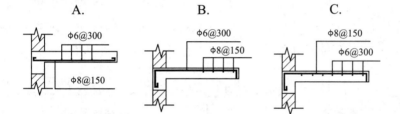

3. 简答题

(1) 钢筋混凝土楼盖结构有哪几种主要类型？分别说出它们各自的优缺点和适用范围。

(2) 单向板和双向板的受力特点如何？

(3) 现浇单向板肋形楼盖板、次梁和主梁的配筋构造要求有哪些？

(4) 现浇单向板中的构造钢筋都有哪些？各自的作用是什么？

(5) 梁式和板式楼梯有何区别？各适用于哪些情况？

(6) 雨篷梁和雨篷板有哪些构造要求？

模块9 砌体结构

教学目标

　　了解砌体结构的砌体材料、砌体的种类及力学性能，了解混合结构房屋的结构布置方案，熟悉砌体结构的构造要求以及多层砖砌体房屋的抗震构造措施。

教学要求

能力目标	相关知识	权重
能在工程实际中正确使用砌体材料和分辨出砌体结构破坏的形式	砌体材料、砌体种类及力学性能	30%
能辨别承重墙体平面布置方案	结构布置方案	10%
正确了解砌体房屋的构造要求，并会在工程实际中应用	砌体结构的构造要求	30%
	多层砖砌体房屋的抗震构造措施	30%

学习重点

　　砌体材料、砌体力学性能、结构布置方案、砌体结构的构造要求、多层砖砌体房屋的抗震构造措施。

引例

1. 工程与事故概况

某学校的教学楼，二层砖混结构，工程已接近完工，在室内进行抹灰粉刷时突然倒塌，造成多人死亡。该建筑的平面、立面、剖面及主要尺寸如图 9.1 所示。

教学楼为二层砖混结构，基础为水泥砂浆砌筑的毛石基础，墙厚 180 mm，端部大教室中间深梁为现浇钢筋混凝土梁。三个月后拆除大梁底部支承及模板，开始装修发现墙体有较大变形，工人用锤子将凸出墙体打了回去，继续施工。第三天发现大教室的窗墙在窗台下约 100 mm 处有一条很宽的水平裂缝，宽约 20 mm，导致整个房屋全部倒塌，两层楼板叠压在一起。未及时撤离的工人全部死亡。

2. 事故原因分析

本工程并无正式设计图纸，只是由使用单位直接委托某施工单位建造。根据现场情况，参照一般砖混结构草草画了几张草图就进行施工。施工队伍由乡村瓦木匠组成，没有技术管理体制。事故发生后测定，砖的等级为 MU0.5，砂浆强度只有 M0.4，在拆模的第二天发现险情后并未采取应急措施，才导致重大事故的发生。

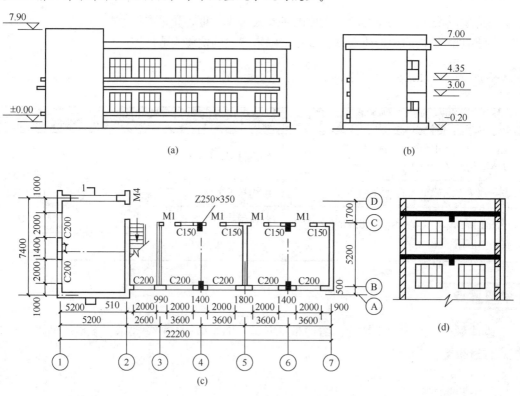

图 9.1　某学校教学楼尺寸图

(a) 南立面图；(b) 东立面图；(c) 平面图；(d) 1—1 剖面图

9.1 砌体材料

砌体是由块材和砌筑砂浆构成的，对块材和砂浆性能的进一步了解，将有助于理解和掌握各类砌体的性能。

9.1.1 块材

1. 砖

砌体结构常用的砖有烧结普通砖、烧结多孔砖、蒸压灰砂普通砖、蒸压粉煤灰普通砖、混凝土普通砖、混凝土多孔砖等。

烧结普通砖及烧结多孔砖是以页岩、煤矸石、粉煤灰或黏土为主要原料，经焙烧而成的。普通砖和蒸压砖的尺寸为 240 mm×115 mm×53 mm[图 9.2(a)]。多孔砖的主要规格有 190 mm×190 mm×90 mm、240 mm×115 mm×90 mm[图 9.2(b)、(c)] 等。

烧结普通砖、烧结多孔砖的强度等级有 MU30、MU25、MU20、MU15 和 MU10；蒸压灰砂普通砖、蒸压粉煤灰普通砖的强度等级有 MU25、MU20 和 MU15；混凝土普通砖、混凝土多孔砖的强度等级有 MU30、MU25、MU20 和 MU15；自承重墙空心砖的强度等级有 MU10、MU7.5、MU5 和 MU3.5。

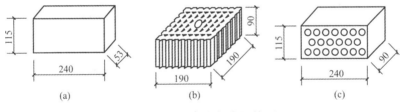

图 9.2　砖的主要规格

2. 砌块

砌块包括普通混凝土砌块和轻集料混凝土砌块。轻集料混凝土砌块包括煤矸石混凝土砌块和孔洞率不大于 35% 的火山渣、浮石和陶粒混凝土砌块。砌块按尺寸大小可分为小型、中型和大型三种，我国通常把砌块高度为 180～350 mm 的称为小型砌块，高度为 360～900 mm 的称为中型砌块，高度大于 900 mm 的称为大型砌块（图 9.3）。

普通混凝土砌块的强度等级有 MU20、MU15、MU10、MU7.5 和 MU5。

3. 石材

天然石材分为料石和毛石两种。料石按其加工后外形的规则程度又分为细料石、半细料石、粗料石和毛料石。石材的强度等级分为 MU100、MU80、MU60、MU50、MU40、MU30 和 MU20 七级。

建築力学与结构（少学时版）（第二版）

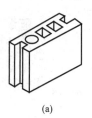 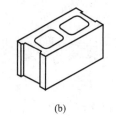 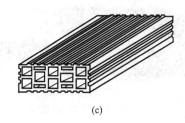

图 9.3　砌块材料

(a) 混凝土中型空心砌块；(b) 混凝土小型空心砌块；(c) 烧结空心砌块

9.1.2　砌筑砂浆

砂浆是由胶凝材料（石灰、水泥）和细骨料（砂）加水搅拌而成的混合材料。

砂浆的作用是将砌体中的单个块体连成整体，并抹平块体表面，从而促使其表面均匀受力，同时填满块体间的缝隙，减少砌体的透气性。

1. 砂浆的分类

砂浆有水泥砂浆、混合砂浆、非水泥砂浆和砌块专用砌筑砂浆四种类型。

(1) 水泥砂浆是由水泥、砂子和水搅拌而成，其强度高，耐久性好，但和易性差，一般用于砌筑潮湿环境中的砌体（如基础等）。

(2) 混合砂浆是在水泥砂浆中掺入适量的塑化剂，如水泥石灰砂浆、水泥黏土砂浆等。这种砂浆具有一定的强度和耐久性，且和易性较好，是一般墙体中常用的砂浆类型。

(3) 非水泥砂浆有石灰砂浆、黏土砂浆和石膏砂浆等。这类砂浆强度不高，有些耐久性也不够好，故只能用在受力小的砌体或简易建筑、临时性建筑中。

(4) 砌块专用砌筑砂浆由水泥、砂、水以及根据需要掺入的掺合料和外加剂等组分，按一定比例，采用机械拌和制成，专门用于砌筑混凝土砌块的砌筑砂浆。

2. 砂浆的强度等级

砂浆的强度等级是根据边长为70.7 mm的立方体标准试块在标准条件下(温度为20℃±2℃，相对湿度为90%以上)，养护28d，测得的立方体抗压强度来确定。试验时应采取同类块体为砂浆强度试块底模。

烧结普通砖、烧结多孔砖、蒸压灰砂普通砖和蒸压粉煤灰普通砖砌体采用的普通砂浆强度等级为 M15、M10、M7.5、M5 和 M2.5；蒸压灰砂普通砖和蒸压粉煤灰普通砖砌体采用的专用砌筑砂浆强度等级为 Ms15、Ms10、Ms7.5 和 Ms5；混凝土普通砖、混凝土多孔砖采用的砂浆强度等级为 Mb20、Mb15、Mb10、Mb7.5 和 Mb5；毛料石、毛石砌体采用的砂浆强度等级为 M7.5、M5 和 M2.5。

3. 砂浆的性能要求

为满足工程质量和施工要求，砂浆除应具有足够的强度外，还应有较好的和易性和保水性。流动性好，则便于砌筑、保证砌筑质量和提高施工工效；保水性好，则不致在存放、运输过程中出现明显的泌水、分层和离析，以保证砌筑质量。水泥砂浆的流动性和保水性不如混合砂浆好，在砌筑墙体、柱时，除有防水要求外，一般采用混合砂浆。

9.2 砌体的种类及力学性能

9.2.1 砌体的种类

砌体按照所用材料不同可分为砖砌体、砌块砌体及石砌体，按砌体中有无配筋可分为无筋砌体与配筋砌体，按在结构中所起的作用不同可分为承重砌体与自承重砌体等。

1. 砖砌体

由砖和砂浆砌筑而成的整体材料称为砖砌体。在房屋建筑中，砖砌体常用作一般单层和多层工业与民用建筑的内外墙、柱、基础等承重结构以及多高层建筑的围护墙与隔墙等自承重结构等。标准砌筑的实心墙体厚度常为 240 mm（一砖）、370 mm（一砖半）、490 mm（二砖）、620 mm（二砖半）、740 mm（三砖）等。

2. 砌块砌体

由砌块和砂浆砌筑而成的整体材料称为砌块砌体，常用的砌块砌体有普通混凝土砌块砌体和轻集料混凝土砌块砌体。砌块砌体主要用作住宅、办公楼及学校等民用建筑以及一般工业建筑的承重墙或围护墙。

3. 石砌体

由石材和砂浆（或混凝土）砌筑而成的整体材料称为石砌体，常用的石砌体有料石砌体、毛石砌体和毛石混凝土砌体等。石砌体中的石材资源分布广，蕴藏量丰富，便于就地取材，生产成本低，故古今中外在修建城垣、桥梁、房屋、道路和水利等工程中多有应用。

4. 配筋砌体

为提高砌体强度、减少其截面尺寸、增加砌体结构（或构件）的整体性，可在砌体中配置钢筋或钢筋混凝土，即采用配筋砌体。配筋砌体可分为配筋砖砌体（图 9.4）和配筋砌块砌体（图 9.5）。

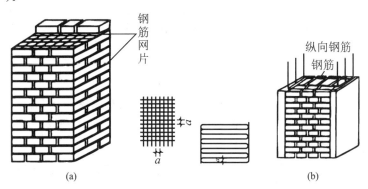

图 9.4 配筋砖砌体

(a) 网状配筋砖砌体；(b) 组合砖砌体

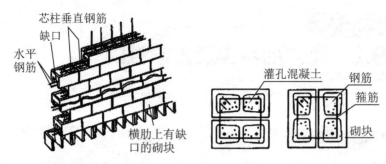

图 9.5　配筋砌块砌体

9.2.2 砌体的力学性能

1. 砌体的受压性能

砌体的受压破坏特征试验研究表明，砌体轴心受压从加载直到破坏，按照裂缝的出现、发展和最终破坏，大致经历以下三个阶段。

第一阶段：从砌体开始受压到单个块材开裂，这时荷载约为破坏荷载的 0.5 ～ 0.7 倍。其特点是：荷载如不增加，裂缝也不会继续扩展或增加 [图 9.6(a)]。

第二阶段：随着荷载的增加，原有裂缝不断扩展，形成穿过几皮块材的连续裂缝（条缝），同时产生新的裂缝，这时荷载约为破坏荷载的 0.8 ～ 0.9 倍。其特点是：即使荷载不增加，裂缝仍会继续发展 [图 9.6(b)]。

第三阶段：继续增加荷载，砌体中的裂缝将迅速开展，其中几条连续的竖向裂缝把砌体分割成若干小柱，砌体表面产生明显的外凸而处于松散状态，砌体丧失承载能力 [图 9.6(c)]。

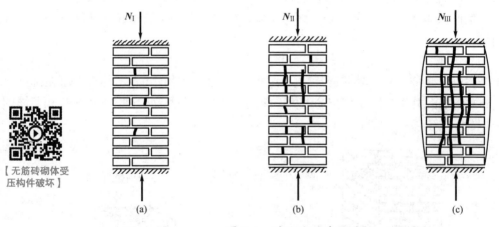

【无筋砖砌体受压构件破坏】

图 9.6　砖砌体的受压破坏

(a) 第一阶段；(b) 第二阶段；(c) 第三阶段

2. 影响砌体抗压强度的因素

通过对砖砌体在轴心受压时的受力分析及试验结果表明，影响砌体抗压强度的主要因素如下。

1) 块体与砂浆的强度等级

块体与砂浆的强度等级是确定砌体强度最主要的因素。一般来说，块体、砂浆的强度等级越高，砌体的抗压强度就越高。

2) 块体的尺寸与形状

块体的尺寸、几何形状及表面的平整程度对砌体的抗压强度也有较大的影响。增加块体厚度可提高砌体的抗压强度；块体形状规则、表面平整会使砌体的抗压强度相对提高。

3) 砂浆的和易性和保水性

砂浆的和易性和保水性越好，则砂浆越容易铺砌均匀，灰缝就越饱满，块体受力就越均匀，则砌体的抗压强度也就相应越高。例如，用和易性较差的水泥砂浆砌筑的砌体，要比同一强度等级的混合砂浆砌筑的砌体的抗压强度低。

4) 砌筑质量

砌筑质量是指砌体的砌筑方式、灰缝砂浆的饱满度、砂浆层的铺砌厚度等。砌筑质量与工人的技术水平有关，砌筑质量不同，则砌体强度不同。

9.3 混合结构房屋的结构布置方案

楼盖和屋盖用钢筋混凝土结构，而墙体及基础采用砌体结构建造的房屋通常称为混合结构房屋，它广泛用于各种小型工业与民用建筑中，如住宅、办公楼、商店、学校、仓库等。混合结构房屋具有构造简单、施工方便、工程总造价低等特点。

多层混合结构房屋的主要承重结构为屋盖、楼盖、墙体（柱）和基础，其中墙体的布置是整个房屋结构布置的重要环节。房屋的结构布置可分为三种方案：横墙承重体系、纵墙承重体系、纵横墙承重体系。

9.3.1 横墙承重体系

屋面板及楼板沿房屋的纵向放置在横墙上，形成了纵墙起围护作用、横墙起承重作用的结构方案[图 9.7(a)]。其竖向荷载主要传递路线是：板→横墙→基础→地基。横墙承重体系的特点如下。

(1) 横墙是主要承重墙。此种体系对纵墙上门窗位置、大小等的限制较少。

(2) 横墙间距很小（一般在 2.7～4.5 m 之间），房屋的空间刚度大，整体性好。

(3) 横墙承重体系房屋的楼盖（或屋盖）结构比较简单，施工方便，材料用量较少；但墙体的材料用量较多。

横墙承重体系适用于宿舍、住宅等居住建筑。

9.3.2 纵墙承重体系

楼板铺设在大梁上，大梁则支承在纵墙上，楼（屋）盖荷载大部分由纵墙承受的结构方案，如图 9.7(b) 所示。其竖向荷载主要传递路线是：板→纵墙→基础→地基；板→梁→纵墙→基础→地基。纵墙承重体系的特点如下。

(1) 纵墙是房屋的主要承重墙，横墙的间距可以相当大。这种体系室内空间较大，有利于使用上灵活隔断和布置。

(2) 由于纵墙承受的荷载较大，因此纵墙上门窗的位置和大小会受到一定限制。

(3) 纵墙承重体系楼盖（屋盖）的材料用量较多，而墙体材料用量较少。

纵墙承重体系适用于使用上要求有较大室内空间的房屋，如教学楼、办公楼、图书馆、实验楼、食堂、中小型工业厂房等。

9.3.3 纵横墙承重体系

楼板一部分搁置在横墙上，另一部分搁置在大梁上，而大梁搁置在纵墙上，纵墙和横墙均为承重墙的结构方案 [图 9.7(c)]。其竖向荷载主要传递路线是：板→横墙→横墙基础→地基；板→大梁→纵墙→纵墙基础→地基。

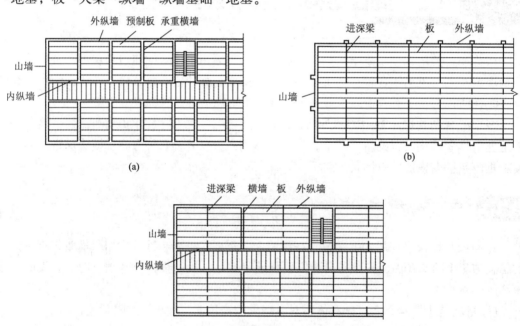

图 9.7　混合结构房屋结构布置方案

(a) 横墙承重体系；(b) 纵墙承重体系；(c) 纵横墙承重体系

纵横墙承重体系有以下特点。

(1) 结构布置合理性，房间布置灵活。

(2) 具有较大的空间刚度和整体性，纵横两个方向的空间刚度均比较好。纵横墙承重体系方案一般适用于教学楼、办公楼、多层住宅等。

应用案例9-1

如图 9.8 所示，Ⓐ～Ⓑ轴线间楼板横向布置，楼面荷载传给横墙和梁 L2，L2 又将荷载传给纵墙；Ⓑ～Ⓒ轴线间楼板纵向布置，楼面荷载传给内纵墙；Ⓒ～Ⓓ轴线间楼板横向布置，楼面荷载传给横墙和 L1，L1 又将荷载传给纵墙。因此，该办公楼为纵横墙承重体系。

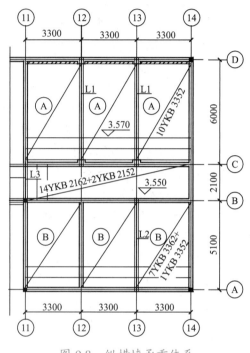

图 9.8　纵横墙承重体系

9.4　砌体结构的构造要求

为了保证砌体房屋的耐久性和整体性，砌体结构和结构构件在设计使用年限内（通常按 50 年考虑）和正常维护下，必须满足砌体结构正常使用极限状态的要求，一般可由相应的构造措施来保证。

9.4.1　一般构造要求

1. 墙、柱的最小截面尺寸

墙、柱的截面尺寸过小，不仅稳定性差而且局部缺陷影响承载力。对承重的独立砖柱截面尺寸不应小于 240 mm×370 mm，毛石墙的厚度不宜小于 350 mm，毛料石柱较小边长不宜小于 400 mm。当有振动荷载时，墙、柱不宜采用毛石砌体。

2. 房屋整体性的构造要求

(1) 跨度大于 6 m 的屋架和跨度大于下列数值的梁：砖砌体为 4.8 m；砌块和料石砌体为 4.2 m；毛石砌体为 3.9 m，应在支承处砌体上设置混凝土或钢筋混凝土垫块；当墙中设有圈梁时，垫块与圈梁宜浇成整体。

(2) 当梁跨度大于或等于下列数值时，其支承处宜加设壁柱，或采取其他加强措施：240 mm 厚的砖墙为 6 m；180 mm 厚的砖墙为 4.8 m；砌块、料石墙为 4.8 m。

(3) 预制钢筋混凝土板在混凝土圈梁上的支承长度不应小于 80 mm，板端伸出的钢筋应与圈梁可靠连接，且同时浇筑；预制钢筋混凝土板在墙上的支承长度不应小于 100 mm。

(4) 支承在墙、柱上的吊车梁、屋架及跨度大于或等于下列数值的预制梁：砖砌体为 9 m；砌块和料石砌体为 7.2 m，其端部应采用锚固件与墙、柱上的垫块锚固。

(5) 墙体转角处和纵横墙交接处宜沿竖向每隔 400 ~ 500 mm 设拉结钢筋，其数量为每 120 mm 墙厚不少于 1ϕ6 或采用焊接钢筋网片，埋入长度从墙的转角或交接处算起，对实心砖墙每边不小于 500 mm，对多孔砖墙和砌块墙不小于 700 mm。

(6) 填充墙、隔墙应分别采取措施与周边主体结构构件可靠连接。如在钢筋混凝土骨架中预埋拉结钢筋，砌砖时将拉结筋嵌入墙体的水平缝内。

(7) 山墙处的壁柱或构造柱宜砌至山墙顶部，且屋面构件应与山墙可靠拉结。

3. 砌块砌体的构造要求

(1) 砌块砌体应分皮错缝搭砌，上下皮搭砌长度不应小于 90 mm。当搭砌长度不满足上述要求时，应在水平灰缝内设置不少于 2ϕ4 的焊接钢筋网片（横向钢筋的间距不应大于 200 mm），网片每端应伸出该垂直缝不小于 300 mm。

(2) 砌块墙与后砌隔墙交接处，应沿墙高每 400 mm 在水平灰缝内设置不少于 2ϕ4、横筋间距不大于 200 mm 的焊接钢筋网片（图 9.9）。

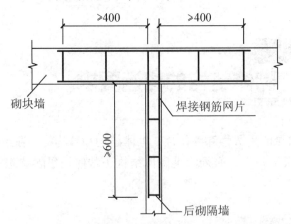

图 9.9　砌块墙与后砌隔墙交接处钢筋网片

(3) 混凝土砌块房屋，宜将纵横墙交接处，距墙中心线每边不小于 300 mm 范围内的孔洞，采用不低于 Cb20 的混凝土沿全墙高灌实。

9.4.2 防止或减轻墙体开裂的主要措施

1. 伸缩缝的设置

在正常使用条件下，应在墙体中设置伸缩缝。伸缩缝应设在因温度和收缩变形可能引起应力集中、砌体产生裂缝可能性最大的地方。

对烧结普通砖、烧结多孔砖、配筋砌块砌体房屋伸缩缝的间距可取表 9-1 中的数值；对石砌体、蒸压灰砂普通砖、蒸压粉煤灰普通砖、混凝土砌块、混凝土普通砖和混凝土多孔砖房屋取表 9-1 中数值乘以 0.8 的系数。

表 9-1 砌体房屋伸缩缝的最大间距 单位：m

屋盖或楼盖类别		间距
整体式或装配整体式钢筋混凝土结构	有保温层或隔热层的屋盖、楼盖	50
	无保温层或隔热层的层盖	40
装配式无檩体系钢筋混凝土结构	有保温层或隔热层的屋盖、楼盖	60
	无保温层或隔热层的屋盖	50
装配式有檩体系钢筋混凝土结构	有保温层或隔热层的屋盖	75
	无保温层或隔热层的屋盖	60
瓦材屋盖、木屋盖或楼盖、轻钢屋盖		100

2. 房屋顶层墙体构造措施

为防止或减轻房屋顶层墙体的裂缝，房屋顶层墙体宜根据情况采取下列构造措施。

(1) 屋面应设置保温、隔热层。

(2) 屋面保温（隔热）层或屋面刚性面层及砂浆找平层应设置分隔缝，分隔缝间距不宜大于 6 m，其缝宽不小于 30 mm，并与女儿墙隔开。

(3) 顶层屋面板下设置现浇钢筋混凝土圈梁，并沿内外墙拉通，房屋两端圈梁下的墙体内宜设置水平钢筋。

(4) 顶层墙体有门窗等洞口时，在过梁上的水平灰缝内设置 2～3 道焊接钢筋网片或 2φ6 钢筋，焊接钢筋网片或钢筋应伸入洞口两端墙内不小于 600 mm。

(5) 顶层及女儿墙砂浆强度等级不低于 M7.5(Mb7.5、Ms7.5)。

(6) 女儿墙应设置构造柱，构造柱间距不宜大于 4 m，构造柱应伸至女儿墙顶并与现浇钢筋混凝土压顶整浇在一起。

3. 房屋底层墙体构造措施

为防止或减轻房屋底层墙体裂缝，房屋底层墙体宜根据情况采取下列措施。

(1) 增大基础圈梁的刚度。

(2) 在底层的窗台下墙体灰缝内设置 3 道焊接钢筋网片或 2φ6 钢筋，并应伸入两边窗间墙内不小于 600 mm。

9.5 过梁与挑梁

9.5.1 过梁

设置在门窗洞口上的梁称为过梁（代号为 GL）。它用以支承门窗上面部分墙砌体的自重，以及距洞口上边缘高度不太大的梁板传下来的荷载，并将这些荷载传递到两边窗间墙上，以免压坏门窗。过梁的种类主要有砖砌过梁（图 9.10）和钢筋混凝土过梁（图 9.11）两大类。

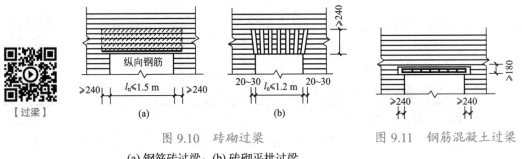

图 9.10　砖砌过梁
(a) 钢筋砖过梁；(b) 砖砌平拱过梁

图 9.11　钢筋混凝土过梁

1. 砖砌过梁

(1) 钢筋砖过梁。一般来讲，钢筋砖过梁的跨度不宜超过 1.5 m，砂浆强度等级不宜低于 M5。钢筋砖过梁的施工方法是：在过梁下皮设置支承和模板，然后在模板上铺一层厚度不小于 30 mm 的水泥砂浆层，在砂浆层里埋入钢筋。钢筋直径不应小于 5 mm，间距不宜大于 120 mm。钢筋每边伸入支座砌体内的长度不宜小于 240 mm。

(2) 砖砌平拱过梁。砖砌平拱过梁的跨度不宜超过 1.2 m，砂浆的强度等级不宜低于 M5。

2. 钢筋混凝土过梁

对于有较大振动或可能产生不均匀沉降的房屋，或当门窗宽度较大时，应采用钢筋混凝土过梁。钢筋混凝土过梁按受弯构件设计，其截面高度一般不小于 180 mm，截面宽度与墙体厚度相同，端部支承长度不应小于 240 mm。目前砌体结构已大量采用钢筋混凝土过梁。

 特别提示

> 过梁上的荷载有两类：一是过梁上部墙体的重量，二是过梁上梁板传来的荷载。

9.5.2　挑梁

楼面及屋面结构中用来支承阳台板、外伸走廊板、檐口板的构件即为挑梁（代号为TL，图 9.12）。挑梁是一种悬挑构件，它除了要进行抗倾覆验算外，还应按钢筋混凝土受弯、受剪构件分别计算挑梁的纵筋和箍筋。此外，还应满足下列要求。

(1) 纵向受力钢筋至少应有 1/2 的钢筋面积伸入梁尾端，且不少于 $2\phi12$，其余钢筋伸入墙体的长度不应小于 $\dfrac{2l_1}{3}$。

(2) 挑梁埋入砌体长度 l_1 与挑出长度 l 之比宜大于 1.2；当挑梁上无砌体时，l_1 与 l 之比宜大于 2。

(3) 挑梁下的砌体受到较大的局部压力，应进行挑梁下砌体的局部受压承载力验算。

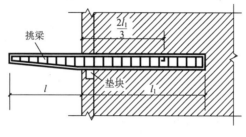

图 9.12　挑梁

【悬挑梁】

特别提示

挑梁属于受弯构件，根部弯矩和剪力最大。

9.6　多层砖砌体房屋抗震构造措施

震害分析表明，在多层砖砌体房屋中的适当部位设置钢筋混凝土构造柱，并与圈梁连接使之共同工作，可以增加房屋的延性，提高抗倒塌能力，防止或延缓房屋在地震作用下发生突然倒塌，或者减轻房屋的损坏程度。

9.6.1　构造柱的设置

各类多层砖砌体房屋，应按下列要求设置现浇钢筋混凝土构造柱。

1. 构造柱设置部位

构造柱设置部位，一般情况下应符合表 9-2 的要求。

表 9-2　砖房构造柱设置要求

房屋层数				设置部位	
6 度	7 度	8 度	9 度		
四、五	三、四	二、三		楼、电梯间四角，楼梯斜段上下端对应的墙体处；外墙四角和对应转角；错层部位横墙与外纵墙交接处；大房间内外墙交接处；较大洞口两侧	隔 12m 或单元横墙与纵墙交接处；楼梯间对应的另一侧内横墙与外纵墙交接处
六	五	四	二		隔开间横墙（轴线）与外墙交接处；山墙与内纵墙交接处
七	六、七	五、六	三、四		内墙（轴线）与外墙交接处；内墙的局部较小墙垛处；内纵墙与横墙（轴线）交接处

2. 构造柱的截面尺寸及配筋

构造柱最小截面可采用 180 mm×240 mm(当墙厚 190 mm 时为 180 mm×190 mm)，纵向钢筋宜采用 4ф12，箍筋间距不宜大于 250 mm，且在柱上下端宜适当加密；6、7 度超过 6 层、8 度超过 5 层和 9 度时，构造柱纵向钢筋宜采用 4ф14，箍筋间距不应大于 200 mm；房屋四角的构造柱应适当加大截面及配筋。

3. 构造柱的连接

(1) 构造柱与墙连接处应砌成马牙槎（图 9.13），沿墙高每隔 500 mm 设 2ф6 水平钢筋（图 9.14）和ф4 分布短筋平面内点焊组成的拉结网片或ф4 点焊钢筋网片，每边伸入墙内不宜小于 1 m。6、7 度时，底部 1/3 楼层，8 度时底部 1/2 楼层，9 度时全部楼层，上述拉结钢筋网片应沿墙体水平通长布置。

【构造柱】

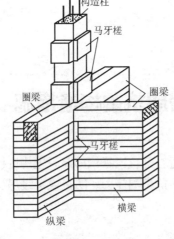

图 9.13　马牙槎

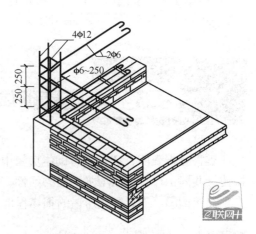

图 9.14　构造柱配筋

(2) 构造柱与圈梁连接处，构造柱的纵筋应在圈梁纵筋内侧穿过，保证构造柱纵筋上下贯通；构造柱可不单独设置基础，但应伸入室外地面下 500 mm，或与埋深小于 500 mm 的基础圈梁相连。

特别提示

(1) 框架柱与构造柱的区别：框架柱是承重构件，而构造柱不承重；框架柱中的钢筋需计算配置，而构造柱中的钢筋不需计算，仅按上述构造规定配置即可；框架柱下有基础，而构造柱不需设基础；框架柱施工时是先浇混凝土柱，后砌填充墙，而构造柱施工时是先砌墙后浇柱。

(2) 构造柱与墙体连接处宜砌成马牙槎，且应与圈梁连接。为了便于检查构造柱施工质量，构造柱宜有一面外露，施工时应先砌墙后浇柱。

应用案例9-2

某三层砌体房屋在遭受烈度 9 度的地震影响时震害严重，部分墙体及构造柱破坏严重，如图 9.15 所示。

|(a)|(b)|(c)|

图 9.15　某三层砌体房屋震害

图 9.15(a)、(b) 中的构造柱在纵筋搭接处破坏，此处箍筋没加密；图 9.15(c) 中的构造柱混凝土级配不良，含泥量偏高，施工振捣不密实等因素造成震害加剧。

9.6.2 圈梁的设置

设置钢筋混凝土圈梁是加强墙体的连接，提高楼（屋）盖刚度，抵抗地基不均匀沉降，限制墙体裂缝开展，保证房屋整体性，提高房屋抗震能力的有效构造措施。

1. 圈梁的设置部位

(1) 装配式钢筋混凝土楼、屋盖的砖房，应按表 9-3 的要求设置圈梁。

表 9-3　多层砖砌体房屋现浇钢筋混凝土圈梁设置要求

墙类	烈度		
	6、7 度	8 度	9 度
外墙和内纵墙	屋盖处及每层楼盖处	屋盖处及每层楼盖处	屋盖处及每层楼盖处
内横墙	屋盖处及每层楼盖处；屋盖处间距不应大于 4.5 m；楼盖处间距不应大于 7.2 m；构造柱对应部位	屋盖处及每层楼盖处；各层所有横墙，且间距不应大于 4.5 m；构造柱对应部位	屋盖处及每层楼盖处；各层所有横墙

(2) 现浇或装配整体式钢筋混凝土楼、屋盖与墙体有可靠连接的房屋，应允许不另设圈梁，但楼板沿抗震墙体周边均应加强配筋并应与相应的构造柱钢筋可靠连接。

2. 圈梁设置注意的问题

(1) 圈梁宜连续地设在同一水平面上，并形成封闭状；当圈梁被门窗洞口截断时，应在洞口上部增设相同截面的附加圈梁。附加圈梁与圈梁的搭接长度不应小于其中到中垂直间距的 2 倍，且不得小于 1 m(图 9.16)。

(2) 钢筋混凝土圈梁的宽度宜与墙厚相同，当墙厚≥ 240 mm 时，其宽度不宜小于 $2h/3$。

(3) 圈梁兼作过梁时，过梁部分的钢筋应按计算用量另行增配；不得利用圈梁的钢筋兼作过梁的钢筋。

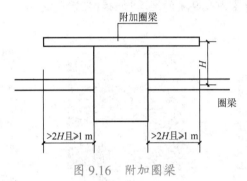

图 9.16　附加圈梁

3. 圈梁的截面尺寸及配筋

圈梁 (图 9.17) 的截面高度不应小于 120 mm，配筋应符合表 9-4 的要求。但在软弱黏性土层、液化土、新近填土或严重不均匀土层上的基础圈梁，截面高度不应小于 180 mm，配筋不应少于 $4\phi12$(图 9.18)。

表 9-4　多层砖砌体房屋圈梁配筋要求

墙类	烈度		
	6、7 度	8 度	9 度
最小纵筋	$4\phi10$	$4\phi12$	$4\phi14$
箍筋最大间距 /mm	250	200	150

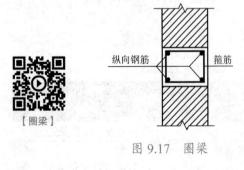

【圈梁】

图 9.17　圈梁

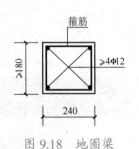

图 9.18　地圈梁

4. 圈梁的构造

圈梁应闭合，遇有洞口时，圈梁应上下搭接。圈梁宜与预制板设在同一标高处或紧靠板底（图 9.19）。圈梁在表 9-3 要求的间距内无横墙时，应利用梁或板缝中配筋替代圈梁（图 9.20）。

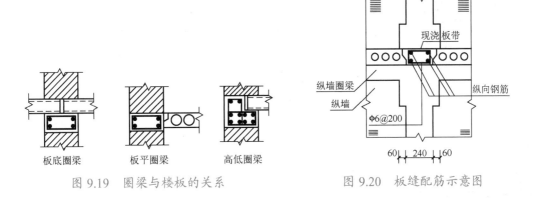

图 9.19 圈梁与楼板的关系   图 9.20 板缝配筋示意图

9.6.3 楼、屋盖与墙体的连接构造

(1) 现浇钢筋混凝土楼板或屋面板伸进纵、横墙内的长度，均不应小于 120 mm。

(2) 装配式钢筋混凝土楼板或屋面板，当圈梁未设在板的同一标高时，板端伸进外墙的长度不应小于 120 mm，伸进内墙的长度不应小于 100 mm 或采用硬架支模连接，在梁上不应小于 80 mm 或采用硬架支模连接。

(3) 当板的跨度大于 4.8 m 并与外墙平行时，靠外墙的预制板侧边应与墙或圈梁拉结（图 9.21）。

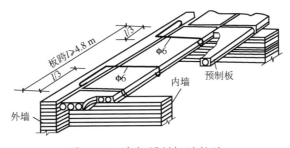

图 9.21 墙与预制板的拉结

(4) 房屋端部大房间的楼盖，6 度时房屋的屋盖和 7～9 度时房屋的楼、屋盖，当圈梁设在板底时，钢筋混凝土预制板应相互拉结，并应与梁、墙或圈梁拉结（图 9.22）。

(5) 6、7 度时长度大于 7.2 m 的大房间，以及 8、9 度时外墙转角及内外墙交接处，应沿墙高每隔 500 mm 配置 2φ6 通长钢筋和φ4 分布短筋平面内点焊组成的拉结网片或φ4 点焊网片。

(6) 预制阳台，6、7 度时应与圈梁和楼板的现浇板带可靠连接，8、9 度时不应采用预制阳台。

(7) 门窗洞处不应采用砖过梁；过梁支承长度，6～8 度时应不小于 240 mm，9 度时应不小于 360 mm。

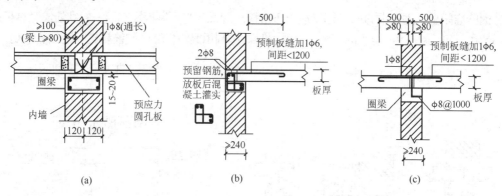

图 9.22　预制板板缝间、板与圈梁的拉结

9.6.4　楼梯间的抗震构造

（1）顶层楼梯间墙体应沿墙高每隔 500 mm 设置 2φ6 通长钢筋和φ4 分布短筋平面内点焊组成的拉结网片或φ4 点焊网片；7 ～ 9 度时其他各层楼梯间墙体应在休息平台或楼层半高处设置 60 mm 厚、纵向钢筋不应少于 2φ10 的钢筋混凝土带或配筋砖带，配筋砖带不少于 3 皮，每皮的配筋不少于 2φ6，砂浆强度等级不应低于 M7.5 且不低于同层墙体的砂浆强度等级。

（2）楼梯间及门厅内墙阳角处的大梁支承长度不应小于 500 mm，并应与圈梁连接。

（3）装配式楼梯段应与平台板的梁可靠连接，8、9 度时不应采用装配式楼梯段；不应采用墙中悬挑式踏步或踏步竖肋插入墙体的楼梯，不应采用无筋砖砌栏板。

（4）突出屋顶的楼、电梯间，构造柱应伸到顶部，并与顶部圈梁连接，所有墙体应沿墙高每隔 500 mm 设 2φ6 通长钢筋和φ4 分布短筋平面内点焊组成的拉结网片或φ4 点焊网片。

◖ 模块小结 ◗

本模块主要介绍了砌体材料，砌体种类及力学性能，混合结构房屋的结构布置方案，砌体结构的构造要求以及多层砖砌体房屋抗震构造措施等内容。通过对砌体材料的介绍，将有助于理解和掌握各类砌体的性能。

混合结构房屋是用砌体作竖向承重构件和用钢筋混凝土作屋(楼)盖所组成的房屋承重结构体系。主要承重结构为屋盖、楼盖、墙体(柱)和基础，其中墙体的布置是整个房屋结构布置的重要环节。

房屋的结构布置可分为以下三种方案。

(1)横墙承重体系，其竖向荷载主要传递路线是：板→横墙→基础→地基。由于横墙的数量较多且间距小，同时横墙与纵墙间有可靠的拉结，因此，房屋的整体性好，空间刚度大，对抵抗作用在房屋上的风荷载及地震力等水平荷载十分有利。

(2) 纵墙承重体系，其竖向荷载主要传递路线是：板→纵墙→基础→地基；板→梁→纵墙→基础→地基。

(3) 纵横墙承重体系，其竖向荷载主要传递路线是：板→横墙→横墙基础→地基；板→大梁→纵墙→纵墙基础→地基，纵、横两个方向的空间刚度均比较好。

砌体结构的构造要求包括一般构造要求，如砌体材料的最低强度、墙柱的最小尺寸要求、房屋整体性的构造要求、砌块砌体的构造要求，还包括防止或减轻墙体开裂的主要措施，如伸缩缝的设置等。

过梁的种类包括砖砌过梁和钢筋混凝土过梁两大类，砖砌过梁又分为钢筋砖过梁、砖砌平拱过梁，目前砌体结构大量采用钢筋混凝土过梁。

熟悉多层砖砌体房屋抗震构造措施，如构造柱、圈梁的设置原则、构造要求以及楼、屋盖与墙体的连接构造措施等。

习　题

1. 填空题

(1) 烧结普通砖、烧结多孔砖的强度等级有：_____、_____、_____、_____ 和 _____。

(2) 砂浆分为 _____、_____、_____ 和 _____四种类型。

(3) 砌体按照所用材料不同可分为 _____、_____ 及 _____三种。

(4) 混合房屋的结构布置方案可分为 _____、_____、_____ 三种。

(5) 墙、柱的截面尺寸不宜过小，对承重的独立砖柱截面尺寸不应小于 _____，毛石墙的厚度不宜小于 _____，毛料石柱较小边长不宜小于 _____。

(6) 砌块砌体应分皮错缝搭砌，上下皮搭砌长度不得小于 _____。

(7) 过梁的种类主要有 _____ 和 _____ 两大类。

2. 选择题

(1) (　) 强度高，耐久性好，但和易性差，一般用于砌筑潮湿环境中的砌体。

A. 混合砂浆　　B. 石灰砂浆　　C. 黏土砂浆　　D. 水泥砂浆

(2) 横墙间距很小，房屋的空间刚度大，整体性好，能较好地抵抗风荷载、地震等水平作用，是 (　) 结构布置方案的特点。

A. 纵墙承重体系　　　　　　B. 横墙承重体系
C. 纵横墙承重体系　　　　　　D. 框架承重体系

(3) 为防止或减轻房屋顶层墙体的裂缝，顶层及女儿墙砂浆强度等级不低于(　)。

A. M7.5　　B. M5　　C. M10　　D. M2.5

(4) 多层砖砌体房屋构造柱最小截面可采用(　)。

A. 240 mm × 240 mm　　　　B. 180 mm × 240 mm
C. 180 mm × 180 mm　　　　D. 200 mm × 240 mm

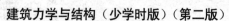

3. 简答题

(1) 砌体结构中砂浆的作用是什么？

(2) 轴心受压砌体的破坏特征有哪些？

(3) 影响砌体抗压强度的因素有哪些？

(4) 横墙承重体系的特点有哪些？

(5) 为防止或减轻房屋底层墙体裂缝，应采取哪些措施？

(6) 多层砖砌体房屋的圈梁设置应注意的问题有哪些？

模块 10 多高层房屋结构概述

本模块主要介绍多高层建筑结构形式与结构体系，以及框架结构、剪力墙结构及框架–剪力墙的受力特点、配筋构造规定。通过学习，应了解多高层建筑结构的常用结构体系的类型、特点和适用高度，多高层建筑结构布置的重要性及原则；掌握框架结构、剪力墙结构及框架–剪力墙的配筋构造规定。

能力目标	相关知识	权重
了解多高层房屋常见结构体系	多高层建筑结构常见结构体系	30%
了解多高层建筑结构总体布置原则	多高层建筑结构总体布置原则	25%
掌握常见结构体系配筋构造规定	常见结构体系配筋构造规定	45%

多高层建筑结构体系的类型特点，框架结构、剪力墙结构及框架　剪力墙结构的配筋构造。

🏠 引例

中国台北的 101 大厦楼高 508 m，101 层，有世界最大且最重的"风阻尼器"。101 层塔楼的结构体系以井字形的巨型构架为主，巨型构架在每 8 层楼设置一或二层楼高之巨型桁架梁，并与巨型外柱及核心斜撑构架组成近似 11 层楼高的巨型结构。柱位规划可简单归纳为内柱与外柱，服务核心共有 16 支箱形内柱，箱形内柱由 4 片钢板经由电焊组合而成，中低层部分以内灌混凝土增加劲度和强度；外柱则随着楼层高度而有不同的配置，在 26 层以下均为与帷幕平行的斜柱，其两侧各配置两支巨柱及两支次巨柱，其中巨柱及次巨柱皆为内灌混凝土之长方形钢柱，另外每层配置 4 支两斜角柱，角柱为内灌混凝土的方形钢柱。

大家知道的知名的多高层建筑有哪些？它们有什么建筑特色？各采用什么样的结构体系？

10.1　多高层房屋结构的类型

随着社会生产力和现代科学技术的发展，在一定条件下出现了高层建筑。从 20 世纪 90 年代到 21 世纪初，我国高层建筑有了很大的发展，一批现代高层建筑以全新的面貌呈现在人们面前。由于高层建筑具有占地面积小、节约市政工程费用、节省拆迁费、改变城市面貌等优点，为了改善城市居民的居住条件，在大城市和某些中等城市中，多高层住宅发展十分迅速，主要用于住宅、旅馆以及办公楼等建筑。

关于多层与高层建筑的界限，各国有不同的标准。我国对高层建筑的规定如下：《高层建筑混凝土结构技术规程》(JGJ 3—2010)(以下简称《高规》)、《民用建筑设计通则》(GB 50352—2005) 和《高层民用建筑设计防火规范》(2005 年版)(GB 50045—1995) 均以 10 层及 10 层以上或房屋高度大于 28 m 的住宅建筑以及房屋高度大于 24 m 的其他高层民用建筑为高层建筑。目前，多层房屋多采用混合结构和钢筋混凝土结构，高层房屋常采用钢筋混凝土结构、钢结构、钢－混凝土混合结构。

多高层建筑是随着社会生产的发展和人们生活的需要而发展起来的，是商业化、工业化和城市化的结果。位于马来西亚吉隆坡市中心区的佩重纳斯大厦，俗称"双子塔"，楼高 452 m，共 88 层，在第 40 层和 41 层之间有一座天桥，方便楼与楼之间来往，这幢外形独特的银色尖塔式建筑，号称世界最高的双峰塔，如图 10.1(a) 所示；位于美国伊利诺伊州芝加哥的西尔斯大厦，楼高 443 m，110 层，一度是世界上最高的办公楼，如图 10.1(b) 所示；位于中国上海浦东陆家嘴金融贸易区的金茂大厦，工程占地面积 2.3 万平方米，建筑总面积约 29 万平方米，由塔楼、裙房和地下室三部分组成，其中地下室 3 层 (最深 19.6 m)，塔楼地上 88 层，总高度为 420.5 m，如图 10.1(c) 所示；位于中国台北的 101 大厦，楼高 508 m，101 层，如图 10.1(d) 所示。

(a)

(b)

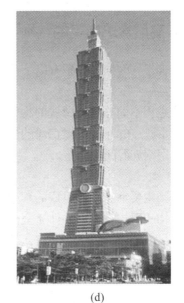

【超级工程——上海中心大厦】

(c)

(d)

图 10.1　世界著名高层建筑

(a) 马来西亚佩重纳斯大厦；(b) 美国西尔斯大厦；(c) 上海金茂大厦；(d) 中国台北 101 大厦

10.1.1　多高层建筑结构类型

在多高层建筑结构中，风荷载和水平地震作用所产生的侧向力成为其主要控制作用，因此多高层建筑结构设计的关键问题就是应设置合理形式的抗侧力构件及有效的抗侧力结构体系，使结构具有相应的刚度来抵抗侧向力。多高层建筑结构中基本的抗侧力单元是：框架、剪力墙、井筒、框筒及支承。

在确定高层建筑结构体系时应遵循以下原则。

(1) 应具有明确的计算简图和合理的水平地震作用传递途径。

(2) 宜具有多道抗震防线，避免因部分结构或构件破坏而导致整个结构体系丧失抗震能力。

(3) 应具有必要的强度和刚度、良好的变形能力和能量吸收能力，结构体系的抗震能力表现在强度、刚度和延性恰当的匹配。

(4) 具有合理的刚度和强度分布，避免因局部削弱或突变形成薄弱部位，产生过大的应力集中或塑性变形集中。

(5) 宜选用有利于抗风作用的高层建筑体型，即选用风压较小的建筑体型形状。

(6) 高层建筑的开间、进深尺寸和选用的构件类型应减少规格，符合建筑模数。高层建筑的建筑平面宜选用风压较小的形状，并考虑邻近建筑对其风压分布的影响。

(7) 高层建筑结构的平面布置宜简单、规则、对称，减少偏心；平面长度 L 及结构平面外伸部分长度 l 均不宜过长；竖向体型应力求规则、均匀，避免有过大的外挑和内收使竖向刚度突变以致在一些楼层形成变形集中而最终导致严重的震害。

10.1.2　多高层建筑常见的结构类型

多高层建筑常见的结构类型有以下几种。

1. 混合结构

混合结构是用不同的材料做成的构件组成的房屋，通常是指承重的主要构件，是用钢筋混凝土和砖木建造的。如一幢房屋的梁用钢筋混凝土制成，以砖墙为承重墙，或者梁用木材建造，柱用钢筋混凝土建造。

2. 框架结构

由梁和柱为主要承重构件组成的承受竖向和水平作用的结构称为框架结构，如图 10.2 所示。承重结构和围护、分隔构件完全分开，墙只起围护、分隔作用。广泛应用于多层工业厂房及多高层办公楼、医院、旅馆、教学楼、住宅等。

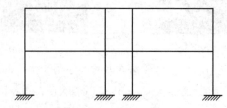

图 10.2　框架结构体系

框架结构的优点：建筑平面布置灵活，可以形成较大的空间，平、立面布置设计灵活多变，如图 10.3 所示。

框架结构的缺点：框架结构的抗侧刚度较小，水平位移大，从而限制了框架结构的使用高度。框架结构以建造 15 层以下为宜。

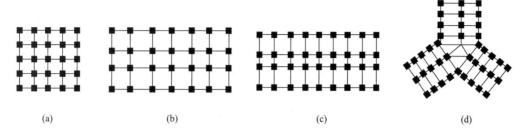

图 10.3 框架结构体系典型平面图

3. 剪力墙结构

利用建筑物的墙体作为竖向承重和抵抗侧力的结构称为剪力墙结构。剪力墙实质上是固结于基础的钢筋混凝土墙片，具有很高的抗侧移能力。因其既承担竖向荷载，又承担水平荷载——剪力，故名剪力墙。一般情况下，剪力墙结构楼盖内不设梁，楼板直接支承在墙上，墙体既是承重构件，又起围护、分隔作用，如图 10.4 所示。

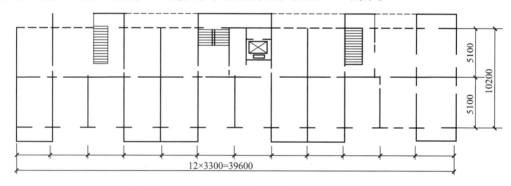

图 10.4 剪力墙结构——高层板式楼平面

剪力墙结构的优点：现浇钢筋混凝土剪力墙结构的整体性好、施工速度快、抗侧刚度大，在水平荷载下侧向变形小，承载力容易满足，适于建造较高的建筑，具有良好的抗震性能。

剪力墙结构的缺点：由于剪力墙间距较小，不能形成较大的空间，平面布置不灵活，不能满足公共建筑的使用要求，较适用于建造 12 ~ 30 层的高层住宅或高层公寓等。

4. 框架-剪力墙结构

在框架结构中的适当部位增设一定数量的钢筋混凝土剪力墙，形成的框架和剪力墙结合在一起共同承受竖向和水平力的体系叫做框架-剪力墙体系，简称框-剪体系。它使得框架和剪力墙这两种结构可互相取长补短，既能提供较大、较灵活布置的建筑空间，又具有良好的抗震性能，因此此种结构体系已得到广泛应用，如图 10.5 所示。

框架-剪力墙结构体系的优点：综合了框架结构和剪力墙结构的优点，其刚度和承载力比框架结构都大大提高，减小了结构在地震作用下的层间变形，使此种结构形式可用于较高 (10 ~ 20 层) 的高层建筑。

剪力墙的布置应注意对称、周边、均匀、分散及上下贯通、水平对齐的原则。

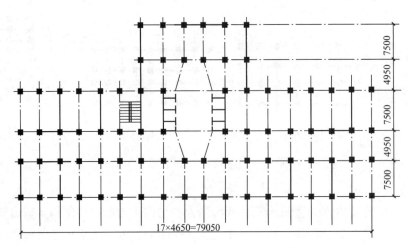

图 10.5　框架－剪力墙结构平面图（北京饭店新楼，18 层）

5. 筒体结构

由筒体为主组成的承受竖向和水平作用的结构称为筒体结构体系。筒体是由若干片剪力墙围合而成的封闭井筒式结构，其受力与一个固定于基础上的筒形悬臂构件相似。

根据开孔的多少，筒体有空腹筒和实腹筒之分，如图 10.6 所示。

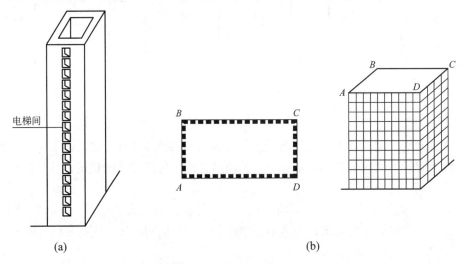

图 10.6　筒体结构

(a) 实腹筒；(b) 空腹筒

6. 新型结构体系

随着高层建筑的迅速发展，层数越来越高，结构体系越来越新颖，建筑造型越来越丰富多样，因此有限的结构体系已经不能适应新的要求。为了满足当今高层建筑的要求，必须要求设计者在材料和结构体系上不断地创新。

1) 建筑结构"轻型化"

目前我国高层建筑采用的普通钢筋混凝土材料总的来讲自重偏大，因此减轻建筑物的自重非常必要。减轻自重有利于减小构件截面，节约建筑材料；有利于减小基础投资；有利于改善结构抗震性能等。我们除了可以通过选用合理的楼盖形式、尽量减轻墙体的重量等措施外，还可以对承重构件采用轻质高强的结构材料，如钢材、轻骨料混凝土以及高强混凝土等。

2) 柱网、开间扩大化

为了使高层建筑能充分利用建筑空间、降低造价，我们应从建筑和结构两个方面着手扩大空间利用率。不但从建筑上布置大柱网，而且从结构功能出发，尽量满足大空间的要求。当然，柱网、开间的尺寸并不是越大越好，而是以满足建筑使用功能为度，并以满足结构承载力与侧移控制为原则。

3) 结构转换层

集吃、住、办公、娱乐、购物、停车等为一体的多功能综合性高层建筑，已经成为现代高层建筑的一大趋势。其结构特点是：下层部分是大柱网，而较小柱网多设于中、上层部分。由于不同建筑使用功能要求不同的空间划分布置，相应地，要求不同的结构形式之间通过合理地转换过渡，沿竖向组合在一起，就成为多功能综合性高层建筑结构体系的关键技术。这对高层建筑结构设计提出了新的问题，需要设置一种称为"转换层"的结构形式，来完成上下不同柱网、不同开间、不同结构形式的转换，这种转换层广泛应用于剪力墙结构及框架－剪力墙等结构体系中。

4) 结构体系巨型化

当前无论国内还是国外，高层建筑的高度大幅度增长，趋势是越来越高，面对这种情况，一般传统的三种结构体系框架、剪力墙、框架－剪力墙结构体系已经难以满足要求，需要能适应超高、更加经济有效的抗风、抗震结构体系。近年来，为适应发展需要，在一些超高层建筑工程实践中，已成功应用了一些新型的结构体系，如巨型框架结构体系、巨型支承结构体系等，根据其主要特点，可归结为"结构巨型化"。

5) 型钢混凝土的应用

型钢混凝土结构又称钢骨混凝土结构。它是指梁、柱、墙等杆件和构件以型钢为骨架，外包钢筋混凝土所形成的组合结构。在这种结构体系中，钢筋混凝土与型钢形成整体，共同受力；而包裹在型钢外面的钢筋混凝土，不仅在刚度和强度上发挥作用，且可以取代型钢外涂的防锈和防火材料，使材料更耐久，如图 10.7 所示。随着我国钢产量迅速增加，高层建筑层数增多，高度加大，要求更为复杂，加之型钢混凝土截面小、自重轻、抗震性能好，因而已从局部应用发展到在多个楼层，甚至整座建筑的主要结构均采用型钢混凝土。

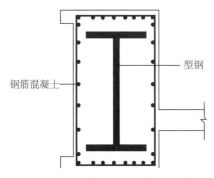

图 10.7　型钢混凝土梁断面图

10.2 多高层建筑结构体系的总体布置原则

《高规》中对高层建筑的结构体系做了如下要求。

(1) 结构的竖向和水平布置宜具有合理的刚度和承载力分布，避免因局部突变和扭转效应而形成薄弱部位。

(2) 宜具有多道抗震防线。

除此之外，高层建筑结构体系还应在以下方面加以注意。

1. 结构平面形状

平面布置简单、规则、对齐、对称，宜采用方形、矩形、圆形、Y 形等有利于抵抗水平荷载的建筑平面。平面布置不宜采用角部重叠的平面图形或腰形平面图形。平面长度不宜过长，平面突出部分长度不宜过大，宽度不宜过小，如图 10.8 所示，其值应满足表 10-1 的要求。

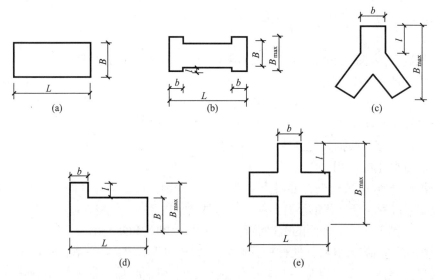

图 10.8 建筑平面

表 10-1 平面尺寸及突出部位尺寸的比值限值

设防烈度	L/B	L/B_{max}	L/b
6、7 度	$\leqslant 6.0$	$\leqslant 0.35$	$\leqslant 2.0$
8、9 度	$\leqslant 5.0$	$\leqslant 0.30$	$\leqslant 1.5$

2. 结构竖向布置

沿结构竖向布置时应注意结构的刚度和质量分布均匀，不要发生过大的突变。尽量避免夹层、错层和抽柱（墙）等现象，否则对结构的受力极为不利。对有抗震设防要求的高层建筑，竖向体型应力求规则、均匀，避免有过大的外挑和内收。

3. 控制结构适用高度和高宽比

高层钢筋混凝土建筑的最大适用高度应符合表 10-2 的规定。高宽比应符合相关规定。

表 10-2　现浇高层钢筋混凝土建筑适用的最大高度　　　　　单位：m

结构类型		烈度				
		6 度	7 度	8 度 (0.2g)	8 度 (0.3g)	9 度
框架		60	50	40	35	24
框架 – 抗震墙		130	120	100	80	50
抗震墙		140	120	100	80	60
部分框支抗震墙		120	100	80	50	不应采用
筒体	框架 – 核心筒	150	130	100	90	70
	筒中筒	180	150	120	100	80
板柱 – 抗震墙		80	70	55	40	不应采用

注：房屋高度指室外地面到主要屋面板板顶的高度（不包括局部突出屋顶部分）。

4. 变形缝的合理设置及构造

对于一般的多层结构，考虑到沉降、温度收缩和体型复杂对房屋结构的不利，常采用沉降缝、伸缩缝和防震缝将房屋分成若干独立的部分。

对于高层建筑结构，应尽量不设或少设缝，目前的趋势是避免设缝，从总体布置上或构造上采取一些相应的措施来减少沉降、温度收缩和体型复杂引起的问题。当建筑物平面形状复杂而又无法调整其平面形状和结构布置使之成为较规则的结构时，宜设置防震缝将其划分为较简单的几个结构单元，如图 10.9 所示。

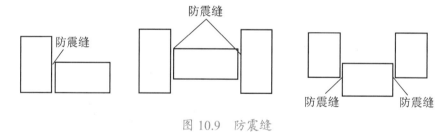

图 10.9　防震缝

10.3　框架结构

10.3.1　框架结构的类型

框架结构按施工方法可分为现浇式框架、装配式框架和装配整体式框架三种形式。

1. 现浇式框架

现浇式框架整体性及抗震性能好，预埋铁件少，较其他形式的框架节省钢材，建筑平面布置较灵活；但是模板消耗量大，现场湿作业多，施工周期长，在寒冷地区冬季施工困难。

2. 装配式框架

将梁、板、柱全部预制，然后在现场进行装配、焊接而成的框架称为装配式框架。

装配式框架的构件可采用先进的生产工艺在工厂进行大批量的生产，在现场以先进的组织管理方式进行机械化装配；但其结构整体性差，节点预埋件多，总用钢量较全现浇框架多，施工需要大型运输和吊装机械，在地震区不宜采用。

3. 装配整体式框架

装配整体式框架是将预制梁、柱和板在现场安装就位后，再在构件连接处现浇混凝土使之成为整体而形成框架。

10.3.2 框架结构的结构布置

1. 承重框架布置方案

在框架体系中，主要承受楼面和屋面荷载的梁称为框架梁，框架梁和柱组成主要承重框架。若采用双向板，则双向框架都是承重框架。承重框架有以下三种布置方案。

(1) 横向布置方案：是指框架梁沿房屋横向布置，连系梁和楼（屋）面板沿纵向布置，如图 10.10 所示。

(2) 纵向布置方案：是指框架梁沿房屋纵向布置，楼板和连系梁沿横向布置，如图 10.11 所示。

(3) 纵横向布置方案：是指沿房屋的纵向和横向都布置承重框架，如图 10.12 所示。

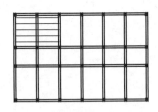
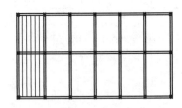
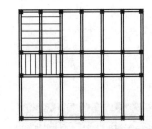

图 10.10　横向布置方案　　　　图 10.11　纵向布置方案　　　　图 10.12　纵横向布置方案

2. 柱网布置和层高

1) 民用建筑

其柱网尺寸和层高一般按 300 mm 进级。常用跨度为 4.8 m、5.4 m、6 m、6.6 m 等，常用柱距为 3.9 m、4.5 m、4.8 m、6.0 m、6.6 m、6.9 m、7.2 m。采用内廊式时，走廊跨度一般为 2.4 m、2.7 m、3 m。常用层高为 3.0 m、3.3 m、3.6 m、3.9 m、4.2 m。

2) 工业建筑

其典型的柱网布置形式有内廊式、跨度组合式等，如图 10.13 所示。

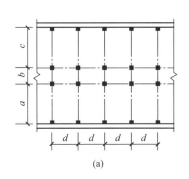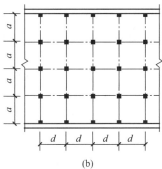

图 10.13　柱网布置

(a) 内廊式；(b) 跨度组合式

采用内廊式布置时，常用跨度为 6 m、6.6 m、6.9 m，走廊宽度常用 2.4 m、2.7 m、3 m，开间方向柱距为 3.6 ~ 8 m。等跨式柱网的跨度常用 6 m、7.5 m、9 m、12 m，柱距一般为 6 m。

工业建筑底层往往有较大设备和产品，甚至有起重运输设备，故底层层高一般较大。底层常用层高为 4.2 m、4.5 m、4.8 m、5.4 m、6.0 m、7.2 m、8.4 m，楼层常用层高为 3.9 m、4.2 m、4.5 m、4.8 m、5.6 m、6.0 m、7.2 m 等。

3. 变形缝

变形缝包括伸缩缝、沉降缝、防震缝。

变形缝的设置原则：钢筋混凝土框架结构的沉降缝一般设置在地基土层压缩性有显著差异，或房屋高度或荷载有较大变化等处。

当建筑平面过长、高度或刚度相差过大以及各结构单元的地基条件有较大差异时，钢筋混凝土框架结构应考虑设置防震缝。

10.4　其他多高层钢筋混凝土房屋的抗震构造措施

10.4.1　剪力墙的抗震构造措施

1. 截面尺寸

(1) 底部加强部位的范围：应从地下室顶板算起；底部加强部位的高度可取底部两层和墙体总高度的 1/10 二者的较大值；当结构计算嵌固端位于地下一层底板或以下时，底部加强部位宜延伸至计算嵌固端。

(2) 一、二级剪力墙，底部加强部位不应小于 200 mm，其他部位不应小于 160 mm；无端柱或翼墙的一字形独立剪力墙，底部加强部位不应小于 220

【剪力墙支模构造】

mm，其他部位不应小于 180 mm。

(3) 三、四级剪力墙的截面厚度，不应小于 160 mm，无端柱或无翼墙的一字形独立剪力墙，底部加强部位截面厚度不应小于 180 mm。

(4) 非抗震设计的剪力墙的截面厚度不应小于 160 mm。

(5) 剪力墙井筒中，分隔电梯井或管道井的墙肢截面厚度可适当减小，但不宜小于 160 mm。

2. 竖向、横向分布钢筋的配筋要求

(1) 高层剪力墙结构的竖向和水平分布钢筋不应单排配置。剪力墙截面厚度不大于 400 mm 时，可采用双排配筋；大于 400 mm、但不大于 700mm 时，宜采用三排配筋；大于 700 mm 时，宜采用四排配筋。各排分布钢筋之间拉筋的间距不应大于 600 mm，直径不应小于 6 mm；在底部加强部位，约束边缘构件以外的拉筋间距宜适当加密。

(2) 剪力墙竖向和水平分布钢筋的配筋率，一、二、三级时均不应小于 0.25%，四级和非抗震设计时均不应小于 0.20%。剪力墙的竖向和水平分布钢筋的间距均不宜大于 300 mm，直径不应小于 8 mm。剪力墙的竖向和水平分布钢筋的直径不宜大于墙厚的 1/10。

(3) 房屋顶层剪力墙、长矩形平面房屋的楼梯间和电梯间剪力墙、端开间纵向剪力墙以及端山墙的水平和竖向分布钢筋的配筋率均不应小于 0.25%，间距均不应大于 200 mm。

(4) 跨高比 (l/h_b) 不大于 1.5 的连梁，非抗震设计时，其纵向钢筋的最小配筋率应为 0.2%；抗震设计时，其纵向钢筋的最小配筋率宜符合《高规》中的规定，见表 10-3 的要求；跨高比大于 1.5 的连梁，其纵向钢筋的最小配筋率可按框架梁的要求采用。

(5) 剪力墙结构连梁中，非抗震设计时，顶面及底面单侧纵向钢筋的最大配筋率不宜大于 2.5%；抗震设计时，顶面及底面单侧纵向钢筋的最大配筋率宜符合相关要求。如不满足，则应按实配钢筋进行连梁强剪弱弯的验算。

表 10-3　跨高比不大于 1.5 的连梁纵向钢筋的最小配筋率　　　　　　　　　单位：%

跨高比	最小配筋率（采用较大值）
$l/h_b \leqslant 0.5$	0.20，$45 f_t/f_y$
$0.5 < l/h_b \leqslant 1.5$	0.25，$55 f_t/f_y$

10.4.2　框架－剪力墙的抗震构造措施

1. 配筋要求

抗震设计时，框架－剪力墙结构、板柱－剪力墙结构中，剪力墙的竖向、水平分布钢筋的配筋率均不应小于 0.25%，非抗震设计时均不应小于 0.20%，并应至少双排布置。各排分布筋之间应设置拉筋，拉筋直径不应小于 6 mm，间距不应大于 600 mm。

2. 带边框剪力墙的构造要求

(1) 带边框剪力墙的截面厚度应符合下列规定。

① 抗震设计时，一、二级剪力墙的底部加强部位不应小于 200 mm。

② 除第①项以外的其他情况下不应小于 160 mm。

(2) 剪力墙的水平钢筋应全部锚入边框柱内，锚固长度不应小于 l_a（非抗震设计）或

l_{aE}（抗震设计）。

（3）与剪力墙重合的框架梁可保留，亦可做成宽度与墙厚相同的暗梁，暗梁截面高度可取墙厚的 2 倍或与该榀框架梁截面等高，暗梁的配筋可按构造配置且应符合一般框架梁相应抗震等级的最小配筋要求。

（4）剪力墙截面宜按工字形设计，其端部的纵向受力钢筋应配置在边框柱截面内。

（5）边框柱截面宜与该榀框架其他柱的截面相同，边框柱应符合框架柱构造配筋规定；剪力墙底部加强部位边框柱的箍筋宜沿全高加密；当带边框剪力墙上的洞口紧邻边框柱时，边框柱的箍筋宜沿全高加密。

10.4.3　筒体结构抗震构造要求

框架 – 核心筒结构应符合下列要求。

（1）核心筒与框架之间的楼盖宜采用现浇梁板体系。

（2）低于 9 度采用加强层时，加强层的大梁或桁架应与核心筒内的墙肢贯通；大梁或桁架与周边框架柱的连接宜采用铰接或半刚性连接。

（3）结构整体分析应计入加强层变形的影响。

（4）设防烈度为 9 度时不应采用加强层。

（5）在施工程序及连接构造上，应采取措施减小结构竖向温度变形及轴向压缩对加强层的影响。

10.5　高层建筑发展趋势

高层建筑存在造价昂贵、技术条件复杂、管理费用高、上下不方便、居住不舒适等缺点，但又有占地面积少、减少城市基础设施、改善环境质量、改变城市布局和市容等一系列优点。事实上高层建筑是伴随着社会的进步、生产力的发展以及人类精神文明和物质文明的不断提高而发展起来的。在未来的日子里，将会对此提出更高的要求。

（1）在建筑规模和建筑高度上都将会有新的突破，强调建筑物的多功能和高效益。

（2）高强混凝土、钢管混凝土和型钢混凝十的应用。

（3）复杂体型的高层建筑不断兴建，如巨型结构、蒙皮结构、带加强层结构、立面设置大洞口、设置制振机构、连体结构、错层结构、多塔楼结构及带转换层高层结构等。

（4）在结构设计方法方面，着重技术深化。

模块小结

(1) 在我国，10 层及 10 层以上或高度大于 28 m 的住宅建筑以及房屋高度大于 24 m 的其他高层民用建筑称为高层建筑，否则称为多层建筑。

(2) 多高层建筑常用的结构类型有混合结构、框架结构、剪力墙结构、框架–剪力墙结构和筒体结构。

(3) 多高层建筑承受的竖向荷载较大，同时还承受控制作用水平力。结构布置的合理性对多高层结构的经济性及施工的合理性影响较大。所以多高层建筑设计应该注重概念设计，重视结构选型与建筑平面、立面布置的规律性，选择最佳结构体系，加强构造措施以保证建筑结构的整体性，使整个结构具有必要的强度、刚度和变形能力。

(4) 利用建筑物的墙体作为竖向承重和抵抗侧力的结构称为剪力墙结构。剪力墙实质上是固结于基础的钢筋混凝土墙片，具有很高的抗侧移能力。因其既承担竖向荷载，又承担水平荷载——剪力，故名剪力墙。

(5) 在框架结构中的适当部位增设一定数量的钢筋混凝土剪力墙，形成的框架和剪力墙结合在一起共同承受竖向和水平力的体系称做框架–剪力墙体系，简称框剪体系。

习　题

1. 填空题

(1) _____ 是用不同的材料做成的构件组成的房屋。

(2) 利用建筑物的墙体作为竖向承重和抵抗侧力的结构称为 _____。

(3) 根据开孔的多少，筒体有 _____ 和 _____ 之分。

(4) 变形缝有 _____、_____ 和 _____ 三种。

2. 选择题

(1) 框架结构按施工方法可分为（　　　）。

A．现浇式框架　　　　　　　　　　B．装配式框架

C．装配整体式框架　　　　　　　　D．横向承重框架

(2) 框架结构常见的柱网布置形式有（　　）两种。

A．内廊式　　　　　　　　　　　　B．跨度组合式

C．横向承重框架　　　　　　　　　D．纵向承重框架

(3) 变形缝包括（　　）。

A．伸缩缝　　　　　　　　　　　　B．沉降缝

C．防震缝　　　　　　　　　　　　D．施工缝

(4) 框架结构设计中，"梁比柱的屈服尽可能先发生和多出现，底层柱的塑性铰最晚形成，同一层中各柱两端的屈服过程越长越好"这一原则称为（　　　）。

A．强柱弱梁　　　　　　　　　　　B．强剪弱弯

C．强节点弱构件　　　　　　　　　D．延性设计

(5) 当建筑平面过长、高度或刚度相差过大以及各结构单元的地基条件有较大差异时，钢筋混凝土框架结构应考虑设置（　　）。

A．伸缩缝 　　　　　　　　　　　　B．沉降缝

C．防震缝 　　　　　　　　　　　　D．施工缝

3. 判断题

(1) 10 层及 10 层以上或高度大于 28 m 的房屋称为高层房屋，否则称为多层房屋。

（　　）

(2) 框架结构以梁和柱为主要承重构件。 （　　）

(3) 剪力墙结构抗侧移能力不大，不能承受水平荷载——剪力。 （　　）

(4) 框架 – 剪力墙结构体系可用于较高 (10 ～ 20 层) 的高层建筑。 （　　）

(5) 房屋有较大错层者，且楼面高差较大处宜设置沉降缝。 （　　）

(6) 沉降缝应该从基础底部断开。 （　　）

模块 11　地基与基础概述

教学目标

了解地基土的分类，了解基础的类型与选用，了解减轻建筑物不均匀沉降的措施。

教学要求

能力目标	相关知识	权重
了解基础的类型与选用	基础的类型与选用	40%
了解减轻建筑物不均匀沉降的措施	减轻建筑物不均匀沉降的建筑措施、结构措施及施工措施	20%
了解地基土的分类	地基土的分类	40%

学习重点

地基土的分类，地基承载力，天然地基上浅基础，减轻建筑物不均匀沉降的措施。

引例

本书中的实例一为墙下钢筋混凝土条形基础，实例二为柱下钢筋混凝土独立基础，如图 11.1 所示。

请思考：除以上两种基础外，还有哪些基础类型？

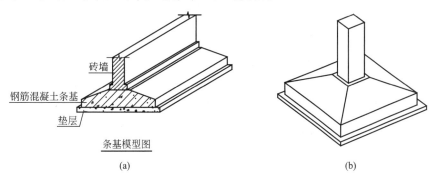

图 11.1　基础

(a) 钢筋混凝土条形基础；(b) 钢筋混凝土独立基础

11.1　地基土的分类及地基承载力

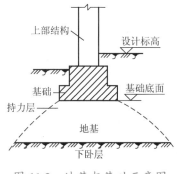

图 11.2　地基与基础示意图

建筑结构都是由埋在地面以下一定深度的基础和支承于其上的上部结构组成的，基础又坐落在称为地基的地层（土或岩石）上，如图 11.2 所示。

基础是建筑结构的重要受力构件，上部结构所承受的荷载都要通过基础传至地基。地基与基础对建筑结构的重要性是显而易见的，它们埋在地下，一旦发生质量事故，不光开始难以察觉，其修补工作也要比上部结构困难得多，事故后果又往往是灾难性的，实际上建筑结构的事故绝大多数是由地基和基础引起的。

基础是建筑结构的一部分，和上部结构相同，基础应有足够的强度、刚度和耐久性。基础虽然有很多种形式，但可概括分为两大类，即浅基础和深基础。深基础和浅基础没有一个明确的分界线，一般将埋置深度不大，只需开挖基坑及排水等普通施工工艺建造的基础称为浅基础；反之，埋置深度较大，需借助于特殊的施工方法建造的基础称为深基础。

11.1.1　地基土(岩)的工程分类

地基土分类的主要依据是三相的组成、粒径级配、土粒的形状和矿物成分等。我国现行规范将地基土（岩）分为岩石、碎石土、砂土、粉土、黏性土、人工填土等。

(1) 岩石。岩石应为颗粒间牢固联结，呈整体或具有节理裂隙的岩体。岩石根据其坚硬程度分为坚硬岩、较硬岩、较软岩、软岩和极软岩。岩石根据其风化程度可分为未风化、微风化、中风化、强风化和全风化。

(2) 碎石土。碎石土为粒径大于 2 mm 的颗粒含量超过全重 50% 的土。碎石土可按粒组含量和颗粒形状分为漂石、块石、卵石、碎石、圆砾，碎石土的密实度，可分为松散、稍密、中密、密实。碎石土的密实度按《建筑地基基础设计规范》(GB 50007—2011) 确定。

(3) 砂土。砂土为粒径大于 2 mm 的颗粒含量不超过全重 50%、粒径大于 0.075 mm 的颗粒超过全重 50% 的土。砂土可分为砾砂、粗砂、中砂、细砂和粉砂。

砂土的密实度，可分为松散、稍密、中密、密实。砂土的密实度按《建筑地基基础设计规范》(GB 50007—2011) 确定。

(4) 粉土。粉土为塑性指数 $I_p \leqslant 10$ 且粒径大于 0.075 mm 的颗粒含量不超过全重 50% 的土，它介于砂土与黏性土之间。

(5) 黏性土。黏性土是塑性指数 I_p 大于 10 的土。黏性土的状态可按《建筑地基基础设计规范》(GB 50007—2011) 分为坚硬、硬塑、可塑、软塑和流塑 5 种状态。

(6) 人工填土。人工填土是指由于人类活动堆积的土。其物质成分杂乱且均匀性较差，堆积时间也各不相同，故用作地基时应特别慎重，可分为素填土、压实填土、杂填土和冲填土。

(7) 特殊土。特殊土指具有一定分布区域或工程意义上具有特殊成分、状态和结构特征的土。大体可分为软土、红黏土、黄土、膨胀土、多年冻土、湿陷性土和盐渍土等。

11.1.2 地基承载力

地基承载力系指在保证地基强度和稳定的条件下，建筑物不产生过大沉降和不均匀沉降而安全承受荷载的能力。地基承载力的确定在地基基础设计中是一个非常重要而又十分复杂的问题，它不仅与土的物理力学性质有关，而且还与建筑类型、结构特点、基础形式、基础的底面尺寸、基础埋深、施工速度等因素有关。

【基础】

11.2 天然地基上浅基础

11.2.1 浅基础的类型

1. 按基础埋置深度

基础埋置深度简称埋深，指室外底面标高到基础底面的垂直距离。

(1) 浅基础。将埋置深度不大，只需开挖基坑及排水等普通施工工艺建造的基础称为浅基础,一般基础埋深 $d \leqslant 5$ m。

(2) 深基础。将埋置深度较大,需借助于特殊的施工方法建造的基础称为深基础,一般基础埋深 $d > 5$ m。

2. 按材料分类

基础按使用的材料分为无筋扩展基础(砖基础、毛石基础、灰土基础、三合土基础、混凝土基础、毛石混凝土基础)和扩展基础(钢筋混凝土基础)。

(1) 砖基础。砖基础取材容易、施工简便、价格低廉,广泛应用于六层及六层以下的民用房屋中。砖基础的剖面呈阶梯状,这个阶梯称为大放脚,大放脚从垫层上开始砌筑,为保证其刚度应为两皮砖一收,具体构造要求如图 11.3 所示。砖基础具有一定的抗压强度,但抗拉和抗剪强度较低,抗冻性能也较差。

(2) 毛石基础。毛石基础用于石料取材容易、价格相对便宜的地方。毛石基础用强度较高又未风化的毛石砌筑,具体构造要求如图 11.4 所示,基础应竖砌、错缝、缝内砂浆饱满。

(3) 灰土基础。灰土基础适用于五层和五层以下,地下水位较低的民用混合结构房屋和用墙承重的轻型厂房,如图 11.5 所示。灰土是用经过熟化后的石灰粉和黏性土(以粉质黏土为宜)按一定比例加适量的水拌和分层夯实而成的。其配合比为 3:7 或 2:8。一般多采用三步灰土,即分三步夯实,夯实后总厚度为 450 mm。

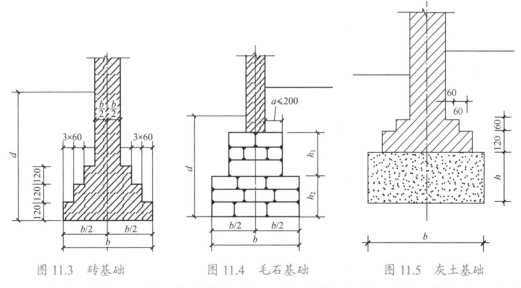

图 11.3 砖基础 　　　 图 11.4 毛石基础 　　　 图 11.5 灰土基础

(4) 三合土基础。三合土基础是用石灰、砂与骨料(碎石、碎砖、矿渣)加入适当的水经充分拌和后,均匀铺入基槽内,并分层夯实而成(虚铺 220 mm,夯至 150 mm 为一步),然后在它上面砌砖大放脚。石灰、砂及碎砖三合土的体积配合比为 1:2:4 或 1:3:6。

(5) 混凝土和毛石混凝土基础。当荷载较大时,常用混凝土基础。混凝土基础(图 11.6)的强度、耐久性、抗冻性都较好但因水泥用量较大,造价比砖、毛石基础高。为节约水泥用量,可在混凝土内掺入 25%～30% 体积的毛石(毛石尺寸大小不宜超过 300

mm)，即为毛石混凝土基础。

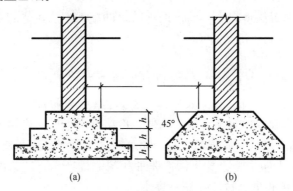

图 11.6　混凝土基础构造示意图

(a) 矩形截面；(b) 锥形截面

　　以上五种类型的基础有个共同的弱点，就是没有配置钢筋，其组成材料的抗拉、抗弯强度都较低。在地基反力作用下，基础下部的扩大部分像悬臂梁一样要向上弯曲，如果悬臂过长，则易产生弯曲裂缝。因此，需要限制台阶宽高比的容许值以保证基础的强度安全。悬臂长度只要符合宽高比的规定，就不会发生弯曲破坏，这类基础统称为刚性基础，又称无筋扩展基础。

　　(6) 钢筋混凝土基础。将上部结构传来的荷载，通过向侧边扩展成一定底面积，使作用在基底的压应力小于或等于地基土的允许承载力，而基础内部的应力应同时满足材料本身的强度要求，这种起到压力扩散作用的基础称为扩展基础，也称作柔性基础，如柱下钢筋混凝土独立基础和墙下钢筋混凝土条形基础，如图 11.7 和图 11.8 所示。

　　3. 按构造分类

　　1) 单独基础

　　工程中常见的单独基础为柱下独立基础，其竖截面可做成阶梯形或锥形，如图 11.7(a)、(b) 所示；预制的柱下单独基础一般做成杯形，如图 11.7(c) 所示。

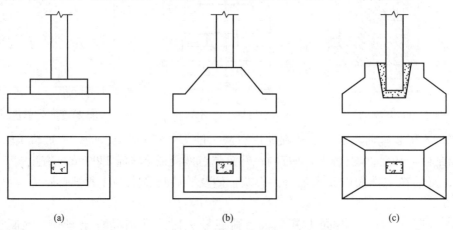

图 11.7　柱下基础

(a) 阶梯形基础；(b) 锥形基础；(c) 杯形基础

2) 条形基础

(1) 墙下条形基础。条形基础是墙基础的主要类型,常用砖石材料建造,必要时可用钢筋混凝土制成,后者又分为有肋式和无肋式两种,如图 11.8 所示。

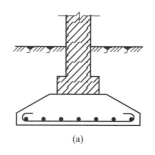 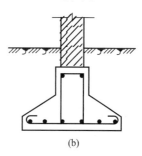

图 11.8 墙下钢筋混凝土条形基础

(a) 无肋式;(b) 有肋式

(2) 柱下条形基础。当荷载较大而地基软弱时,采用柱下单独基础会使基底面积过大,这时可将同一排(条)柱的基础连通做成钢筋混凝土条形基础,如图 11.9 所示。

(3) 柱下十字交叉基础。当荷载更大而地基相对更软弱时,可在柱网的纵、横两个方向都设置钢筋混凝土条形基础连成柱下十字交叉基础以提高基础的承载力、刚度和整体性,减少基础的不均匀沉降,如图 11.10 所示。

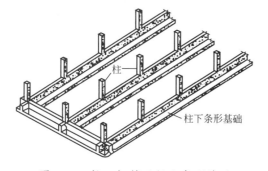 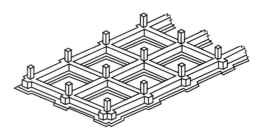

图 11.9 柱下钢筋混凝土条形基础　　　图 11.10 柱下十字交叉基础

3) 筏形基础

若地基特别软弱、荷载又很大,用十字交叉基础也不能满足要求时,可采用筏形基础。筏形基础以整个房屋下大面积的筏片与地基接触,因而可以传递较大的上部荷载,筏形基础的整体性较好,能调整各部分的不均匀沉降。

它可以做成倒置的肋形楼盖的形式如图 11.11 所示,也可以做成倒置的无梁楼盖的形式。后者板厚较大,用料多,刚度较前者差,但施工方便;前者则折算厚度小,用料省,刚度好,但施工麻烦且费模板。

4) 箱形基础

箱形基础是由钢筋混凝土整片底板、顶板和钢筋混凝土纵、横墙组成的空间盒子,具有比上述各种基础形式大得多的刚度和整体性,如图 11.12 所示。它的整体抗弯能力也很大,特别适用于地基软弱、土层较厚、房屋底面积不大而荷载又很大或要求设有地下室的高层建筑和重要建筑。箱形基础的空心部分正好可作为地下室，满足各种功能和设施的要求。

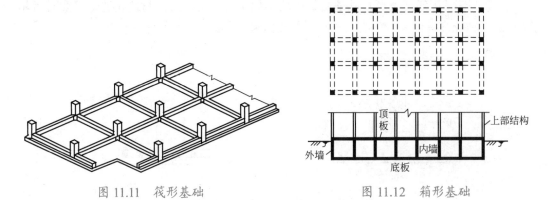

图 11.11　筏形基础　　　　　　　　图 11.12　箱形基础

5) 桩基础

当上部结构荷载太大且浅层地基软弱又不宜采用地基处理，或坚实土层距基础底面较深、采用其他基础形式可能导致沉降过大而不能满足地基变形与强度要求时，必须利用地基下部深层较坚硬的土层作为持力层而设计成桩基，如图 11.13 所示。桩基础由承台和桩身两部分组成，桩基础的作用是将上部结构的荷载通过桩身与桩尖传至深层较坚硬的地层中，故桩基础能承受较大的荷载，能减少建筑物不均匀沉降，而且对地基土有挤密作用。桩基础是一种最常用的深基础，它承载力高、稳定性好、沉降量小而均匀、抗震性能好、便于机械化施工、适应性强，在高层建筑、动力设备基础、桥梁及港口工程中应用极为广泛。

【基础施工】

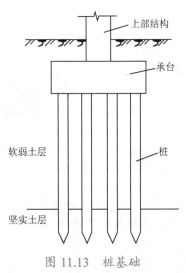

图 11.13　桩基础

11.2.2　影响基础埋置深度的主要因素

基础的埋置深度是指室外设计地面至基础底面的竖向距离。应综合考虑以下几个方面的因素：建筑物的用途；作用在地基上的荷载大小和性质；工程地质和水文地质条件；相邻建筑物基础的影响；地基土冻胀和融陷的影响等。

11.3 减轻建筑物不均匀沉降的措施

一般来说，建筑物出现沉降是难以避免的，但是过大的地基变形将使建筑物损坏或影响它的使用功能。如何防止和减轻基础不均匀沉降引起的损害是建筑设计中必须考虑的问题。我们可以从地基、基础和上部结构相互作用的观点出发，综合选择合理的建筑、结构设计及施工方案，并采取相应的措施，以减轻不均匀沉降对建筑物的危害。

1. 建筑措施

(1) 建筑体形力求简单、高差不宜过大。建筑平面简单、高度一致的建筑物，基底应力较均匀，整体刚度好，即使沉降较大，建筑物也不易产生裂缝和损坏。例如，平面呈"一"字形的建筑物整体性好，建筑物体形(平面及剖面)复杂，往往削弱建筑物的整体刚度。建筑物立面体形变化也不要太大。

(2) 控制建筑物的长高比及合理布置纵横墙。砖石承重的建筑物，当其长度与高度之比较小时，建筑物的刚度好。即使沉降较大，也不至于引起建筑物开裂。相反，长高比大的建筑物其整体刚度小，纵墙很容易因挠曲变形过大而开裂。根据建筑实践经验，当基础计算沉降量大于 120 mm 时，建筑物的长高比不宜大于 2.5；对于平面简单，内、外墙贯通，横墙间隔较小的房屋，长高比可适当放宽，但一般不宜大于 3.0。

合理布置纵横墙是增强建筑物刚度的重要措施之一，因为纵横墙构成了建筑物的空间刚度，所以适当加密横墙的间距，就可增强建筑物的整体刚度，纵横墙转折会削弱建筑物的整体性，所以建造在软弱地基上的建筑物，纵横墙最好不转折或少转折。

(3) 设置沉降缝。当地基很不均匀且建筑物体形复杂又不可避免时，用沉降缝将建筑物从屋面到基础分割为若干个独立的单元，使建筑平面变得简单可有效地减轻地基不均匀沉降。沉降缝通常设置在如下部位：平面形状复杂的建筑物转折处；建筑物高差或荷载差别很大处；长高比过大的建筑物的适当部位；地基土压缩性有显著变化处；建筑物结构或基础类型不同处；分期建筑的交接处。

沉降缝应留有足够的宽度，见表 11-1，缝内一般不填塞材料，以保证沉降缝上端不致因相邻单元内倾而顶住。沉降缝的宽度与建筑物的层数有关。

表 11-1 沉降缝的宽度

房屋层数	沉降缝的宽度 /mm
2 ~ 3	50 ~ 80
4 ~ 5	80 ~ 120
5 层以上	不小于 120

(4) 控制建筑物基础间距，见表 11-2。相邻建筑物太近，由于地基应力扩散作用，会互相影响，引起相邻建筑物产生附加沉降。建造在软弱地基上的建筑物，应将高低悬殊的部分(或新老建筑物)离开一定距离。如离开距离后的两个单元之间需要连接时，应设置能自由沉降的独立连接体或采用简支、悬臂结构。

表 11-2　相邻建筑物基础间的净距 /m

被影响的建筑物长高比 影响建筑的预估平均沉降量 s/mm	$2.0 \leqslant \dfrac{L}{H_f} < 3.0$	$3.0 \leqslant \dfrac{L}{H_f} < 5.0$
70 ~ 150	2 ~ 3	3 ~ 6
160 ~ 250	3 ~ 6	6 ~ 9
260 ~ 400	6 ~ 9	9 ~ 12
≥ 400	9 ~ 12	≥ 12

注：1. 表中 L 为建筑物长度或沉降缝分割的单元长度 (m)；H_f 为自基础底面标高算起的建筑物高度 (m)。

2. 当被影响建筑物的长高比为 $1.5 < \dfrac{L}{H_f} < 2.0$ 时，其间净距可适当缩小。

2. 结构措施

(1) 减轻建筑物自重。基底压力中，建筑物自重所占比例很大。采用高强轻型砌体材料、选用轻型结构、减少基础和回填土重量能大大减少建筑物沉降量。

(2) 设置圈梁。不均匀沉降会引起砌体房屋墙体开裂，圈梁的设置可增大建筑物的整体性、刚度和承载力。

(3) 减少和调整基底附加压力。改变基础形式及基底尺寸、增设地下室等架空层可减少和调整基底附加压力。

(4) 将上部结构做成静定体系。当发生不均匀沉降时采用静定结构体系不致引起很大的附加应力，故在软弱地基上建造的公共建筑、单层工业厂房、仓库等，可考虑采用静定结构体系，以适应不均匀沉降的要求。

3. 施工措施

合理安排施工顺序和注意选用施工方法可减少或调整不均匀沉降。当建筑物存在高低或轻重不同部分时，应先施工高层及重的部分，后建轻的及低层部分。如果在高低层之间使用连接体时，应最后修建连接体，以调整高低层之间部分沉降差异。不要扰动基底土的原来结构，通常在坑底保留约 200 mm 厚的土层，如发现坑底土已被扰动，应将已扰动土挖去，再用砂、碎石等回填夯实。在软弱地基土上、已建和在建房屋外围应避免大量、长时间堆放，以免引起新老房屋的附加沉降。

模块小结

建筑结构都是由埋在地面以下一定深度的基础和支承于其上的上部结构组成的，基础又坐落在称为地基的地层（土或岩石）上。基础是建筑结构的重要受力构件，上部结构所承受的荷载都要通过基础传至地基。

我国现行规范将地基（岩）分为岩石、碎石土、砂土、粉土、黏性土、人工填土等。基础按埋置深度的不同，可分为浅基础和深基础两类。一般在天然地基上修筑浅基础，其施工简单，造价低，而人工地基及深基础往往施工复杂，造价较高。因此，在保证建筑物安全和正常使用的条件下，应首先选用天然地基上浅基础的方案。

习　题

1. 填空题

(1) _____ 是建筑结构的重要受力构件，上部结构所承受的荷载都要通过基础传至 _____。

(2) 我国现行规范将地基土分为 _____、_____、_____、粉土、黏性土、人工填土等。

(3) 按使用材料的不同基础可分为 _____ 和 _____。

(4) 按结构形式的不同扩展基础可分为 _____、_____、_____、_____、_____ 和 _____。

2. 单项选择

(1) 划分浅基础和深基础的标准是 (　　)。

A. 埋深小于 5 m 的基础是浅基础　　　　B. 埋深小于 6 m 的基础是浅基础

C. 埋深大于 10 m 的基础是深基础　　　　D. 主要按照基础的施工方法来划分

(2) (　　) 具有良好的抗剪能力和抗弯能力，并具有耐久性和抗冻性好，构造形式多样，可满足不同的建筑和结构功能要求，能与上部结构结合成整体共同工作等优点。

A. 墙下无筋扩展基础　　　　　　　　　B. 钢筋混凝土扩展基础

C. 柱下无筋扩展基础　　　　　　　　　D. 墙下独立基础

(3) 扩展基础不包括 (　　)。

A. 柱下条形基础　　　　　　　　　　　B. 柱下独立基础

C. 墙下条形基础　　　　　　　　　　　D. 无筋扩展基础

(4) 钢筋混凝土独立基础主要指 (　　)，通常有现浇台阶形基础、现浇锥形基础和预制柱的杯口形基础等。

A. 墙下基柱　　　　　　　　　　　　　B. 柱下基础

C. 十字交叉条形基础　　　　　　　　　D. 箱形基础

(5) 下列措施中，(　　) 不属于减轻不均匀沉降危害的措施。

A. 建筑物的体形应力求简单　　　　　　B. 相邻建筑物之间应有一定距离

C. 设置沉降缝　　　　　　　　　　　　D. 设置伸缩缝

(6) 下列说法中错误的是 (　　)。

A. 沉降缝宜设置在地基土的压缩性有显著变化处

B. 沉降缝宜设置在分期建造房屋的交界处

C. 沉降缝宜设置在建筑物结构类型截然不同处

D. 伸缩缝可兼作沉降缝

(7) 下列说法中错误的是 (　　)。

A. 原有建筑物受邻近新建重型或高层建筑物影响

B. 设置圈梁的最佳位置在房屋中部

C. 相邻建筑物的合理施工顺序是：先重后轻，先深后浅

D. 在软土地基上开挖基坑时，要注意尽可能不扰动土的原状结构

3. 简答题

(1) 常见的基础类型有哪些？简述各自的特点及适用范围。

(2) 什么是地基承载力？影响地基承载力的因素有哪些？

(3) 选择基础埋深时应考虑哪些因素？

(4) 简述减轻地基不均匀沉降的措施。

模块 12 装配式混凝土结构简介

教学目标

通过本模块的学习，使学生掌握装配式结构的基本概念，并能够认识常见的预制混凝土构件。

教学要求

能力目标	相关知识	权重
掌握装配式结构的概念及装配式混凝土结构的分类	装配式结构的概念；装配式混凝土结构的分类	35%
掌握常见的预制混凝土构件	常见的预制混凝土构件	65%

学习重点

装配式混凝土结构；预制混凝土构件。

引例

2016 年 2 月 6 日，中共中央国务院发布《关于进一步加强城市规划建设管理工作的若干意见》指出：积极适应和引领经济发展新常态，把城市规划好、建设好、管理好，对促进以人为核心的新型城镇化发展，建设美丽中国，实现"两个一百年"奋斗目标和中华民族伟大复兴的中国梦具有重要的现实意义和深远的历史意义。为进一步加强和改进城市规划建设管理工作，解决制约城市科学发展的突出矛盾和深层次问题，开创城市现代化建设新局面，现提出以下意见。

为全面推进装配式建筑发展，2016 年 9 月，国务院发布了《国务院办公厅关于大力发展装配式建筑的指导意见》（国办发〔2016〕71 号）；2017 年 3 月住房和城乡建设部发布了《"十三五"装配式建筑行动方案》《装配式建筑示范城市管理办法》《装配式建筑产业基地管理办法》。

《国务院办公厅关于大力发展装配式建筑的指导意见》指出：装配式建筑是用预制部品部件在工地装配而成的建筑。发展装配式建筑是建造方式的重大变革，是推进供给侧结构性改革和新型城镇化发展的重要举措，有利于节约资源能源、减少施工污染、提升劳动生产效率和质量安全水平，有利于促进建筑业与信息化工业化深度融合、培育新产业新动能、推动化解过剩产能。近年来，我国积极探索发展装配式建筑，但建造方式大多仍以现场浇筑为主，装配式建筑比例和规模化程度较低，与发展绿色建筑的有关要求以及先进建造方式相比还有很大差距。

《"十三五"装配式建筑行动方案》进一步明确了阶段性工作目标，即到 2020 年，全国装配式建筑占新建建筑的比例达到 15% 以上，其中重点推进地区达到 20% 以上，积极推进地区达到 15% 以上，鼓励推进地区达到 10% 以上。鼓励各地制定更高的发展目标。建立健全装配式建筑政策体系、规划体系、标准体系、技术体系、产品体系和监管体系，形成一批装配式建筑设计、施工、部品部件规模化生产企业和工程总承包企业，形成装配式建筑专业化队伍，全面提升装配式建筑质量、效益和品质，实现装配式建筑全面发展。根据《行动方案》，到 2020 年，培育 50 个以上装配式建筑示范城市，200 个以上装配式建筑产业基地，500 个以上装配式建筑示范工程，建设 30 个以上装配式建筑科技创新基地，充分发挥示范引领和带动作用。

《装配式建筑示范城市管理办法》明确了示范城市的申请、评审、认定、发布和监督管理的各项要求。根据办法，示范城市是指在装配式建筑发展过程中，具有较好的产业基础，并在装配式建筑发展目标、支持政策、技术标准、项目实施、发展机制等方面能够发挥示范引领作用的城市。

《装配式建筑产业基地管理办法》明确，产业基地是指具有明确的发展目标、较好的产业基础、技术先进成熟、研发创新能力强、产业关联度大、注重装配式建筑相关人才培养培训、能够发挥示范引领和带动作用的装配式建筑相关企业，主要包括装配式建筑设计、部品部件生产、施工、装备制造、科技研发等企业。

【住宅产业化施工样片】

12.1 装配式混凝土结构概述

【装配化实例】

12.1.1 装配式结构的概念

装配式结构是由预制混凝土构件通过可靠的连接方式装配而成的混凝土结构，包括装配式混凝土结构、全装配混凝土结构等。装配式混凝土结构是指由预制混凝土构件通过各种可靠的连接方式进行连接并与现场后浇混凝土、水泥基灌浆料形成整体的混凝土结构，简称装配整体式结构。

12.1.2 装配式混凝土结构的分类

1. 装配式混凝土框架结构

装配式混凝土框架结构即全部或部分框架梁、柱采用预制构件构建而成的装配式混凝土结构，简称装配式框架结构，如图 12.1 所示。

2. 装配式混凝土剪力墙结构

装配式混凝土剪力墙结构即全部或部分剪力墙采用预制墙板构建而成的装配式混凝土结构，简称装配式剪力墙结构，如图 12.2 所示。

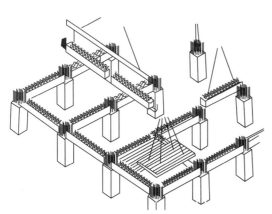

图 12.1 装配式混凝土框架结构

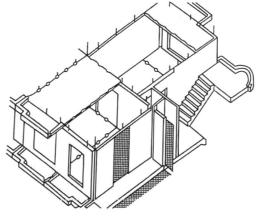

图 12.2 装配式混凝土剪力墙结构

3. 装配式混凝土框架－现浇剪力墙结构

装配式混凝土框架－现浇剪力墙结构由装配整体式框架结构和现浇剪力墙（现浇核心筒）两部分组成。这种结构形式中的框架部分采用与预制装配整体式框架结构相同的预制装配技术，使预制装配框架技术在高层及超高层建筑中得以应用。鉴于对该种结构形式的整体受力研究不够充分，目前，装配式混凝土框架－现浇剪力墙结构中的剪力墙只能采用现浇。

12.1.3 装配式混凝土结构的适用范围

根据《装配式混凝土结构技术规程》(JGJ 1—2014) 的规定，装配整体式结构房屋的最大适用高度见表 12-1，最大高宽比见表 12-2。

表 12-1　装配整体式结构房屋的最大适用高度　　　　　　　　　　单位：m

结构类型	抗震设防烈度			
	6 度	7 度	8 度 (0.2g)	8 度 (0.3g)
装配式混凝土框架结构	60	50	40	30
装配式整体式框架 – 现浇剪力墙结构	130	120	100	80
装配式整体式剪力墙结构	130	110	90	70
装配式整体式部分框支剪力墙结构	110	90	70	40

表 12-2　装配整体式结构房屋的最大高宽比

结构类型	抗震设防烈度	
	6、7 度	8 度
装配式混凝土框架结构	4	3
装配式整体式框架 – 现浇剪力墙结构	6	5
装配式整体式剪力墙结构	6	5

【预制构件产品介绍】

12.2　预制混凝土构件概述

12.2.1 预制混凝土(受力)构件简介

装配式混凝土结构常用的预制构件有预制混凝土框架柱、预制混凝土叠合梁、预制混凝土剪力墙外墙板、预制混凝土剪力墙内墙板、预制混凝土钢筋桁架叠合楼板、预制带肋底板混凝土叠合楼板、预制混凝土楼梯板、预制混凝土阳台板、预制混凝土空调板、预制混凝土女儿墙、预制混凝土外墙挂板等。这些主要受力构件通常在工厂预制加工完成待强度符合规定要求后，再进行现场装配施工。

1. 预制混凝土框架柱

预制混凝土框架柱（图 12.3）是建筑物的主要竖向结构受力构件，一般采用矩形截面。

2. 预制混凝土叠合梁

预制混凝土叠合梁是由预制混凝土底梁（或既有混凝土底梁）和后浇混凝土组成，分两阶段成型的整体受力水平结构构件（图 12.4），其下半部分在工厂预制，上半部分在工地叠合浇筑混凝土。

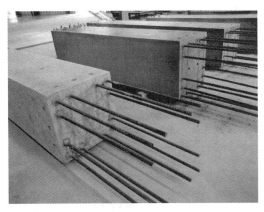

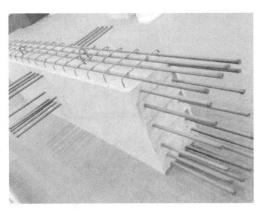

图 12.3　预制混凝土框架柱　　　　　图 12.4　预制混凝土叠合梁

3. 预制混凝土剪力墙墙板

1) 预制混凝土剪力墙外墙板

预制混凝土剪力墙外墙板 (图 12.5) 是指在工厂预制而成的, 内叶板为预制混凝土剪力墙、中间夹有保温层、外叶板为钢筋混凝土保护层的预制混凝土夹心保温剪力墙墙板, 简称预制混凝土剪力墙外墙板。内叶板侧面在施工现场通过预留钢筋与现浇剪力墙边缘构件连接, 底部通过钢筋灌浆套筒与下层预制剪力墙预留钢筋相连。

2) 预制混凝土剪力墙内墙板

预制混凝土剪力墙内墙板 (图 12.6) 是指在工厂预制成的混凝土剪力墙构件。预制混凝土剪力墙内墙板侧面在施工现场通过预留钢筋与现浇剪力墙边缘构件连接, 底部通过钢筋灌浆套筒与下层预制剪力墙预留钢筋相连。

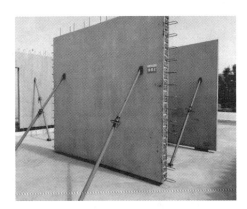

图 12.5　预制混凝土剪力墙外墙板　　　图 12.6　预制混凝土剪力墙内墙板

4. 预制混凝土叠合楼板

预制混凝土叠合楼板最常见的主要有两种：一种是预制混凝土钢筋桁架叠合板；另一种是预制带肋底板混凝土叠合楼板。

1) 预制混凝土钢筋桁架叠合板 (图 12.7)

预制混凝土钢筋桁架叠合板属于半预制构件, 下部为预制混凝土板, 外露部分为桁架钢筋。预制混凝土叠合板的预制部分最小厚度为 3 ~ 6 cm。叠合楼板在工地安装到位后应进行二次浇筑，从而成为整体实心楼板。钢筋桁架的主要作用是将后浇筑台混凝土层与预制底板形成整体，并在制作和安装过程中提供刚度。

图 12.7　预制混凝土钢筋桁架叠合板

2) 预制带肋底板混凝土叠合楼板 (图 12.8)

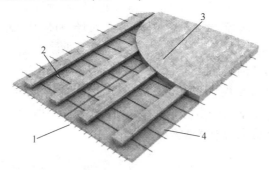

图 12.8　预制带肋底板混凝土叠合楼板

1—纵向预应力钢筋；2—横向穿孔钢筋；3—后浇层；4—PK 叠合板的预制底板

5. 预制混凝土楼梯板

预制混凝土楼梯板 (图 12.9) 受力明确、外形美观，避免了现场支模，安装后可作为施工通道，节约了施工工期。

图 12.9　预制混凝土楼梯板

6. 预制混凝土阳台板、预制混凝土空调板、预制混凝土女儿墙

1) 预制混凝土阳台板

预制混凝土阳台板 (图 12.10) 能够克服现浇阳台支模复杂，现场高空作业费时、费力，以及高空作业时的施工安全问题。

图 12.10　预制混凝土阳台板

2) 预制混凝土空调板

预制混凝土空调板通常采用预制实心混凝土板，板顶预留钢筋通常与预制叠合板现浇层相连。

3) 预制混凝土女儿墙

预制混凝土女儿墙处于屋顶处外墙的延伸部位，通常有立面造型，采用预制混凝土女儿墙的优势是安装快速，节省工期。

12.2.2　常用非承重预制混凝土构件

围护构件是指围合、构成建筑空间，抵御环境不利影响的构件，外围护墙用来抵御风雨、温度变化、太阳辐射等，应具有保温、隔热、隔声、防水、防潮、耐火、耐久等性能。预制内隔墙起分隔室内空间的作用，应具有隔声、隔视线以及某些特殊要求的性能。

1.PC 外围护墙板

PC 外围护墙板是指预制商品混凝土外墙构件，包括预制混凝土叠合 (夹心) 墙板、预制混凝土夹心保温外墙板和预制混凝土外墙挂板等。外围护墙板除应具有隔声与防火的功能外，还应具有隔热、保温、抗渗、抗冻融、防碳化等作用和满足建筑艺术装饰的要求。外围护墙板可采用轻集料单一材料制成，也可采用复合材料 (结构层、保温隔热层和饰面层) 制成。

PC 外围护墙板采用工厂化生产，现场进行安装的施工方法，具有施工周期短、质量可靠 (对防止裂缝、渗漏等质量通病十分有效)、节能环保 (耗材少、减少扬尘和噪声等)、工业化程度高及劳动力投入量少等优点，在国内外的住宅建筑上得到了广泛运用。

PC 外围护墙板生产中使用了高精密度的钢模板，模板的一次性摊销成本较高，如果施工建筑物外形变化不大，且外墙板生产数量大，模具通过多次循环使用后成本可以降低。

根据制作结构不同，预制外墙结构可分为预制混凝土夹心保温外墙板和预制混凝土非保温外墙挂板。

1) 预制混凝土夹心保温外墙板

预制混凝土夹心保温外墙板是集承重、围护、保温、防水、防火等功能于一体的重要装配式预制构件，由内叶墙板、保温材料、外叶墙板三部分组成 (图 12.11)。

图 12.11　预制混凝土夹心保温外墙板构造图

预制混凝土夹心保温外墙板宜采用平模工艺生产，生产时，一般先浇筑外叶墙板混凝土层，再安装保温材料和拉结件，最后浇筑内叶墙板混凝土，这可以使保温材料与结构同寿命。当采用立模工艺生产时，应同步浇筑内、外叶墙板混凝土层，并应采取保证保温材料及拉结件位置准确的措施。

2) 预制混凝土非保温外墙挂板

预制混凝土非保温外墙挂板是在预制车间加工并运输到施工现场吊装的钢筋混凝土外墙板的板底设置预埋铁件，通过与楼板上的预埋螺栓连接达到底部固定，再通过连接件达到顶部与楼板的固定 (图 12.12)。其在工厂采用工业化生产，具有施工速度快、质量好、维修费用低的特点。其根据工程需要可以设计成集外装饰、保温、墙体围护于一体的复合保温外墙挂板，也可以作为复合墙体的外装饰挂板。

预制混凝土非保温外墙挂板可充分体现大型公共建筑外墙独特的表现力。预制混凝土非保温外墙挂板必须具有防火、耐久性等基本性能，同时，还要求造型美观、施工简便、环保节能等。

图 12.12　预制混凝土非保温外墙挂板

2. 预制内隔墙板

预制内隔墙板按成型方式可分为挤压成型墙板和立模（平模）浇筑成型墙板两种。

1) 挤压成型墙板

挤压成型墙板，也称预制条形墙板，是在预制工厂将搅拌均匀的轻质材料料浆，使用挤压成型机通过模板（模腔）成型的墙板（图 12.13）。按断面不同，其可分为空心板、实心板两类。在保证墙板承载和抗剪的前提下，将墙体断面做成空心，可以有效降低墙体的自重，并通过墙体空心处空气的特性提高隔断房间内的保温、隔声效果。门边板端部为实心板，实心宽度不得小于 100mm。对于没有门洞的墙体，应从墙体一端开始沿墙长方向顺序排板；对于有门洞的墙体，应从门洞口开始分别向两边排板。当墙体端部的墙板不足一块板宽时，应设计补板。

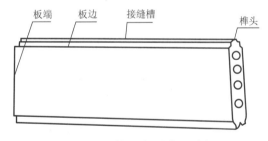

图 12.13　挤压成型空心墙板

2) 立模（平模）浇筑成型墙板

立模（平模）浇筑成型墙板，也称预制混凝土整体内墙板，是在预制车间按照所需的样式使用钢模具拼接成型，浇筑或摊铺混凝土制成的墙体。

根据受力不同，内墙板可使用单种材料或者多种材料加工而成。将聚苯乙烯泡沫板材、聚氨酯、无机墙体保温隔热材料等轻质材料填充到墙体中，可以减少混凝土用量，绿色环保，减少室内热量与外界的交换，增强墙体的隔声效果，并通过墙体自重的减轻来降低运输和吊装的成本。

模块小结

(1) 装配式结构是由预制混凝土构件通过可靠的连接方式装配而成的混凝土结构，包括装配式混凝土结构、全装配混凝土结构等。

(2) 装配式混凝土结构是指由预制混凝土构件通过各种可靠的连接方式进行连接并与现场后浇混凝土、水泥基灌浆料形成整体的混凝土结构，简称装配整体式结构。

(3) 装配式混凝土框架结构，即全部或部分框架梁、柱采用预制构件构建而成的装配式混凝土结构，简称装配式框架结构。

(4) 装配式混凝土剪力墙结构，即全部或部分剪力墙采用预制墙板构建而成的装配式混凝土结构，简称装配式剪力墙结构。

(5) 装配式混凝土框架-现浇剪力墙结构由装配整体式框架结构和现浇剪力墙（现浇核心筒）两部分组成。

(6) 装配式混凝土结构常用的预制构件有预制混凝土框架柱、预制混凝土叠合梁、预制混凝土剪力墙外墙板、预制混凝土剪力墙内墙板、预制混凝土钢筋桁架叠合楼板、预制带肋底板混凝土叠合楼板、预制混凝土楼梯板、预制混凝土阳台板、预制混凝土空调板、预制混凝土女儿墙、预制混凝土外墙挂板等。

(7) 常用非承重预制混凝土构件主要有：PC 外围护墙板，包括预制混凝土叠合（夹心）墙板、预制混凝土夹心保温外墙板和预制混凝土外墙挂板；预制内隔墙板，按成型方式可分为挤压成型墙板和立模（平模）浇筑成型墙板两种。

习　题

1. 判断题

(1) 装配式混凝土结构是指由预制混凝土构件通过各种可靠的方式进行连接并与现场后浇混凝土、水泥基灌浆料形成整体的混凝土结构，简称装配式结构。　　　　（　　）

(2) 装配式框架结构是指全都或部分框架梁、柱采用预制构件构建而成的装配式混凝土结构。　　　　（　　）

(3) 预制混凝土叠合楼板最常见的有两种：一种是预制混凝土钢筋桁架叠合板；另一种是预制带肋底板混凝土叠合楼板。　　　　（　　）

2. 简答题

装配式混凝土结构常用的预制构件有哪些？

模块 **13** 钢结构

教学目标

通过本模块的学习，了解钢结构的组成、特点及应用范围；熟悉钢结构用钢材的品种、规格和选用原则；掌握钢结构的材料性能；掌握钢结构的连接方式；熟悉钢结构轴心受力构件、受弯构件的截面形式及稳定性。

教学要求

能力目标	相关知识	权重
掌握钢材的主要力学性能；了解钢材的两种破坏形式；掌握影响材料性能的主要因素	强度、塑性、冷弯性能、冲击韧性、可焊性，延性破坏、脆性破坏；化学成分等对其的影响	10%
了解钢材的种类、规格及其选用原则	各种规格的钢材，表示方法，选用原则	25%
了解钢结构连接的种类和特点；了解焊接方法；掌握焊缝连接形式及其计算；了解焊缝连接的缺陷、质量检验和焊缝质量级别；了解普通螺栓的排列和要求；熟悉高强螺栓连接的分类	焊接连接的形式及其构造要求，螺栓连接的形式及其构造要求	35%
了解轴心受力构件的分类；熟悉轴心受力构件在工程中的应用；了解强度和刚度的计算；掌握整体稳定性、局部稳定性的概念	轴心受力构件的类型：实腹式和格构式，轴心受力强度、刚度和稳定性的计算	15%
了解受弯构件的分类；熟悉受弯构件在工程中的应用；掌握稳定性的概念	梁的分类和稳定性	15%

学习重点

钢结构的材料性能；钢结构的连接方式；钢结构轴心受力构件的截面形式及稳定性；受弯构件的截面形式及稳定性。

引例

"鸟巢"是 2008 年北京奥运会主体育场。"鸟巢"外形结构主要由巨大的门式钢架组成，共有 24 根桁架柱。国家体育场建筑顶面呈鞍形，长轴为 332.3 m，短轴为 296.4 m，最高点高度为 68.5 m，最低点高度为 42.8 m。大跨度屋盖支撑在 24 根桁架柱之上，柱距为 37.96 m。主桁架围绕屋盖中间的开口放射形布置，有 22 榀主桁架直通或接近直通。为了避免出现过于复杂的节点，少量主桁架在内环附近截断。钢结构大量采用由钢板焊接而成的箱形构件，交叉布置的主桁架与屋面及立面的次结构一起形成了"鸟巢"的特殊建筑造型。

大家知道的知名的钢结构建筑物有哪些？它们有什么建筑特色？

13.1　钢结构的特点及应用范围

钢结构是将钢板、圆钢、钢管、钢索、各种型钢等钢材经过加工、连接、安装而组成的工程结构。钢结构是具有足够可靠性和良好社会经济效益的工程结构物和构筑物。在我国发展前景广阔。

13.1.1　钢结构的特点

(1) 钢材强度高而自重轻（轻质高强）。钢的容重大，但强度高，结构需要的构件截面小，因此结构自重轻。与其他材料相比，钢的容重与屈服点的比值最小。在承受同样荷载和约束的条件下，采用钢材时结构的自重比其他结构轻。例如，当跨度和荷载均相同时，钢屋架的自重仅为钢筋混凝土屋架的 1/4 ～ 1/3，冷弯薄壁型钢屋架甚至接近 1/10。由于钢结构自重较轻，便于运输和安装，因此其特别适用于跨度大、高度高、荷载大的结构。

(2) 材质均匀，且塑性、韧性好。与砖石和混凝土相比，钢材属单一材料，组织构造比较均匀，且接近各向同性，在正常使用情况下具有良好的塑性，一般情况下钢结构不会由于偶然超载而突然断裂，给人以安全保证；韧性好，说明钢材具有良好的动力工作性能，使得钢结构具有优越的抗震性能。

(3) 良好的焊接性能。进行工地拼接和吊装，既可保证工程质量，又可缩短施工周期。

(4) 钢结构制作简便、施工方便，具有良好的装配性。钢结构由各种型材采用机械加工在专业化的金属结构厂制作而成，制作简便且成品的精确度高，制成的构件在现场可直接拼接，因其构件质量较轻、施工方便，建成的钢结构也易于拆卸、加固或改建，应用十分广泛。另外，采用工厂制造、工地安装的施工方法，可缩短工期、降低造价、提高经济效益。

(5) 钢材的可重复使用性。钢结构加工制造过程中产生的余料和碎屑，以及废弃或破坏了的钢结构或构件，均可回炉重新冶炼成钢材重复使用。因此钢材被称为绿色建筑材料或可持续发展材料。

(6) 钢材的不渗漏适用于密闭容器。钢材本身因组织非常致密，采用焊接连接的钢板结构具有较好的水密性和气密性，可用来制作压力容器、管道，甚至载人太空船结构。

(7) 钢材耐热但不耐火。钢材长期经受100℃辐射热时，性能变化不大，具有一定的耐热性能。但当温度超过200℃时，会出现蓝脆现象；当温度达600℃时，钢材进入热塑性状态，将丧失承载能力。因此，在有防火要求的建筑中采用钢结构时，必须采用耐火材料加以保护。

(8) 耐腐蚀性差。钢材耐锈蚀的性能较差，因此必须对钢结构采取防护措施。不过在没有侵蚀性介质的一般厂房中，钢构件经过彻底除锈并涂上合格的油漆后，锈蚀问题并不严重。对处于湿度大、有侵蚀性介质环境中的结构，可采用耐候钢或不锈钢提高其抗锈蚀性能。

(9) 钢结构的低温冷脆倾向。由厚钢板焊接而成的承受拉力和弯矩的构件及其连接节点，在低温下有脆性破坏的倾向，应引起足够的重视。

13.1.2 钢结构的应用

随着我国国民经济的不断发展和科学技术的进步，钢结构在我国的应用范围也在不断扩大。目前钢结构应用范围大致如下。

1. 大跨结构

结构跨度越大，自重在荷载中所占的比例就越大。由于钢材具有强度高、自重轻的优点，故其被广泛应用于大跨度结构，如国家体育场、武汉长江大桥等。

2. 工业厂房

吊车起重量较大或者其工作较繁重的车间的主要承重骨架多采用钢结构，鞍钢、武钢、宝钢等结构著名的冶金车间都采用了不同规模的钢结构厂房。

近年来，随着压型钢板等轻型屋面材料的采用，轻钢结构工业厂房得到了迅速的发展。其结构形式主要为实腹式变截面门式刚架，如图13.1所示。

【钢结构建筑】

图 13.1　门式刚架

3. 多层和高层建筑

由于钢结构的综合效益指标优良，近年来在多高层民用建筑中也得到了广泛的应用。其结构形式主要有多层框架、框架–支撑结构、框筒、悬挂、巨型框架等。

4. 高耸结构

高耸结构包括塔架和桅杆结构，如高压输电线路的塔架、广播、通信和电视发射用的塔架和桅杆、火箭（卫星）发射塔架等。

5. 容器和其他构筑物

冶金、石油、化工企业中大量采用钢板做成的容器结构，包括油罐、煤气罐、高炉、热风炉等。此外，经常使用的钢构筑物还有皮带通廊栈桥、管道支架、锅炉支架等，海上采油平台也大都采用钢结构。

6. 钢和混凝土的组合结构

钢构件和板件受压时必须满足稳定性要求，往往不能充分发挥它的强度高的作用，而混凝土则最宜于受压不适于受拉。将钢材和混凝土并用，使两种材料都充分发挥它的长处，形成一种很合理的结构。近年来这种结构广泛应用于高层建筑（如深圳的赛格广场）、大跨桥梁、工业厂房和地铁站台柱等，主要构件形式有钢与混凝土组合梁和钢管混凝土柱等。

13.2 钢结构材料

引例

2001 年 9 月 11 日，恐怖分子劫持了 4 架民航客机撞击美国纽约世界贸易中心，世贸中心的两幢 110 层摩天大楼遭到攻击，仅仅半小时后两个大楼相继坍塌。

思考：采用钢结构的两个大楼为什么在飞机撞击后半小时内完全破坏，是由于飞机的撞击力量过大引起的破坏？还是其他原因引起的破坏？

钢是以铁和碳为主要成分的合金，其中铁是最基本的元素，碳和其他元素所占比例很少，但却左右着钢材的物理和化学性能。为了确保质量和安全，这些钢材应具有较高的强度、塑性和韧性，以及良好的加工性能。《钢结构设计标准》推荐碳素结构钢中的 Q235 和低合金高强度结构钢中的 Q345、Q390、Q420、Q460 和 Q345GT 等牌号的钢材作为承重结构用钢。

13.2.1 建筑钢材的破坏形式

钢材的破坏形式分为塑性（延性）破坏和脆性破坏。

(1) 塑性破坏的特征是钢材在断裂破坏时产生很大的塑性变形，又称延性破坏，其断口呈纤维状，色泽发暗，有时能看到滑移的痕迹。钢材的塑性破坏可通过一种标准圆棒试件进行拉伸破坏试验加以验证。钢材在发生塑性破坏时变形特征明显，很容易被发现并及时采取补救措施，因而不致引起严重后果，而且适度的塑性变形能起到调整结构内力分布的作用，使原先结构应力不均匀的部分趋于均匀，从而提高结构的承载能力。

(2) 脆性破坏的特征是钢材在断裂破坏时没有明显的变形征兆，其断口平齐，呈有光泽的晶粒状。由于脆性破坏无显著变形，破坏突然发生、无法预测，故其造成的危害和损失往往比延性破坏大得多，在钢结构工程设计、施工与安装中应采取适当措施尽力避免。

13.2.2 建筑钢材的力学性能

钢材的主要力学性能包括强度、塑性、韧性和冷弯性能，它们是钢结构设计的重要依据，这些性能指标主要靠试验来测定。

1. 拉伸试验

建筑钢材的强度和塑性一般由常温静载下单向拉伸试验曲线表明。钢材的单向拉伸试验所得的屈服强度 f_y、抗拉强度 f_u 和伸长率 δ 是钢材力学性能要求的三项重要指标。

1) 强度

钢结构设计中，将钢材达到屈服强度 f_y 作为承载能力极限状态的标志。钢材的抗拉强度 f_u 是钢材抗破坏能力的极限。

钢材的屈服点与抗拉强度之比，f_y/f_u 称为屈强比，它是表明设计强度储备的一项重要指标，f_y/f_u 越大，强度储备越小，结构越不安全；反之，f_y/f_u 越小，强度储备越大，结构越安全，强度利用率低且不经济。因此，在设计中要选用合适的屈强比。

2) 塑性

钢材的伸长率 δ 是反映钢材塑性的指标之一。其值越大，钢材破坏吸收的应变能越多，塑性越好。建筑用钢材不仅要求强度高，还要求塑性好，能够调整局部高应力，提高结构抗脆断能力。

2. 冷弯性能

冷弯性能又称弯曲试验，它是将钢材按原有厚度做成标准试件，放在如图 13.2 所示的冷弯试验机上，用具有一定弯心直径 d 的冲头，在常温下对标准试件中部施加荷载，使之弯曲达 180°，然后检查试件表面，如果不出现裂纹和起层，则认为试件材料冷弯试验合格。冲头的弯心直径 d 根据试件厚度和钢种确定，一般厚度越大，d 也越大。

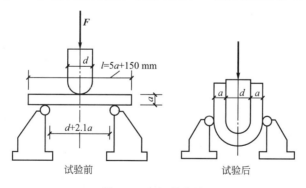

图 13.2 冷弯试验

3. 韧性

实际的钢结构常常会承受冲击或振动荷载，如厂房中的吊车梁、桥梁结构等。韧性是指钢材抵抗冲击或振动荷载的能力，其衡量指标称为冲击韧性。冲击韧性值由冲击试验求得，如图 13.3 所示。试件破坏时吸收的能量越多，抵抗脆性破坏的能力越强，韧性越好。冲击韧性值是衡量钢材强度、塑性及材质的一项综合指标。

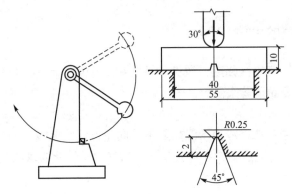

图 13.3　冲击韧性试验

13.2.3　影响钢材性能的主要因素

1. 化学成分的影响

钢结构主要采用碳素结构钢和低合金结构钢。钢的主要成分是铁 (Fe)。碳素结构钢中铁含量占 99% 以上，其余是碳 (C)、硅 (Si)、锰 (Mn) 及硫 (S)、磷 (P)、氧 (O)、氮 (N) 等冶炼过程中留在钢中的杂质元素。在低合金高强度结构钢中，冶炼时人们还特意加入少量合金元素，如钒 (V)、铜 (Cu)、铬 (Cr)、钼 (Mo) 等。这些合金元素通过冶炼工艺以一定的结晶形态存在于钢中，可以改善钢材的性能。

1) 碳 (C)

碳是各种钢中的重要元素之一，在碳素结构钢中是除铁以外的最主要元素。碳是形成钢材强度的主要成分，随着含碳量的提高，钢的强度逐渐增高，而塑性和韧性下降，冷弯性能、焊接性能和抗锈蚀性能等也变差。钢按碳的含量区分，小于 0.25% 的为低碳钢，大于 0.25% 而小于 0.6% 的为中碳钢，大于 0.6% 的为高碳钢。

2) 硫 (S)

硫是有害元素，属于杂质。硫会降低钢材的冲击韧性、疲劳强度、抗锈蚀性能和焊接性能等。硫的含量必须严格控制，一般不得超过 0.05%。

3) 磷 (P)

磷可以提高钢的强度和抗锈蚀性，但却严重地降低了钢的塑性、韧性、冷弯性能和焊接性能，特别是在温度较低时促使钢材变脆，称为钢材的"冷脆"。

4) 锰 (Mn)

锰是有益的元素，它能显著提高钢材的强度，同时又不显著降低塑性和冲击韧性。我国低合金钢中锰的含量一般为 0.1% ~ 1.8%。

5) 硅 (Si)

硅也是有益元素，有更强的脱氧作用，是强氧化剂。硅在镇静钢中的含量一般为

0.12% ～ 0.30%，在低合金钢中的含量一般为 0.2% ～ 0.55%。

6) 氧 (O)、氮 (N)

氧和氮也是有害元素，氧能使钢热脆，氮能使钢冷脆。

2. 钢材的焊接性能

钢材的焊接性能是指在一定的焊接工艺条件下获得性能良好的焊接接头。

 **知识链接**

评定可焊性好的标志：

(1) 在一定的焊接工艺条件下，焊缝和近缝区均不产生裂纹 (施工上的可焊性)；

(2) 焊接接头和焊缝的冲击韧性及近缝区塑性不低于母材性能 (使用性能上的可焊性)。

3. 冶炼与轧制

根据冶炼过程中脱氧程度不同，钢材可分为镇静钢、半镇静钢、特殊镇静钢和沸腾钢，脱氧程度越高，钢材性能越好。钢材的轧制是在 1200 ～ 1300℃ 高温下进行的。轧制能使金属晶粒变细，消除气泡和裂纹等。

4. 温度影响

温度升高时，钢材的强度和弹性模量变化的总趋势是降低的。当温度低于常温时，随着温度的降低，钢材的强度提高，而塑性和韧性降低，逐渐变脆，称为钢材的低温冷脆。

5. 构造缺陷——应力集中现象

钢结构的构件中不可避免地存在孔洞、槽口、凹角、裂纹、厚度变化、形状变化及内部缺陷等，统称为构造缺陷。由于构造缺陷，钢材中的应力不再保持均匀分布，而是在构造缺陷区域的某些点产生局部高峰应力，而其他一些点的应力则降低，这种现象称为应力集中。应力集中是构成构件脆性破坏的主要原因之一。

13.2.4 钢结构用钢材的种类、规格与选用

1. 建筑钢材的种类

建筑结构用钢的钢种主要是碳素结构钢和低合金钢两种。在碳素结构钢中，建筑钢材只使用低碳钢 (含碳量不大于 0.25%)。低合金钢是在冶炼碳素结构钢时添加一些合金元素炼成的钢，目的是提高钢材的强度、冲击韧性、耐腐蚀性等，而不致过多降低其塑性。

1) 碳素结构钢

国家标准《碳素结构钢》(GB/T 700—2006) 将碳素结构钢按屈服点数值分为五个牌号：Q195、Q215、Q235、Q255 及 Q275。《钢结构设计标准》中所推荐的碳素结构钢是 Q235 钢，含碳量在 0.22% 以下，属于低碳钢，钢材的强度适中，塑性、韧性均较好。该牌号钢材又根据化学成分和冲击韧性的不同划分为 A、B、C、D 共四个质量等级，表示质量等级由低到高。

《碳素结构钢》标准中钢材牌号表示方法由字母 Q、屈服点数值 (单位 N/mm^2)、质量等级代号 (A、B、C、D) 及脱氧方法代号 (F、B、Z、TZ)4 个部分组成。Q 是"屈"字汉语拼音的首位字母，质量等级中以 A 级最差、D 级最优，F、B、Z、TZ 则分别是

"沸""半""镇"及"特、镇"汉语拼音的首位字母，分别代表沸腾钢、半镇静钢、镇静钢及特殊镇静钢，其中代号 Z、TZ 可以省略。Q235 中 A、B 级有沸腾钢、半镇静钢及镇静钢，C 级全部为镇静钢，D 级全部为特殊镇静钢。例如，Q235B 代表屈服强度为 235、单位为 N/mm² 的 B 级镇静钢。

2) 低合金高强度结构钢

《低合金高强度结构钢》(GB/T 1591—2008) 将低合金高强度结构钢按屈服点数值分为八个牌号：Q345、Q390、Q420、Q460、Q500、Q550、Q620 及 Q690，所推荐的低合金高强度结构钢是 Q345、Q390、Q420 钢。

《低合金高强度结构钢》中钢材牌号就只由 Q、屈服点数值及质量等级三个部分组成，其中质量等级有 A、B、C、D、E 共五个级别，字母顺序越靠后的钢材质量越高。A、B 级为镇静钢，C、D、E 为特殊镇静钢，故可不加脱氧方法的符号。

3) 优质碳素结构钢

优质碳素结构钢与碳素结构钢的主要区别在于钢中含杂质较少，磷、硫等有害元素的含量均不大于 0.035%，其他缺陷的限制也较严格，具有较好的综合性能。优质碳素结构钢由于价格较高，在钢结构中使用较少，仅用经热处理的优质碳素结构钢冷拔高强度钢丝或制作高强螺栓、自攻螺钉等。

2. 钢材的规格

钢结构采用的钢材品种主要为热轧钢板和型钢以及冷弯薄壁型钢和压型板。

(1) 钢板。钢板分厚钢板、薄钢板和扁钢，其规格用符号"—"和宽度 × 厚度 × 长度的毫米数表示。如 − 300 × 10 × 3000 表示宽度为 300 mm、厚度为 10 mm、长度为 3000 mm 的钢板。

(2) 热轧型钢。常用的热轧型钢有角钢、H 形钢、工字钢、槽钢、T 形钢和钢管（图 13.4）。

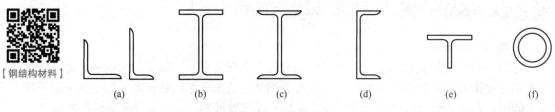

【钢结构材料】

图 13.4　热轧型钢

角钢分等边角钢和不等边角钢两种，等边角钢的型号用符号"∟"和肢宽 × 肢厚的毫米数表示，如 ∟100 × 10 为肢宽 100 mm、肢厚 10 mm 的等边角钢。不等边角钢的型号用符号"∟"和长肢宽 × 短肢宽 × 肢厚的毫米数表示，如 ∟100 × 80 × 8 为长肢宽 100 mm、短肢宽 80 mm、肢厚 8 mm 的不等边角钢。我国目前生产的最大等边角钢的肢宽为 200 mm，最大不等边角钢的肢宽为 200 mm × 125 mm。角钢的长度一般为 3～19 m。

工字钢型号用符号"工"后加截面高度的厘米数表示。20 号和 32 号以上的普通工字钢，同一高度的工字钢又按腹板厚度不同分 a、b 和 a、b、c 类型。同类的普通工字钢宜尽量选用腹板厚度最薄的 a 类，因为其自重轻，而截面惯性矩相对较大。我国生产的最大普通工字钢为 63 号，长度为 5 ~ 19 m。工字钢一般宜用于单向受弯构件。

H 形钢和 T 形钢均分为宽、中、窄三种类别，其代号分别为 HW、HM、HN 和 TW、TM、TN。宽翼缘 H 形钢的翼缘宽度 b 与其截面高度 h 一般相等，中翼缘的 $b \approx (\frac{1}{2} \sim \frac{2}{3})h$，窄翼缘的 $b \approx (\frac{1}{3} \sim \frac{1}{2})h$。H 形钢和 T 形钢的规格标记均采用截面高度 $h \times$ 翼缘宽度 $b \times$ 腹板厚度 $t_1 \times$ 翼缘厚度 t_2，如 HW400×400×13×21。

槽钢有普通槽钢和轻型槽钢两种，适于做檩条等双向受弯的构件。槽钢型号用符号"["加截面高度的厘米数。14 号和 25 号以上的普通槽钢，又按腹板厚度不同分 a、b 和 a、b、c 类型，如 [32a 指截面高度为 320 mm，腹板较薄的槽钢。我国生产的最大槽钢为 40 号，长度为 5 ~ 19 m。

钢管分无缝钢管和焊接钢管两种，型号用"D"和外径 × 壁厚的毫米数表示，如 D180×8 为外径 180 mm、壁厚 8 mm 的钢管。

(3) 冷弯型钢和压型钢板。建筑中使用的冷弯型钢常用厚度为 1.5 ~ 5 mm 的薄钢板或钢带经冷轧 (弯) 或模压而成，故也称冷弯薄壁型钢 (图 13.5)。另外，还有用厚钢板 (大于 6 mm) 冷弯成的方管、矩形管、圆管等，称为冷弯厚壁型钢。压型钢板是冷弯型钢的另一种形式，它是用厚度为 0.3 ~ 2 mm 的镀锌或镀铝锌钢板、彩色涂层钢板经冷轧 (压) 成的各种类型的波形板，图 13.6 所示为其中数种。冷弯型钢和压型钢板分别适用于轻钢结构的承重构件和屋面、墙面构件。冷弯薄壁型钢和压型钢板都属于高效经济截面，由于壁薄，截面几何形状开展，截面惯性矩大、刚度好，故能高效地发挥材料的作用，节约钢材。

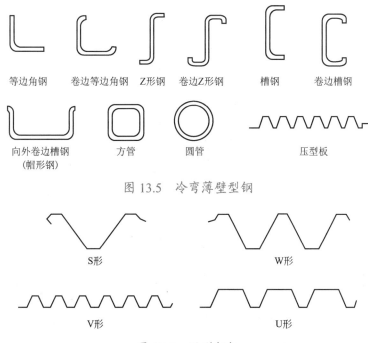

| 等边角钢 | 卷边等边角钢 | Z形钢 | 卷边Z形钢 | 槽钢 | 卷边槽钢 |

向外卷边槽钢
（帽形钢）　　　方管　　　圆管　　　压型板

图 13.5　冷弯薄壁型钢

S形　　　　　　　　W形

V形　　　　　　　　U形

图 13.6　压型钢板

3. 钢材的选用

钢材的选用原则是保证结构安全可靠，同时要经济合理、节约钢材。考虑的因素有以下几个。

1) 结构的重要性

首先应判明建筑物及其构件的分类（重要、一般还是次要）及安全等级（一级、二级还是三级）。

2) 荷载情况

要考虑结构所受荷载的特性，如是静荷载还是动荷载，是直接动载还是间接动载。

3) 连接方法

需考虑钢材的采用焊接连接还是非焊接连接形式，以便选择符合实际要求的钢材。

4) 结构的工作温度

需考虑结构的工作温度及周围环境中是否有腐蚀性介质。

5) 钢材厚度

对需要选用厚度较大的钢材，应考虑厚度方向撕裂性能的因素，而决定是否选择 Z 向钢。

6) 环境条件

需考虑结构的工作温度及周围环境是否有腐蚀介质。

13.3 钢结构连接

13.3.1 钢结构的连接方法和特点

钢结构的连接方法有焊缝连接、螺栓连接和铆钉连接三种（图 13.7）。

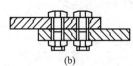
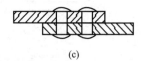

(a)　　　　　　　　(b)　　　　　　　　(c)

图 13.7　钢结构的连接方法

(a) 焊缝连接；(b) 螺栓连接；(c) 铆钉连接

1. 焊缝连接

焊缝连接是通过电弧产生的热量使焊条和焊件局部熔化，经冷却凝结成焊缝，从而将焊件连接成为一体，是现代钢结构连接中最常用的方法。其优点是构造简单，制造省工；不削弱截面，经济；连接刚度大，密闭性能好；易采用自动化作业，生产效率高。其缺点是焊缝附近有热影响区，该处材质变脆；焊接结构对裂纹很敏感，裂缝易扩展，尤其在低温下易发生脆断。

【焊接、螺栓连接】

2. 螺栓连接

螺栓连接可以分为普通螺栓连接和高强度螺栓连接两种。普通螺栓通常采用 Q235 钢材制成，安装时用普通扳手拧紧；高强度螺栓则用高强度钢材经热处理制成，用能控制螺栓杆的扭矩或拉力的特制扳手，拧紧到规定的预拉应力值，将被连接件高度夹紧。所以，螺栓连接是通过螺栓这种紧固件将被连接件连接成为一体的。

螺栓连接的优点是施工工艺简单、安装方便，特别适用于工地安装连接，工程进度和质量易得到保证。其缺点是因开孔对构件截面有一定的削弱，有时在构造上还须增设辅助连接件，故用料增加，构造较繁杂。此外，螺栓连接须制孔，拼装和安装时须对孔，工作量增加，且对制造的精度要求较高，但它仍是钢结构连接的重要方式之一。

1) 普通螺栓连接

普通螺栓分 A、B、C 共三级。其中 A 级和 B 级为精制螺栓，其螺栓材料性能等级为 5.6 级和 8.8 级，小数点前的数字表示螺栓成品的抗拉强度分别不小于 500 N/mm^2 和 800 N/mm^2，小数点及小数点后的数字表示屈强比（屈服强度与抗拉强度的比值）分别为 0.6 和 0.8。精制螺栓要求配 I 类孔，I 类孔孔壁光滑，对孔准确。但其制作和安装复杂、价格较高，已很少在钢结构中采用。

C 级螺栓材料性能等级为 4.6 级或 4.8 级。抗拉强度不小于 400 N/mm^2，其屈强比（屈服强度与抗拉强度的比值）为 0.6 或 0.8。C 级螺栓由未加工的圆钢压制而成。由于螺栓表面粗糙，一般采用在单个零件上一次冲成或不用钻模钻成的孔（II 类孔）。螺栓孔的直径比螺栓杆的直径大 1.5 ~ 2 mm。其安装方便，且能有效地传递拉力，故一般可用于沿螺栓杆轴受拉的连接中，以及次要结构的抗剪连接或安装时的临时固定。

2) 高强度螺栓连接

高强度螺栓材料性能等级分别为 8.8 级和 10.9 级，抗拉强度应分别不低于 800 N/mm^2 和 1000 N/mm^2，屈强比分别为 0.8 和 0.9，一般采用 45 号钢、40B 钢和 20MnTiB 钢加工制作，经热处理后制成。

高强度螺栓分为大六角头型和扭剪型。安装时通过特别的扳手，以较大的扭矩拧紧螺帽，使螺栓杆产生很大的预拉力。高强螺栓连接有摩擦型连接和承压型连接两种类型。高强度螺栓预拉力将被连接的部件加紧，使部件的接触面间产生很大的摩擦力，外力通过摩擦力来传递，这种连接称为高强度螺栓摩擦型连接，摩擦型连接的孔径比螺杆的公称直径 d 大 1.5 ~ 2.0 mm。另一种是允许接触面滑移，依靠螺栓杆和螺栓孔之间的承压来传力，这种连接称为高强度螺栓承压型连接，承压型连接的孔径比螺杆的公称直径 d 大 1.0 ~ 1.5 mm。

3. 铆钉连接

铆钉连接由于构造复杂、费钢费工，现已很少采用。但是铆钉连接的塑性和韧性较好、传力可靠、质量易于检查，在一些重型和直接承受动力荷载的结构中仍然采用。

13.3.2 焊缝连接

1. 焊缝方法

常用的焊缝方法是电弧焊，包括手工电弧焊、自动或半自动埋弧焊及气体保护焊等。

1）手工电弧焊

图 13.8 是手工电弧焊示意图。它是由焊条、焊钳、焊件、电焊机和导线等组成的电路，通电引弧后，在涂有焊药的焊条端和焊件间的间隙中产生电弧，使焊条熔化，熔滴滴入被电弧吹成的焊件熔池中，同时焊药燃烧，在熔池周围形成保护气体，稍冷后在焊缝熔化金属的表面又形成熔渣。

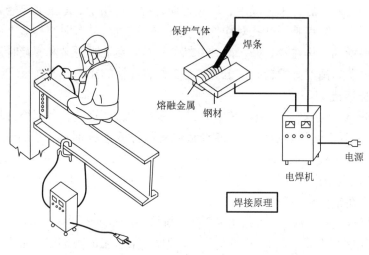

图 13.8　手工电弧焊

手工焊常用的焊条有碳钢焊条和低合金钢焊条，其牌号有 E43 型、E50 型和 E55 型等。其中 E 表示焊条，两位数字表示焊条熔敷金属抗拉强度的最小值（单位为 N/mm^2）。手工焊接采用的焊条应符合国家标准的规定。在选用焊条时，其应与主体金属相匹配。一般情况下，对 Q235 钢采用 E43 型焊条，对 Q345、Q390 钢采用 E50、E55 型焊条，对 Q420 钢采用 E55、E60 型焊条。当不同强度的两种钢材进行连接时，宜采用与低强度钢材相适应的焊条。

2）自动或半自动埋弧焊

自动或半自动埋弧焊的原理如图 13.9 所示。其特点是焊丝成卷装置在焊丝转盘上，焊丝外表裸露不涂焊剂（焊药）。焊剂呈散状颗粒装置在焊剂漏斗中，通电引弧后，当电弧下的焊丝和附近焊件金属熔化时，焊剂也不断从漏斗流下，将熔融的焊缝金属覆盖，其中部分焊剂将熔成焊渣浮在熔融的焊缝金属表面。由于有覆盖层，焊接时看不见强烈的电弧光，故称为埋弧焊。当埋弧焊的全部装备固定在小车上，由小车按规定速度沿轨道前进进行焊接时，这种方法称为自动埋弧焊。如果焊机的移动是由人工操作的，则称为半自动埋弧焊。

3）气体保护焊

气体保护焊的原理是在焊接时用喷枪喷出的惰性气体将电弧、熔池与大气隔离，从而保持焊接过程的稳定。由于焊接时没有熔渣，故气体保护焊便于观察焊缝的成型过程，但操作时须在室内避风处，若在工地施焊则须搭设防风棚，如图 13.10 所示。

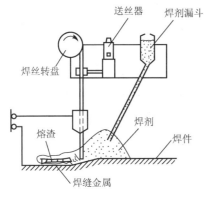

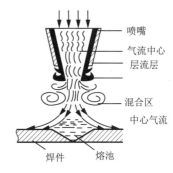

图 13.9 埋弧自动电弧焊　　　　　图 13.10 气体保护焊

2. 焊缝连接形式及焊缝形式

(1) 焊缝连接形式按所连接构件相对位置可分为对接、搭接、T 形连接、角部连接四种类型 (图 13.11)。这些连接所用的焊缝有对接焊缝和角焊缝两种基本形式。

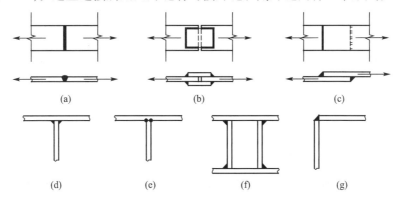

图 13.11　焊缝连接的形式

(a) 对接连接；(b) 用拼接盖板的对接连接；(c) 搭接连接；

(d)、(e) T 形连接；(f)、(g) 角部连接

(2) 焊缝形式：焊缝包括对接焊缝和角焊缝，每一种又有多种分类形式，形式各不相同。

对接焊缝按受力的方向分为正对接焊缝、斜对接焊缝。与作用力方向正交的对接焊缝称为正对接焊缝 [图 13.12(a)]；与作用力方向斜交的对接焊缝称为斜对接焊缝 [图 13.12(b)]。

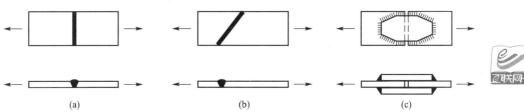

图 13.12　焊缝形式

(a) 正对接连接；(b) 斜对接焊缝；(c) 角焊缝

227

角焊缝 [图 13.12(c)] 按所受力的方向分为正面角焊缝、侧面角焊缝和斜角焊缝。轴线与力作用方向垂直的角焊缝称为正面角焊缝；轴线与力作用方向平行的角焊缝称为侧面角焊缝；轴线与力作用方向斜交的角焊缝称为斜角焊缝。

角焊缝按沿长度方向的布置分为连续角焊缝、间断角焊缝（图 13.13）。

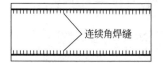

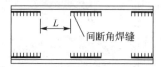

图 13.13 连接角焊缝和间断角焊缝

间断角焊缝间断距离 L 不宜过长，以免连接不紧密使潮气侵入，引起构件腐蚀。一般在受压构件中 $L \leqslant 15t$，在受拉构件中 $L \leqslant 30t$（t 为较薄焊件的厚度）。

焊缝按施焊位置分为平焊、横焊、立焊及仰焊（图 13.14）。

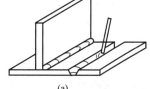

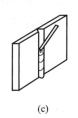
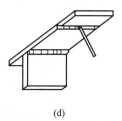

(a)   (b)   (c)   (d)

图 13.14 焊缝施焊位置

(a) 平焊；(b) 横焊；(c) 立焊；(d) 仰焊

🏯 特别提示

平焊施焊方便；横焊和立焊对焊工的操作水平要求较高；仰焊的操作条件最差，焊缝质量不易保证，在焊接中应尽量避免。

3. 焊缝连接的缺陷、质量检验和焊缝质量级别

焊缝连接的缺陷是指在焊接过程中，产生于焊缝金属或附近热影响区钢材表面或内部的缺陷。最常见的缺陷有裂纹、焊瘤、烧穿、弧坑、气孔、夹渣、咬边、未熔合、未焊透（规定部分焊透者除外）及焊缝外形尺寸不符合要求等（图 13.15）。它们将直接影响焊缝质量和连接强度，使焊缝受力面积削弱，且在缺陷处引起应力集中，导致产生裂纹，并引起断裂。

焊缝的质量检验方法一般可用外观检查和内部无损检验。焊缝质量按《钢结构工程质量验收规范》(GB 50205—2001) 分为三级，其中三级焊缝只要求对全部焊缝做外观检查；二级焊缝除要求对全部焊缝做外观检查外，还须对部分焊缝做超声波等无损探伤检查；一级焊缝要求对全部焊缝做外观检查及无损探伤检查。

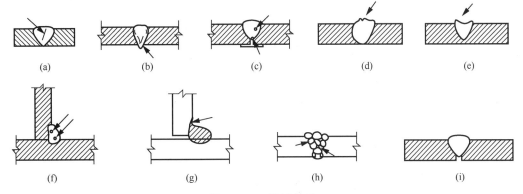

图 13.15　焊缝缺陷

(a) 裂纹；(b) 烧穿；(c) 气孔；(d) 焊瘤；(e) 弧坑；(f) 夹渣；(g) 咬边；(h) 未熔合；(i) 未焊透

 知识链接

焊接质量控制

(1) 焊工资质：持证上岗，合格焊位。

(2) 焊接工艺：焊接材料烘干、防潮，清理焊面，焊件定位；焊前焊后进行热处理，保证焊接环境温度、湿度、防风避雨；控制焊接过程温度。

(3) 焊接质量检验：焊接表面质量，无损探伤检验。

13.3.3　对接焊缝的构造要求与计算

1. 对接焊链的构造要求

对接焊缝包括焊头对接焊缝和部分焊头对接焊缝。为了保证焊缝质量，对接焊件常做成坡口。坡口的形式大多与焊件的厚度有关。当焊件厚度很小（手工焊 6 mm、埋弧焊 10 mm)时，可采用直边缝。对于一般厚度的焊件，可采用具有斜坡口的单边 V 形或 V 形焊缝。斜坡口和根部间隙共同组成一个焊条能够运转的施焊空间，使焊缝易于焊透；钝边有托住熔化金属的作用。对于较厚的焊件 ($t>20$ mm)，则采用 U 形、K 形、X 形坡口，如图 13.16 所示。

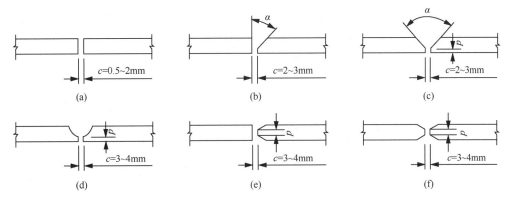

图 13.16　对接焊缝的坡口形式

(a) 直边缘；(b) 单边 V 形坡口；(c)V 形坡口；(d)U 形坡口；(e)K 形坡口；(f)X 形坡口

其中 V 形焊缝和 U 形焊缝为单面施焊，但在焊缝根部还需要补焊。没有条件补焊时，要事先在根部加垫块，如图 13.17 所示。当焊件可随意翻转施焊时，使用 K 形缝和 X 形缝较好。

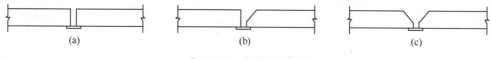

图 13.17　根部加垫块

(a) 直边缝；(b) 单边 V 形坡口；(c) 双边 V 形坡口

在对接焊缝的拼接处，当焊件的宽度不同或厚度相差 4 mm 以上时，应分别在宽度方向或厚度方向从一侧或两侧做成坡渡不大于 1/4(对承受动荷载的结构) 或 1/2.5(对承受静荷载的结构)，以使截面过渡缓和，减小应力集中，如图 13.18 所示。

在焊缝的起弧灭弧处，常会出现弧坑等缺陷，这些缺陷对承载力影响极大，故焊接时一般应设置引弧板或引出板，焊后割除，如图 13.19 所示。

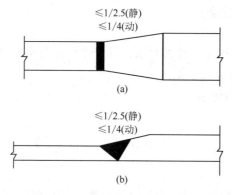

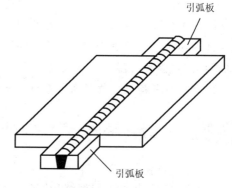

图 13.18　改变拼接处的宽度或厚度

(a) 改变宽度；(b) 改变厚度

图 13.19　用引弧板焊接

2. 对接焊缝连接的计算

对接焊缝的截面与被连接件截面基本相同，故设计时采用的强度计算式与被连接件的基本相同。轴心受力对接焊缝的计算如下。

图 13.20(a) 所示对接焊缝受垂直于焊缝长度方向的轴心力 (拉力或压力)，其焊缝强度按式 (13-1) 计算：

$$\sigma=\frac{N}{l_{\mathrm{w}}t}\leqslant f_{\mathrm{t}}^{\mathrm{w}}\text{或}f_{\mathrm{c}}^{\mathrm{w}} \tag{13-1}$$

式中，N——轴心拉力或压力；

$\quad\quad l_{\mathrm{w}}$——焊缝的计算长度，当采用引弧板时，取焊缝的实际长度，当未采用引弧板时，每条焊缝取实际长度减去 $2t$；

$\quad\quad t$——取连接件的较小厚度，T 形连接中为腹板厚度；

$f_{\mathrm{t}}^{\mathrm{w}}$、$f_{\mathrm{c}}^{\mathrm{w}}$——对接焊缝的抗拉和抗压强度设计值。

当直焊缝不能满足强度要求时，可采用斜对接焊缝，如图 13.20(b) 所示。

$$\sigma=\frac{N\sin\theta}{l_{\mathrm{w}}t}\leqslant f_{\mathrm{t}}^{\mathrm{w}}\text{或}f_{\mathrm{c}}^{\mathrm{w}}$$

$$\tau=\frac{N\cos\theta}{l_{\mathrm{w}}t}\leqslant f_{\mathrm{v}}^{\mathrm{w}}$$

(13-2)

式中，l_{w}——焊缝的计算长度（当采用引弧板时，$l_{\mathrm{w}}=l/\sin\theta$；当未采用引弧板时，每条焊缝 $l_{\mathrm{w}}=l/\sin\theta-2t$）；

$f_{\mathrm{v}}^{\mathrm{w}}$——对接焊缝抗剪强度设计值。

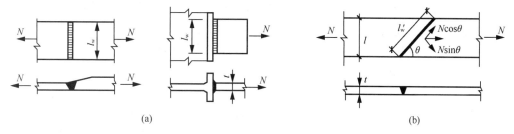

图 13.20　轴心受力对接焊缝

(a) 直对接焊缝连接；(b) 斜对接焊缝连接

特别提示

(1) 在一般加引弧板的情况下，所有受压、受剪的对接焊缝以及受拉的一、二级焊缝均与母材强度相等，不用进行强度计算，只有受拉的三级焊缝才需要进行计算。

(2) 当斜焊缝倾角 $\theta\leqslant56°$，即 $\tan\theta\leqslant1.5$ 时，可认为焊缝与母材等强，不用计算。

13.3.4　角焊缝的构造要求与计算

1. 角焊缝的构造要求

角焊缝是最常见的焊缝。角焊缝按其与作用力的关系分为正面角焊缝、侧面角焊缝及斜焊缝。焊缝按其截面形式分为直角角焊缝（图 13.21）、斜角角焊缝（图 13.22）。图中 h_{f} 为焊脚尺寸。

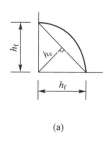
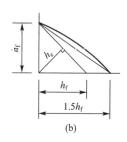

图 13.21　直角角焊缝

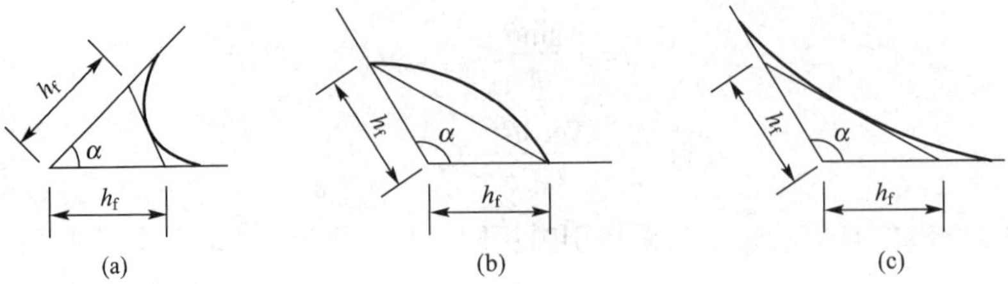

图 13.22 斜角角焊缝

当角焊缝的两焊脚边夹角为 90° 时，称为直角角焊缝，如图 13.21 所示。图 13.21(a) 为表面微凸的等腰直角三角形，施焊方便，是最常见的一种角焊缝形式，但是不能用于直接承受动力荷载的结构中，在直接承受动力荷载的结构中，正面角焊缝宜采用如图 13.21(b) 所示的平坦型，且长边沿内力方向；侧面角焊缝则采用图 13.21(c) 所示的凹面式直角角焊缝。

两焊脚边的夹角 $\alpha>90°$ 或 $\alpha<90°$ 的焊缝称为斜角角焊缝，图 13.22 所示的斜角角焊缝常用于钢漏斗和钢管结构中。对于夹角 $\alpha>135°$ 或 $\alpha<60°$ 的斜角角焊缝，除钢管结构外，不宜用作受力焊缝。

(1) 最小焊脚尺寸 $h_{f,min}$ 。角焊缝的焊脚尺寸 h_f 不能过小，否则焊缝因输入能量过小，而焊件厚度较大，以致施焊时冷却速度过快，产生淬硬组织，导致母材开裂。《钢结构工程质量验收规范》规定，当采用手工焊时，有

$$h_{f,max} \geqslant 1.5\sqrt{t_2}$$

式中，t_2——较厚焊件厚度 (mm)。

焊脚尺寸取整毫米数，小数点以后都进为 1。自动焊熔深较大，故所取最小焊脚尺寸可减小 1 mm；对 T 形连接的单面角焊缝，应增加 1 mm；当焊件厚 $t \leqslant 4$ mm 时，取 $h_{f,min}=t$。

(2) 最大焊脚尺寸 $h_{f,max}$ 。为了避免较薄焊件烧穿，减小焊接残余应力和残余变形，角焊缝的焊脚尺寸不宜过大。《钢结构工程质量验收规范》规定，除钢管结构外，角焊缝的焊脚尺寸 h_f 不宜大于较薄焊件厚度的 1.2 倍，如图 13.23(a) 所示，即

$$h_{f,max} \leqslant 1.2t_1$$

式中，t_1——较薄焊件厚度 (mm)。

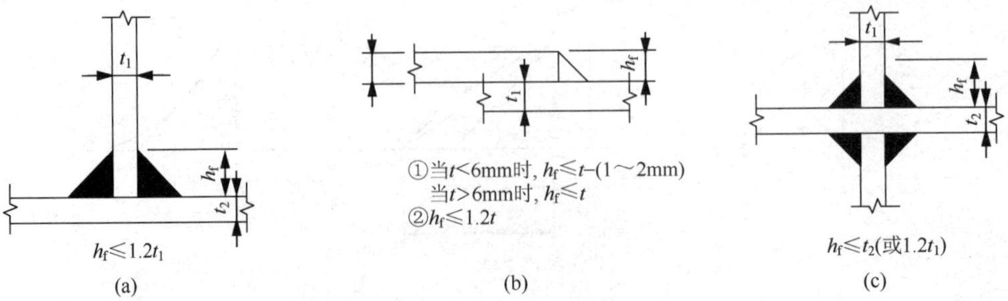

图 13.23 最大焊脚尺寸

(a)T 形连接；(b) 搭接；(c) 十字连接

对板边厚度为 t 的边缘角焊缝施焊，如图 13.23(b) 所示，为防止咬边，$h_{f,max}$ 尚应满足下列要求。

① 当板件厚度 $t \leqslant 6$ mm 时，$h_{f,max} \leqslant t$。

② 当板件厚度 $t > 6$ mm 时，$h_{f,max} = t - (1 \sim 2)$ mm。

如果另一焊件厚度 $t' < t$ 时，还应满足 $h_f \leqslant 1.2\,t'$ 的要求。

(3) 侧面角焊缝的计算长度不宜大于 $60h_f$，即 $l_w \leqslant 60h_f$。当计算长度大于上述限值时，其超过部分在计算中不予考虑。

(4) 角焊缝的最小计算长度 $l_{w,min}$。若 l_w 过小，则焊件局部受热严重，且起灭弧弧坑太近对焊缝强度影响较为敏感，会降低焊缝可靠性。因此，《钢结构设计规范》规定，侧面角焊缝或正面角焊缝的计算长度均不得小于 $8h_f$ 及 40 mm。考虑焊缝两端的缺陷，其最小实际焊接长度还应加大 $2h_f$。即计算长度 $l_w \geqslant 8h_f$ 及 40 mm，实际长度 $l = l_w + 2h_f$。

(5) 当板件端部仅有两条侧面角焊缝连接时 (图 13.24)，每条侧面角焊缝长度 l_w 不宜小于两侧面角焊缝之间的距离 b，即 $b/l_w \leqslant 1$；且 $b \leqslant 16t$（当 $t > 12$ mm）或 190 mm（当 $t \leqslant 12$ mm），t 为较薄焊件的厚度。

(6) 杆件与节点板的连接焊接宜采用两面侧焊，也可用三面围焊，对角钢杆件可采用 L 形围焊，所有围焊的转角处必须连续施焊；对于非围焊情况，当角焊缝的端部在构件转角处时，可连续地做长度为 $2h_f$ 的绕角焊 (图 13.24)。

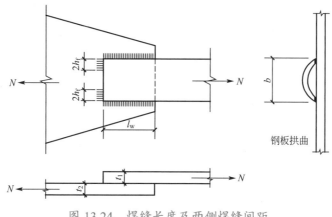

图 13.24 焊缝长度及两侧焊缝间距

(7) 在搭接连接中，搭接长度 $\geqslant 5t_{min}$ 且 $\geqslant 25$ mm (图 13.25)。

图 13.25 搭接连接

2. 角焊缝的计算

应用案例13-1

如图 13.26 所示，按构造要求计算板件焊脚尺寸。

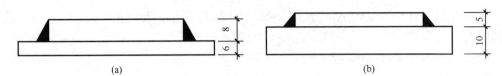

图 13.26　应用案例 13-1 图

解：(1) 在图 13.26(a) 中

$$1.5\sqrt{t_{max}}=1.5\sqrt{8}=4.2(mm)，取\ h_{f,min}=5\ mm$$
$$1.2t_{min}=1.2\times6=7.2(mm)，取\ h_{f,max}=7\ mm$$

因为是边缘角焊缝，$h_{f,max}=t-2=8-2=6(mm)$

所以 $h_f=6\ mm$ 合理。

(2) 在图 13.26(b) 中

$1.5\sqrt{t_{max}}=1.5\sqrt{10}=4.7(mm)$，取 $h_{f,min}=5\ mm$

$1.2t_{min}=1.2\times5=6\ (mm)$，取 $h_{f,max}=7\ mm$

因为是边缘角焊缝，且 $t=5\ mm<6\ mm$，取 $h_{f,max}=5\ mm$，所以取 $h_f=5\ mm$ 合理。

13.3.5　焊缝符号表示法

　　《焊缝符号表示法》规定：焊缝代号由引出线、图形符号和辅助符号三部分组成。引出线由横线和带箭头的斜线组成。箭头指到图形上的相应焊缝处，横线的上面和下面用来标注图形符号和焊缝尺寸。当引出线的箭头指向焊缝所在的一面时，应将图形符号和焊缝尺寸等标注在水平横线的上面；当引出线的箭头指向焊缝所在的另一面时，则应将图形符号和焊缝尺寸等标注在水平横线的下面。必要时可在水平线的末端加一尾部作为其他说明之用。图形符号表示焊缝的基本形式，如用 ◣ 表示角焊缝，用 Ｖ 表示 V 形坡口的对接焊缝。辅助符号表示辅助要求，如用 ▶ 表示现场安装焊缝等。

　　1. 对接焊缝的符号

　　对接焊缝的符号如图 13.27 所示。

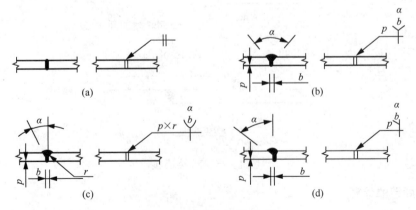

图 13.27　对接焊缝符号

(a) 直焊缝；(b) V 形对接焊缝；(c) U 形对接焊缝；(d) 单边 V 形对接焊缝

2. 角焊缝的符号

角焊缝的符号如图 13.28 所示。

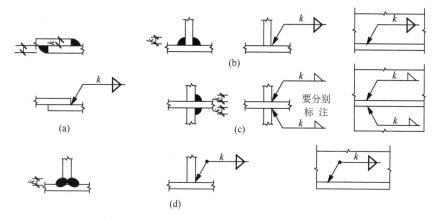

图 13.28　角焊缝符号

(a) 搭接连接；(b) T 形连接；(c) 十字连接；(d) 熔透角焊缝

3. 不规则焊缝的标注

不规则焊缝的标注如图 13.29 所示。

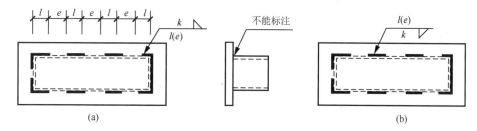

图 13.29　不规则焊缝的表示

(a) 可见焊缝；(b) 不可见焊缝

4. 相同焊缝符号

在同一张图上，当焊缝的形式、断面尺寸和辅助要求均相同时，可只选择一处标注焊缝的符号和尺寸，并加注"相同焊缝符号"，相同焊缝符号为 3/4 圆弧，绘在引出线的转折处，如图 13.30 所示。

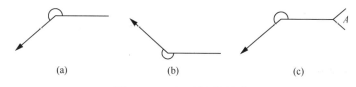

图 13.30　相同焊缝符号

5. 现场安装焊缝的表示

现场安装焊缝的表示如图 13.31 所示。

6. 较长角焊缝的标注

对较长的角焊缝，可直接在角焊缝旁标注焊缝尺寸 k，如图 13.32 所示。

7. 局部焊缝的标注

局部焊缝的标注如图 13.33 所示。

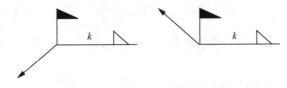

图 13.31　现场安装焊缝的表示

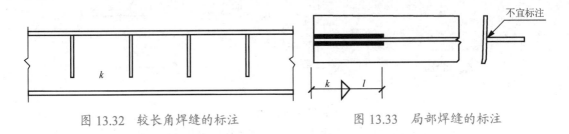

图 13.32　较长角焊缝的标注　　　　图 13.33　局部焊缝的标注

13.3.6 普通螺栓的排列和要求

1. 螺栓的规格

钢结构采用的普通螺栓形式为大六角头型，其代号用字母 M 与公称直径的毫米数表示，常用的有 M16、M20、M24。

2. 螺栓的排列

螺栓的排列通常分为并列、错列两种形式（图 13.34)。

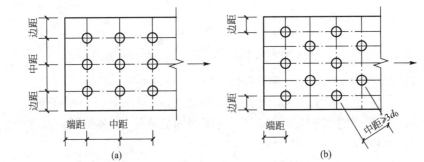

图 13.34　钢板的螺栓（铆钉）排列

(a) 并列；(b) 错列

螺栓在构件上的排列要满足以下三方面的要求。

(1) 受力要求。在受力方向螺栓的端距过小时，钢材有剪断或撕裂的可能。各排螺栓距和线距太小时，构件有沿折线或直线破坏的可能。对受压构件，当沿作用力方向螺栓栓距过大时，被连接板件间易发生鼓曲和张口现象。

(2) 构造要求。螺栓中距及边距不宜太大，否则钢板间不能紧密贴合，潮气易侵入缝隙使钢材锈蚀。

(3) 施工要求。螺栓间距不能太近，要保证有一定的空间，便于转动螺栓扳手拧紧螺帽。螺栓排列的最大、最小容许距离见表 13-1。

表 13-1　螺栓或铆钉的最大、最小容许距离

名称	位置和方向			最大容许距离 (取两者较少者)	最少容许距离
中心间距	外排 (垂直内力方向或顺内力方向)			$8d_0$ 或 $12t$	$3d_0$
	中间排	垂直内力方向		$16d_0$ 或 $24t$	
		顺内力方向	构件受压力	$12d_0$ 或 $18t$	
			构件受拉力	$16d_0$ 或 $24t$	
	沿对角线方向			—	
中心至构件边缘距离	顺内力方向				$2d_0$
	垂直内力方向	剪切边或手工气割边		$4d_0$ 或 $8t$	$1.5d_0$
		轧制边自动精密气割或锯割边	高强度螺栓		
			其他螺栓或铆钉		$1.2d_0$

3. 螺栓连接的构造要求

(1) 为了使连接可靠，每一杆件在节点上以及拼接接头的一端，永久性螺栓数不宜少于两个。

(2) 对于直接承受动力荷载的普通螺栓连接，应采用双螺帽或其他防止螺帽松动的有效措施。例如，采用弹簧垫圈，或将螺帽或螺杆焊死等方法。

(3) C 级螺栓与孔壁有较大间隙，只宜用于沿其杆轴方向受拉的连接。承受静力荷载结构的次要连接、可拆卸结构的连接和临时固定构件用的安装连接中，也可用 C 级螺栓承受剪力。但在重要的连接中，如制动梁或吊车梁上翼缘与柱的连接，由于传递制动梁水平支承反力，同时受到反复动力荷载作用，不得采用 C 级螺栓。柱间支承与柱的连接，以及在柱间支撑处吊车梁下翼缘的连接，因承受着反复的水平制动力和卡轨力，应优先采用高强度螺栓。

(4) 当采用高强螺栓连接时，拼接件不能采用型钢，只能采用钢板 (型钢抗弯刚度大，不能保证摩擦面紧密结合)。

(5) 沿杆轴方向受拉的螺栓连接中的端板 (法兰板)，应适当增强其刚度 (如加设加劲肋)，以减少撬力对螺栓抗拉承载力的不利影响。

13.3.7 高强度螺栓连接

高强度螺栓连接分为摩擦型连接和承压型连接两种类型，螺栓由高强度钢经热处理做成，安装时施加强大的预拉力，使构件接触面间产生与预拉力相同的紧压力。摩擦型高强度螺栓就只利用接触面间的摩擦阻力传递剪力，其整体性能好、抗疲劳能力强，适用于承受动力荷载和重要的连接。承压型高强度螺栓连接允许外力超过构件接触面间的摩擦力，利用螺栓杆与孔壁直接接触传递剪力，承载能力比摩擦型提高较多。承压型高强度螺栓可用于不直接承受动力荷载的情况。因此，螺栓的预拉力 P (即板件间的法向压紧力)、摩擦面间的抗滑移系数和钢材种类等都直接影响到高强度螺栓摩擦型连接的承载力。

高强度螺栓分大六角头型和扭剪型两种，如图13.35所示。这两种型号都是通过拧紧螺帽，使螺杆受到拉伸作用产生预拉力，而被连接板件间产生压紧力。

(a) (b)

图 13.35　高强度螺栓

(a) 大六角头型；(b) 扭剪型

特别提示

在钢结构构件连接时，可单独采用焊接连接或螺栓连接，也可同时采用焊接和螺栓连接。一般情况下，翼缘采用焊缝连接，腹板采用螺栓连接。

13.4　轴心受力构件

13.4.1　轴心受力构件的应用

对平面桁架、塔架和网架、网壳等杆件体系，通常假设其节点为铰接连接。当杆件上无节间荷载时，则杆件内力只是轴向拉力或压力，这类杆件称为轴心受拉构件和轴心受压构件，统称轴心受力构件。轴心受力构件在工程中应用的一些实例如图13.36所示。

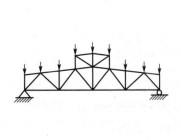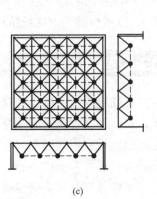

(a) (b) (c)

图 13.36　轴心受力构件在工程中的应用

(a)桁架；(b)塔架；(c)网架

例如，轴心压杆经常用作工业建筑的工作平台支柱。柱由柱头、柱身和柱脚三部分组成 (图 13.37)。柱头用来支承平台或桁架，柱脚坐落在基础上将轴心压力传给基础。

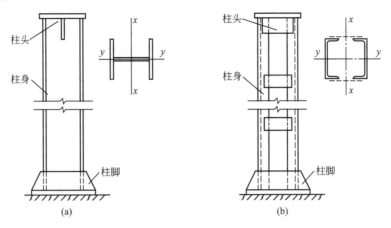

图 13.37　柱的组成

轴心受力构件的常用截面形式可分为实腹式和格构式两大类。

实腹式构件制作简单，与其他构件连接也比较方便。其常用形式有：单个型钢截面，如圆钢、钢管、角钢、T 形钢、槽钢、工字钢、H 形钢等；组合截面，由型钢或钢板组合而成的截面；一般桁架结构中的弦杆和腹杆，除 T 形钢外，常采用热轧角钢组合成 T 形的或十字形的双角钢组合截面；在轻型钢结构中则可采用冷弯薄壁型钢截面，如图 13.38 所示。

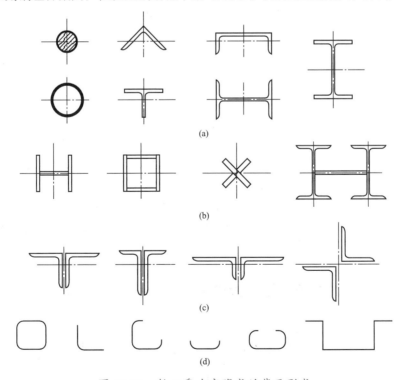

图 13.38　轴心受力实腹式的截面形式

(a) 型钢；(b) 组合截面；(c) 双角钢；(d) 冷弯薄壁型钢

格构式构件容易实现压杆两主轴方向的等稳定性，刚度大，抗扭性能也好，用料较省。其截面一般由两个或多个型钢肢件组成（图 13.39），肢件间通过缀条 [图 13.40(a)] 或缀板 [图 13.40(b)] 连接而成为整体，缀板和缀条统称为缀材。

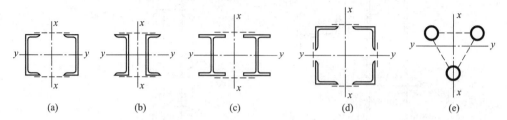

图 13.39　格构式构件的常用截面形式

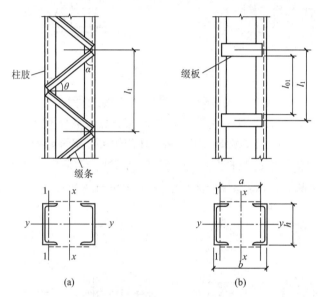

图 13.40　格构式构件的缀材布置

(a) 桁架；(b) 塔架

轴心受力构件设计应同时满足承载能力极限状态和正常使用极限状态的要求。对于承载能力极限状态，受拉构件一般是强度条件控制，而受压构件则需同时满足强度和稳定的要求。对于正常使用极限状态，是通过保证构件的刚度，即限制其长细比来控制的。因此，轴心受拉构件设计需分别进行强度和刚度的验算，而轴心受压构件设计则需分别进行强度、刚度和稳定性的验算。

13.4.2　轴心受力构件的强度及刚度

1. 强度

轴心受力构件的强度，除高强度螺栓摩擦型连接除外，应按式 (13-3) 计算：

毛截面屈服
$$\sigma = \frac{N}{A} \leqslant f \tag{13-3-1}$$

净截面断裂 $$\sigma = \frac{N}{A_n} \leqslant 0.7 f_u \qquad (13\text{-}3\text{-}2)$$

式中，N——构件的轴心拉力或压力设计值；

f——钢材的抗拉强度设计值；

A——构件的毛截面面积；

f_u——钢材的抗拉强度最大值；

A_n——构件的净截面面积。

高强度螺栓摩擦型连接处的强度应按式(13-4)计算：

$$\sigma = (1 - 0.5 \frac{n_1}{n}) \frac{N}{A_n} \leqslant 0.7 f_u \text{ 且 } \sigma = \frac{N}{A} \leqslant f \qquad (13\text{-}4)$$

式中，A——构件的全截面面积。

2. 刚度

轴心受力构件的刚度要求轴心受力构件的长细比不超过规定的容许长细比，即

$$\lambda = \frac{l_0}{i} \leqslant [\lambda] \qquad (13\text{-}5)$$

式中，λ——构件的最大长细比；

l_0——构件的计算长度；

i——截面的回转半径；

$[\lambda]$——构件的容许长细比，见表 13-2 和表 13-3。

表 13-2　受拉构件的容许长细比 [λ]

项次	构件名称	承受静力荷载或间接承受动力荷载的结构			直接承受动力荷载的结构
		一般建筑结构	对腹杆提供平面外支点的强杆	有重级工作制吊车的厂房	
1	桁架的杆件	350	**250**	250	250
2	吊车梁或吊车桁架以下的柱间支承	300	—	200	—
3	其他拉杆、支承、系杆 (张紧的圆钢除外)	400		350	—

注：1. 承受静力荷载的结构中，可仅计算受拉构件在竖向平面内的长细比。

2. 对于直接或间接承受动力荷载的结构，计算单角钢受拉构件的长细比时，应采用角钢的最小回转半径；但在计算交叉杆件平面外的长细比时，应采用与角钢肢边平行轴的回转半径。

3. 中、重级工作制吊车桁架的下弦杆长细比不宜超过 200。

4. 在设有夹钳吊车或刚性料耙吊车的厂房中，支承 (表中第 2 项除外) 的长细比不宜超过 300。

5. 受拉构件在永久荷载与风荷载组合作用下受压时，其长细比不宜超过 250。

6. 跨度等于或大于 60 m 的桁架，其受拉弦杆和腹杆的长细比不宜超过 300(承受静力荷载) 或 250(承受动力荷载)。

表 13-3　受压构件的容许长细比

项次	构件名称	容许长细比
1	柱、桁架和天窗架构件	150
	柱的缀条、吊车梁或吊车桁架以下的柱间支承	
2	支承（吊车梁或吊车桁架以下的柱间支承除外）	200
	用以减小受压构件长细比的杆件	

注：1. 桁架（包括空间桁架）的受压腹杆，当其内力等于或小于承载能力的 50% 时，容许长细比值可取为 200。

2. 计算单角钢受压构件的长细比时，应采用角钢的最小回转半径；但在计算交叉杆件平面外的长细比时，应采用与角钢肢边平行轴的回转半径。

3. 跨度等于或大于 60 m 的桁架，其受压弦杆和端压杆的容许长细比值宜取为 100，其他受压腹杆可取为 150（承受静力荷载）或 130（承受动力荷载）。

应用案例13-2

如图 13.41 所示为一桁架轴心受拉柱，其截面为双轴对称焊接工字钢，翼缘 $b=200\text{mm}$，$t=12\text{ mm}$，$h_0=220\text{ mm}$，$t_w=10\text{ mm}$，翼缘为火焰切割边，钢材为 Q235，该柱对两个主轴的计算长度分别为 $l_{0x}=6\text{ m}$，$l_{0y}=3\text{ m}$，验算轴心受拉柱。

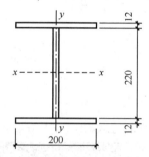

图 13.41　桁架轴心受拉柱

解： 截面特征如下。

$$A=220\times10+2\times200\times12=7000(\text{mm}^2)=70\text{cm}^2$$

$$I_x=1\times22^3/12+2\times20\times1.2\times11.6^2=7346(\text{cm}^4)$$

$$I_y=2\times1.2\times20^3/12=1600(\text{cm}^4)$$

$$i_x=\sqrt{\frac{I_x}{A}}=\sqrt{\frac{7346}{70}}=10.24(\text{cm})$$

$$i_y=\sqrt{\frac{I_y}{A}}=\sqrt{\frac{1600}{70}}=4.78(\text{cm})$$

杆件的强度： $\dfrac{N}{A}=\dfrac{1000\times10^3}{7000}=142.86(\text{N/mm}^2)<f=215\text{ N/mm}^2$

杆件的刚度： $\lambda_x=\dfrac{l_{0x}}{i_x}=\dfrac{600}{10.24}=58.6<[\lambda]=350$，$\lambda_y=\dfrac{l_{0y}}{i_y}=\dfrac{300}{4.78}=62.8<[\lambda]=350$。

13.4.3 轴心受压构件的整体稳定性

钢结构及其构件除应满足强度及刚度条件外，还应满足稳定条件。所谓稳定，是指结构或构件受荷变形后，所处平衡状态的属性。

当结构处于不稳定平衡时，轻微扰动将使结构整体或其组成构件产生很大的变形而最后丧失承载能力，这种现象称为失去稳定性。在钢结构工程事故中，因失稳导致破坏者较为常见。因此，钢结构的稳定问题必须加以足够的重视。

1. 理想轴心受压构件的屈曲形式

所谓理想轴心受压杆件，就是杆件为等截面理想杆件，压力作用线与杆件形心轴重合，材料均质、各向同性、无限弹性且符合虎克定律，没有初始应力的轴心受压杆件。此种杆发生失稳现象，也可以称为屈曲。理想轴心受压构件的屈曲形式可分为弯曲屈曲、扭转屈曲和弯扭屈曲，如图 13.42 所示。

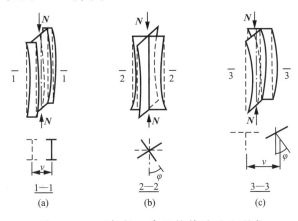

图 13.42 理想轴心受压构件的屈曲形式

(a) 弯曲屈曲；(b) 扭曲屈曲；(c) 弯扭屈曲

🏠 **特别提示**

(1) 受压构件不宜采用无任何对称轴的截面。

(2) 理想轴心受压构件在实际工程中是不存在的，在设计时应考虑截面残余应力、构件初弯曲和受力初偏心的影响。

2. 轴心受压构件的整体稳定计算

实际工程中，理想轴心压杆并不存在，实际构件都具有一些初始缺陷和残余应力，它们使得压杆稳定承载力下降。对轴心受压构件的整体稳定计算采用式 (13-6)。

$$\frac{N}{\varphi \cdot A} \leqslant f \tag{13-6}$$

式中，N——轴心压力设计值；

A——构件的毛截面面积；

f——钢材抗压强度设计值；

φ——稳定系数。

3. 轴心受压构件的局部稳定

实腹式轴心受压构件在轴向压力作用下，在丧失整体稳定之前，其腹板和翼缘都有可能达到极限承载力而丧失稳定，此种现象称为局部失稳。图 13.43 所示为在轴心压力作用下，腹板和翼缘发生侧向鼓曲和翘曲的失稳现象。当轴心受压构件丧失局部稳定后，由于部分板件屈曲而退出工作，使构件有效截面减小，降低了构件的刚度，从而加速了构件的整体失稳。

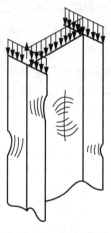

图 13.43　局部失稳

特别提示

　　轴心受压构件的计算包括三个方面：强度、刚度和稳定性。大多数情况是由稳定性起控制作用。因此，在钢结构的设计和施工中，应保证构件的稳定性。

13.5　受弯构件

承受横向荷载的构件称为受弯构件，其形式有实腹式和格构式两个系列，在实际工程中受弯构件一般指前一类。

13.5.1　受弯构件梁的分类

钢梁分为型钢梁和组合梁两大类。

型钢梁的截面有热轧工字钢 [图 13.44(a)]、热轧 H 形钢 [图 13.44(b)] 和槽钢 [图 13.44(c)] 三种，其中以 H 形钢的截面分布最为合理，翼缘内外边缘平行，与其他构件连接较方便，应予优先采用。某些受弯构件 (如檩条) 采用冷弯薄壁型钢 [图 13.44(d) ~ (f)] 较经济，但防腐要求较高。

组合梁一般为采用三块钢板焊接而成的工字形截面 [图 13.44(g)]，或由 T 形钢 (H 形钢剖分而成) 中间加板的焊接截面 [图 13.44(h)]。当焊接组合梁翼缘需要很厚时，可采用两层翼缘板的截面 [图 13.44(i)]。受动力荷载的梁如钢材质量不能满足焊接结构的要求时，可采用高强度螺栓或铆钉连接而成的工字形截面 [图 13.44(j)]。荷载很大而高度受到限制或梁的抗扭要求较高时，可采用箱形截面 [图 13.44(k)]。组合梁的截面组成比较灵活，可使材料在截面上的分布更为合理，节省钢材。

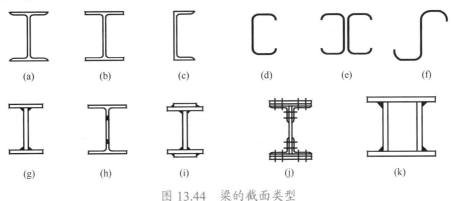

图 13.44　梁的截面类型

在土木工程中，梁格通常由若干梁平行或交叉排列而成，图 13.45 即为工作平台梁格布置示例。

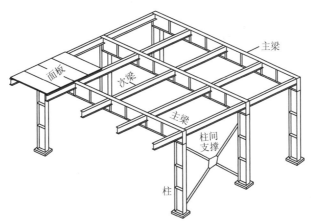

图 13.45　工作平台梁格布置示例

13.5.2　受弯构件的整体稳定

1. 整体稳定的概念

梁在竖向荷载作用下，当荷载较小时，梁开始弯曲并产生变形，此时梁的弯曲平衡是稳定的，当弯矩增大到某一数值时，钢梁会在偶然的很小的侧向干扰力下，突然向侧面发生较大的弯曲，同时发生扭转，如图 13.46 所示。这时即使除去侧向干扰力，侧向弯扭变形也不再消失，如果弯矩再稍微增大，则弯扭变形迅速增大，从而使梁失去承载力。这种因弯矩超过临界限值而使钢梁从稳定平衡状态转变为不稳定平衡状态并发生侧向弯扭屈曲的现象，称为钢梁弯曲扭转屈曲或钢梁丧失稳定性。使梁丧失整体稳定的弯矩或荷载称为临界弯矩或临界荷载。

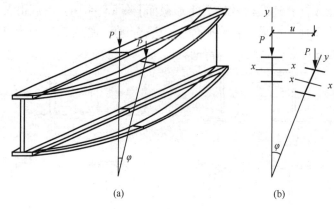

图 13.46　梁整体失稳

2. 增强梁整体稳定的措施

一般可采用下列方法增强梁的整体稳定性。

(1) 增大梁截面尺寸，其中增大受压翼缘的宽度是最有效的。

(2) 增加侧向支承体系，减小构件侧向支承点的距离，侧向支承应设在受压翼缘处，如图 13.47 所示。

(3) 当跨内无法增设侧向支承时，宜采用闭合箱形截面。

(4) 增加梁两端的约束，提高其整体稳定性。

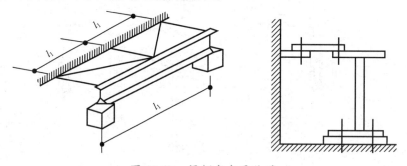

图 13.47　梁侧向支承体系

◀ 模 块 小 结 ▶

　(1) 本模块对钢结构做了全面的讲述，包括钢结构的组成、特点及应用范围，钢结构的材料性能，钢结构的连接，钢结构轴心受力构件强度、刚度和稳定性的概念及计算、受弯构件的稳定性。

(2) 钢结构是由钢板、圆钢、钢管、钢索、各种型钢等钢材经过加工、连接、安装而成。

(3) 钢结构的特点：轻质高强，塑性、韧性好，有良好的焊接性能，制作简便、施工方便，可重复使用，耐热不耐火，耐腐蚀性差，呈现低温冷脆性。

(4) 钢材的力学性能包括：屈服强度，抗拉强度，塑性，韧性，可焊性。影响钢材性能的主要因素有：化学成分的影响，焊接性能，冶炼与轧制，温度的影响，应力集中现象。

(5) 钢结构的连接包括焊接、螺栓连接和铆接。

(6) 对接焊缝和角焊缝的表示方法。

(7) 轴心受力包括轴心受拉和轴心受压。轴心受拉杆件需进行强度和刚度验算，轴心受压杆件应进行强度、刚度和稳定性的验算。

(8) 受弯构件的截面类型，受弯构件的整体稳定性的概念。

习　题

1. 选择题

(1) 大跨度结构常采用钢结构的主要原因是钢结构 (　　)。

A. 密封性好　　　　　B. 自重轻　　　　　C. 制造工厂化　　　D. 便于拆装

(2) 钢材的设计强度是根据 (　　) 确定的。

A. 比例极限　　　　　B. 弹性极限　　　　C. 屈服强度　　　　D. 极限强度

(3) Q235 钢按照质量等级分为 A、B、C、D 共 4 级，由 A 到 D 表示质量由低到高，其分类依据是 (　　)。

A. 冲击韧性　　　　　B. 冷弯试验　　　　C. 化学成分　　　　D. 伸长率

(4) 钢号 Q345A 中的 345 表示钢材的 (　　) 值。

A. f_p　　　　　　　B. f_u　　　　　　　C. f_y　　　　　　　D. f_{vy}

(5) 钢材所含化学成分中，需严格控制含量的有害元素为 (　　)。

A. 碳、锰　　　　　　B. 钒、锰　　　　　C. 硫、氮、氧　　　D. 铁、硅

(6) 对于普通螺栓连接，限制端距 $e \geqslant 2d_0$ 的目的是避免 (　　)。

A. 螺栓杆受剪破坏　　　　　　　　　　B. 螺栓杆受弯破坏

C. 板件受挤压破坏　　　　　　　　　　D. 板件端部冲剪破坏

(7) Q235 与 Q345 两种不同强度的钢材进行手工焊接时，焊条应采用 (　　)。

A. E55 型　　　　　　B. E50 型　　　　　C. E43 型　　　　　D. H10MnSi

(8) 在搭接连接中，为了减小焊接残余应力，其搭接长度不得小于较薄焊件厚度的 (　　)。

A. 5 倍　　　　　　　B. 10 倍　　　　　　C. 15 倍　　　　　　D. 20 倍

(9) 承压型高强度螺栓连接比摩擦型高强度螺栓连接 (　　)。

A. 承载力低，变形大　　　　　　　　　B. 承载力高，变形大

C．承载力低，变形小
D．承载力高，变形小

(10) 对于直接承受动力荷载的结构，宜采用（　　）。

A．焊接连接
B．普通螺栓连接

C．摩擦型高强度螺栓连接
D．承压型高强度螺栓连接

(11) 角焊缝的最小焊脚尺寸 $h_{f,min} \geqslant 1.5t_2$，最大焊脚尺寸 $h_{f,max} \leqslant 1.2t_1$，式中的 t_1 和 t_2 分别为（　　）。

A. t_1 为腹板厚度，t_2 为翼缘厚度

B. t_1 为翼缘厚度，t_2 为腹板厚度

C. t_1 为较薄的被连接板件的厚度，t_2 为较厚的被连接板件的厚度

D. t_1 为较厚的被连接板件的厚度，t_2 为较薄小的被连接板件的厚度

2．简答题

(1) 钢结构对钢材的性能有哪些要求？这些要求用哪些指标来衡量？

(2) 钢材受力有哪两种破坏形式？它们对结构安全有何影响？

(3) 钢结构的连接方法有哪些？

(4) 焊缝的形式主要有几类？

(5) 角焊缝的尺寸有哪些构造要求？

(6) 普通螺栓连接和高强度螺栓连接有哪些相同点和不同点？

(7) 怎样计算轴心受力构件的强度和刚度？

(8) 什么是轴心受压的整体稳定性？

(9) 什么是受弯的整体稳定性？保证梁整体稳定的措施有哪些？

附录A

实例一：混合结构办公楼建筑施工图及结构施工图

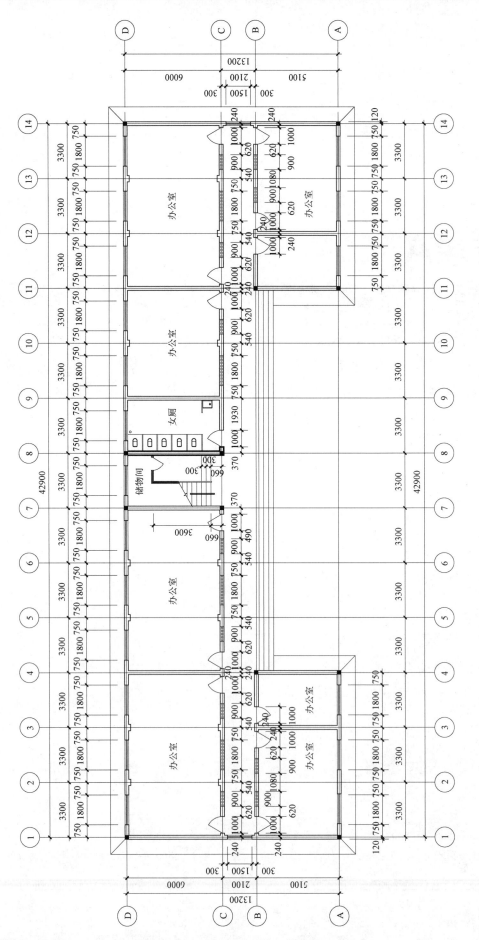

一层平面图

一层平面图 1:100

二层平面图 1:100

二层平面图

建施 -2

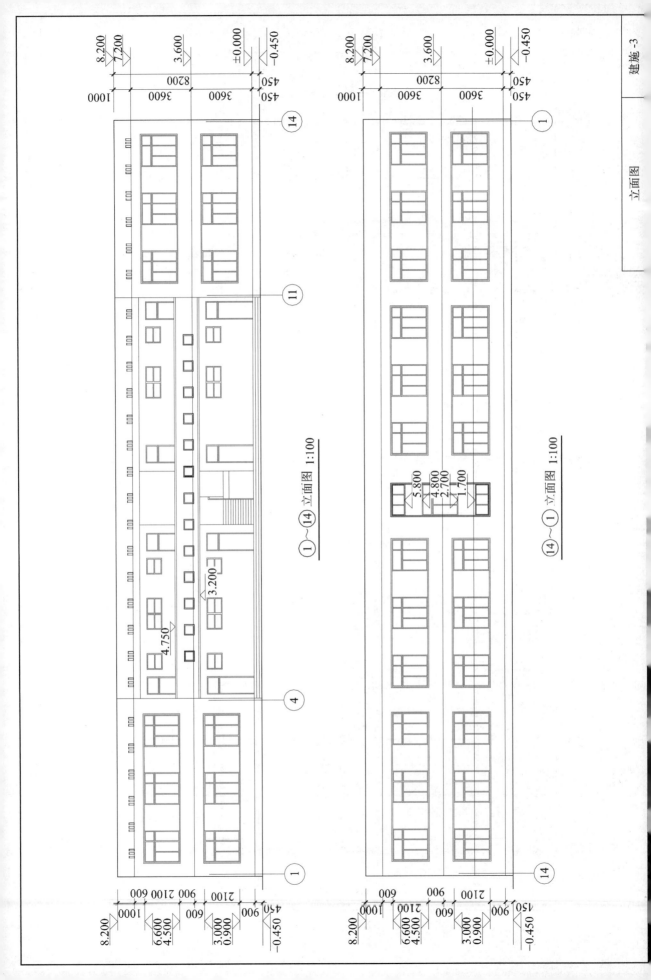

立面图

①～⑭ 立面图 1:100

⑭～① 立面图 1:100

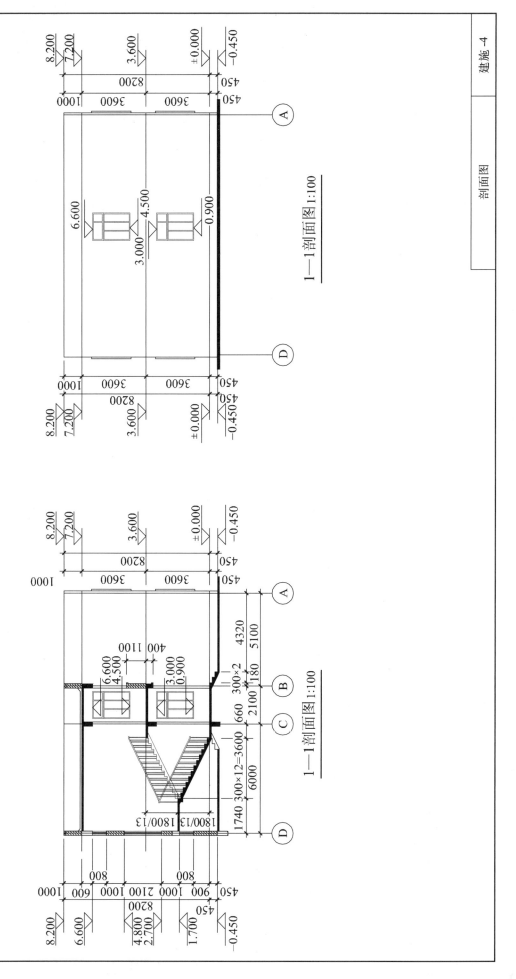

1—1剖面图 1:100

1—1剖面图 1:100

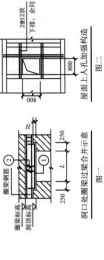

图一 洞口处圈梁过梁合并示意图

图二 屋面上人孔加强构造

4. 本图纸说明未尽之处，按相关规范及施工及验收规范、规程要求认真施工。
5. 图纸说明中凡与本工程设计说明不符者均以单项设计说明为准。

洞口宽度 L/m	≤1.2	1.5>L≥1.2	1.8>L≥1.5	L≥1.8	附注
①号钢筋	2Φ12	2Φ14	2Φ16	2Φ18	下排、余同
②号钢筋	Φ6@150	Φ6@150	Φ6@100	Φ6@100	2Φ12放

图纸目录

结构设计总说明

一、工程概况

本工程为 ×× 学校办公楼砖混结构，结构安全等级为二级，砌体施工质量控制等级为 B 级。丙类建筑，地基基础设计等级为丙级，砌体砌筑质量等级为 B 级。设计使用年限为 50 年，±0.000 相当于黄海高程 98.500m。

二、设计依据

1.《建筑结构制图标准》(GB/T 50105—2001)
2.《建筑结构荷载规范》(GB 50009—2001)
3.《混凝土结构设计规范》(GB 50010—2002)
4.《建筑抗震设计规范》(2008 年版)(GB 50011—2001)
5.《建筑地基基础设计规范》(GB 50007—2002)
6.《建筑地基基础处理技术规范》(JGJ 79—2002/J220—2002)
7.《砌体结构设计规范》(GB 50003—2001)
8.《建筑结构可靠度设计统一标准》(GB 50068—2001)
9.《河南省 02 系列结构标准图集》(DBJT 19—01—2002)
10.《住宅工程质量通病防治技术规程》(DBJ 41/070—2005)
《住宅工程施工图审查平面整体表示方法制图规则和构造详图》(03G101—1, 04G104—3)

三、场地及基础

1. 基础设计根据 ×× 勘察院(08 年 03 月)提供的《×× 办公楼岩土工程勘察报告》进行设计，基础持力层为第 1 层粉质黏土上，地基承载力特征值 $f_{ak}=145$ kPa，建筑场地类别为Ⅲ类。
2. 压缩基础施工前应进行验槽。压实系数按设计要求，压实系数不小于 0.95。
3. 基础施工前应进行验槽，如发现石油与勘察报告不符合时，须会同勘察、设计、建设、监理单位按有关规范要求进行整改，坑底应预留 200 mm 厚的土层人工开挖，应及时通知当地有关部门验收合格后方可继续施工。
4. 机械开挖时如发现基坑基层有异常情况，应及时通知设计人员，鉴别合格后方可继续施工。

四、结构荷载 (kN/m²)

1. 办公室、卫生间	2.0	4. 走廊	2.5
2. 非上人屋面	0.5	5. 基本风压	0.45
3. 楼面	2.0	6. 基本雪压	0.40

注：未经技术鉴定或设计许可，不得改变结构用途和使用环境。

五、主要建筑材料

1. 混凝土强度等级：
基础垫层：C15，基础：C25，其余现浇混凝土均用 C25。
2. 钢筋采用：HPB300 级(Φ)，HRB400 级(Φ)，钢板采用 Q235 钢。
钢筋设计强度：HPB300：$f_y=210$ N/mm²，HRB400：$f_y=360$ N/mm²。
当采用钢筋焊接时，HPB300 钢筋用 E43×× 焊条，HRB400 钢筋用 E60×× 焊条。按《钢筋焊接及验收规程》(JGJ 18—2003)施工。
3. 钢筋连接：当钢筋直径 ≥22mm 时采用钢筋机械连接接头。直径 ≥22mm 时可采用机械连接头(机械连接头)，条件允许时尽量采用机械连接头。钢筋采用绑扎搭接及锚固长度按国家标准 03G 101—1 第 34 页的有关规定执行。
4. 砌体：±0.000 以下采用 MU10 蒸压灰砂砖，M10 水泥砂浆砌筑。±0.000 以上采用 MU10 烧结页岩砖，蒸压灰砂砖应采用专用砌筑砂浆砌筑。

六、工程抗震

1. 本工程抗震设防烈度为 7 度，设计基本地震加速度值为 0.15g，设计地震分组为第一组，计算风荷载时，地面粗糙度类别 B 类。
2. 钢筋直径 ≥22mm 时，应采用焊接或机械连接接头，直径 <22mm 时可采用绑扎接头。
3. 本工程所有的柱及梁，其箍筋及拉筋的末端应做成不小于 135° 的弯钩，弯钩末端一平直段长度不应小于 10d(d 为箍筋直径)，弯钩。
4. 构造柱、圈梁的加强构造大样详见 02YG001—1 第 4～15 页，对图纸上的错误或提出的，复核无误后方可施工。

七、通用性构造说明

1. 雨篷及挑檐等完全外露构件及 ±0.000 以下构件与土接触的面均为二 b 类环境，卫生间为二 a 类环境，其余为一类环境。
2. 图纸中未注明的钢筋保护层厚度不应小于钢筋的公称直径，且应符合下表规定。

环境类别	基础	柱		梁		板	
		C25~C45	≥20	C25~C45	≥20	C25~C45	≥20
一		30	—	25	—	15	—
二 a	40	30	30	30	—	20	—
二 b	40	35	35	35	—	25	—

3. 埋在土中的混凝土柱纵向纵筋与上层纵筋上下对齐。在任何情况下受力纵向钢筋的箍筋间距应不小于 300 mm。
4. 本工程对应部位的预留锚固筋，墙顶均采用斜向插筋。后砌墙顶部应预留锚固筋，墙顶斜向插筋与墙顶现浇砼梁密结合。
5. 本工程构造柱设置位置以及其在平面图或文字说明图，构造柱除注明外均在施工时设计图纸中，构造柱均与圈梁整浇在一起，构造柱钢筋与圈梁钢筋在节点处须连接。其详图做法见 02YG001—1 第 12～17 页，图中对应跨度 2 级矩形现浇过梁按 02YG301 中对应跨度做法施工。
6. 本工程所有门窗洞口上方选用 02YG301 中对应跨度做法施工，配筋及由 02YG301 中对应跨度，女儿墙构造与建筑图做好，墙柱构造柱钢筋锚入梁长度不小于 240mm 时，构造柱纵筋的锚固梁不改用 4 m。构造柱干每层施工。详见 02YG001—1 第 23～26 页。
7. 本工程干每层度大于 4 m，构造柱至少设置 1 道。女儿墙构造做好按 02YG001—1 第 12～17 页。当门窗洞口之间的间距小于过梁与过梁之间的图照项一要求合并现浇。
8. 圈梁与圈梁。圈梁与连接处的连接做法详见 02YG201 第 91～96 页。
9. 预制空心楼板端部与圈梁现浇做法按照相关规定正确设置。
10. 砖墙上现浇钢筋砼构造与构造柱连接构造处特别注意连接伸入墙边不小于 120 mm。
11. 双向板底部钢筋应包括楼梯板配置下排。除注明者外，按施工图集做法施工。
12. 板式分布布钢筋包括楼梯板配筋。

八、相关专业说明

1. 建筑立面的屋面的女儿墙，结构布置高度的值(m)。
2. 电气专业(详见电气施工有关图件，设备内相应图槽及预埋件等需现场配合的各工种和留洞，必须配合建筑图纸布置，以利施工。防筋下焊直，作为引下线，施工中应将么两根钢筋做好标记，以利施工。防雷引下线预留端与基础内钢筋焊牢，上端伸出在相应屋面之女儿墙顶上部做防雷接地。
13. 沿外端于各层留洞下方的第一和第二道水平灰缝内设置 2Φ6 通长钢筋。
14. 本工程屋面上人孔周边边加强钢筋设置要求详见图二。

九、其他

1. 图中长度单位为毫米(mm)，结构标高单位为米(m)。
2. 本工程土建施工中对各专业的留洞留槽及预埋件等需现场配合的各工种留洞留槽，正确预留留洞图纸核对接，且应安装单位密切配合施工。
3. 本工程开工前组织各专业方进行图纸会审工作，弄清设计意图，复核无误后方可施工。
4. 本工程开工前应对图纸进行审图，对建筑上的错误及时提出，复核无误后方可施工。

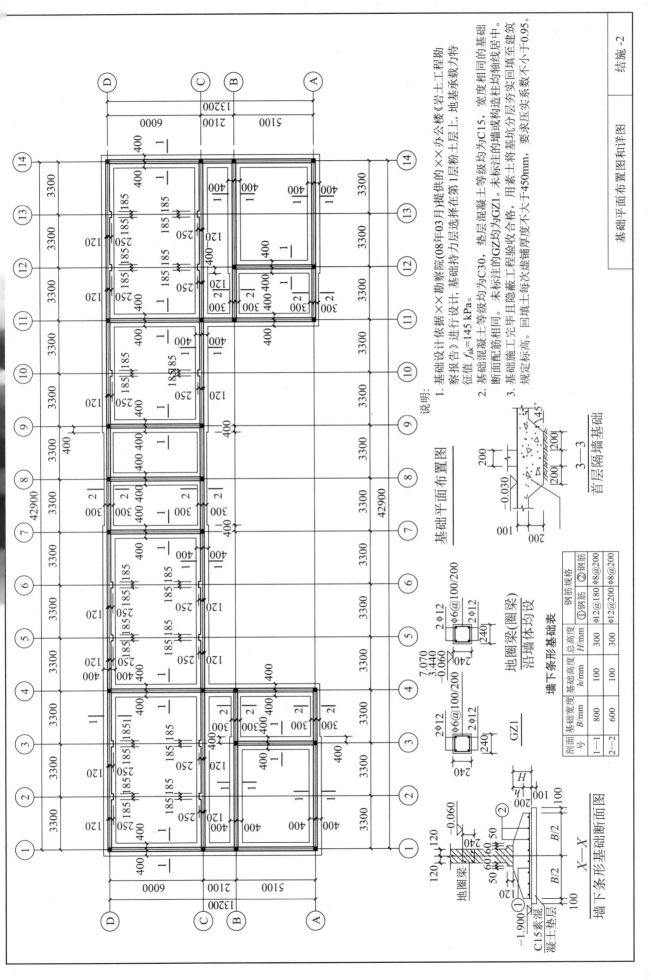

基础平面布置图

说明:

1. 基础设计依据××勘察院(08年03月)提供的××办公楼《岩土工程勘察报告》进行设计,基础持力层选择在第1层粉土层上,地基承载力特征值 f_{ak}=145 kPa。

2. 基础混凝土等级均为C30,垫层混凝土等级均为C15,宽度相同的基础断面配筋相同。未标注的GZ均为GZ1。用素土回填的墙或构造柱均居柱中。

3. 基础施工完毕且隐蔽工程验收合格,未标注的GZ均为GZ1。回填土每次虚铺厚度不大于450mm,要求压实系数不小于0.95。

3—3
首层隔墙基础

地圈梁(圈梁)
沿墙体均设

GZ1

墙下条形基础表

剖面号	基础宽度 B/mm	基础高度 h/mm	总高度 H/mm	钢筋规格	
				①钢筋	②钢筋
1—1	800	100	300	Φ12@180	Φ8@200
2—2	600	100	300	Φ12@200	Φ8@200

基础平面布置图

X—X
墙下条形基础断面图

结施 -2

基础平面布置图和详图

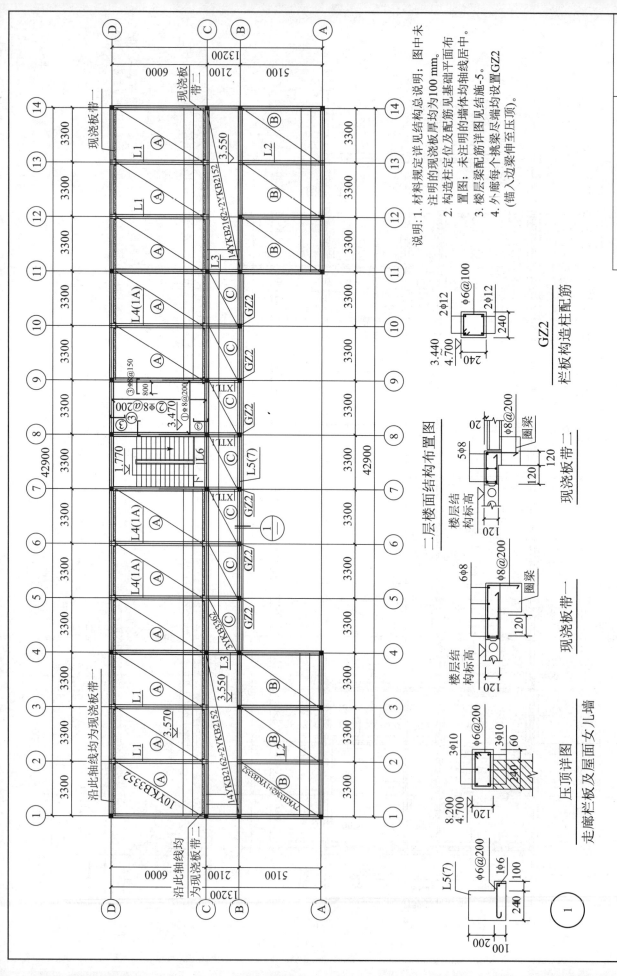

说明: 1. 材料规定详见结构总说明; 图中未注明的现浇板厚度均为100 mm。
2. 构造柱定位及配筋见基础平面布置图; 未注明的墙体均轴线居中。
3. 楼层梁配筋详图见结施-5。
4. 外廊每个挑梁尽端均设置GZ2 (锚入边梁伸至压顶)。

二层楼面结构布置图

GZ2
栏板构造配筋

现浇板带二

现浇板带一

压顶详图
走廊栏板及屋面女儿墙

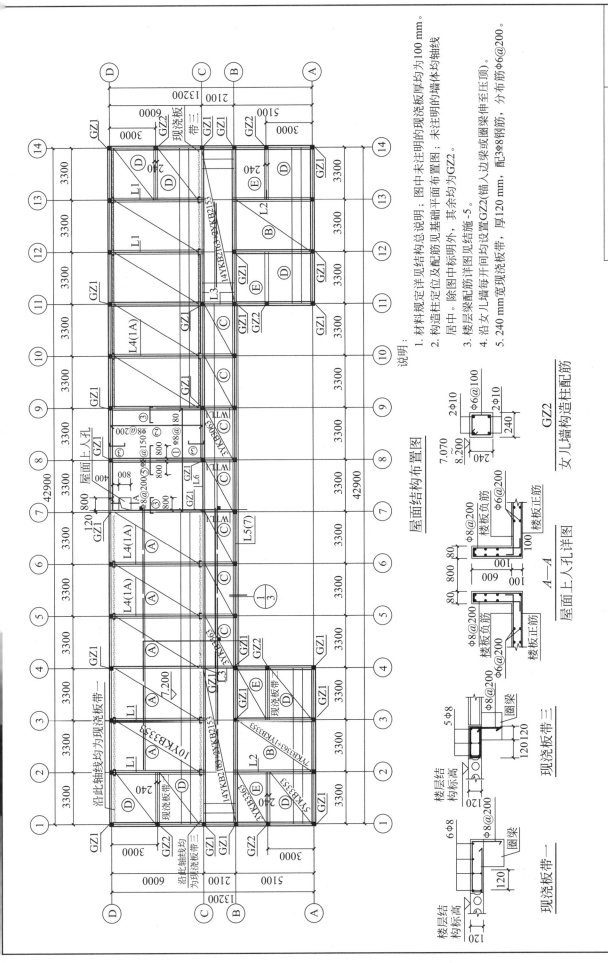

说明：

1. 材料规定详见结构总说明；图中未注明的现浇板厚均为100 mm。
2. 构造柱定位及配筋见基础平面布置图，未注明的墙体均为轴线居中。除图中标明外，其余均为GZ2。
3. 楼层梁配筋详图见结施-5。
4. 沿女儿墙每开间均设置GZ2(锚入边梁或圈梁伸至压顶)。
5. 240 mm宽每开间均设现浇板带，厚120 mm，配3Φ8钢筋，分布筋Φ6@200。

屋面结构布置图

现浇板带三

屋面上人孔 A—A详图

GZ2 女儿墙构造配筋

现浇板带一

结施 -4

屋面结构布置图

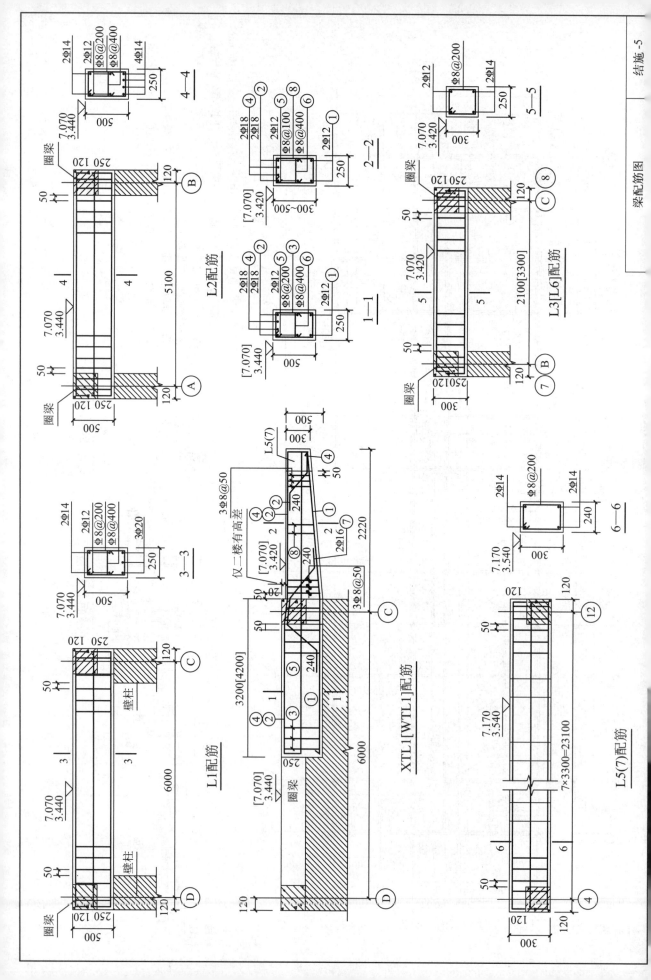

梁配筋图

结施 -5

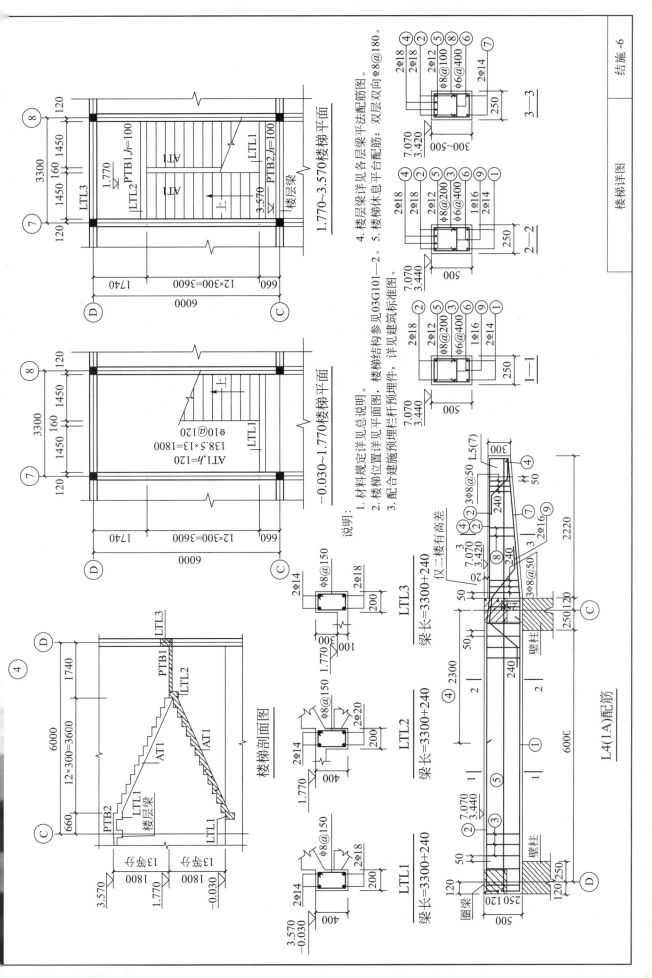

说明:
1. 材料规定详见总说明。
2. 楼梯位置详见平面图, 楼梯结构参见03G101—2。
3. 配合建施预埋栏杆预埋件, 详见建筑标准图。
4. 楼层梁详见各层梁平法配筋图。
5. 楼梯休息台配筋: 双层双向 Φ8@180。

1.770~3.570楼梯平面

-0.030~1.770楼梯平面

楼梯剖面图

LTL1 梁长=3300+240

LTL2 梁长=3300+240

LTL3 梁长=3300+240

L4(1A)配筋

附录B

实例二：框架结构教学楼建筑施工图及结构施工图

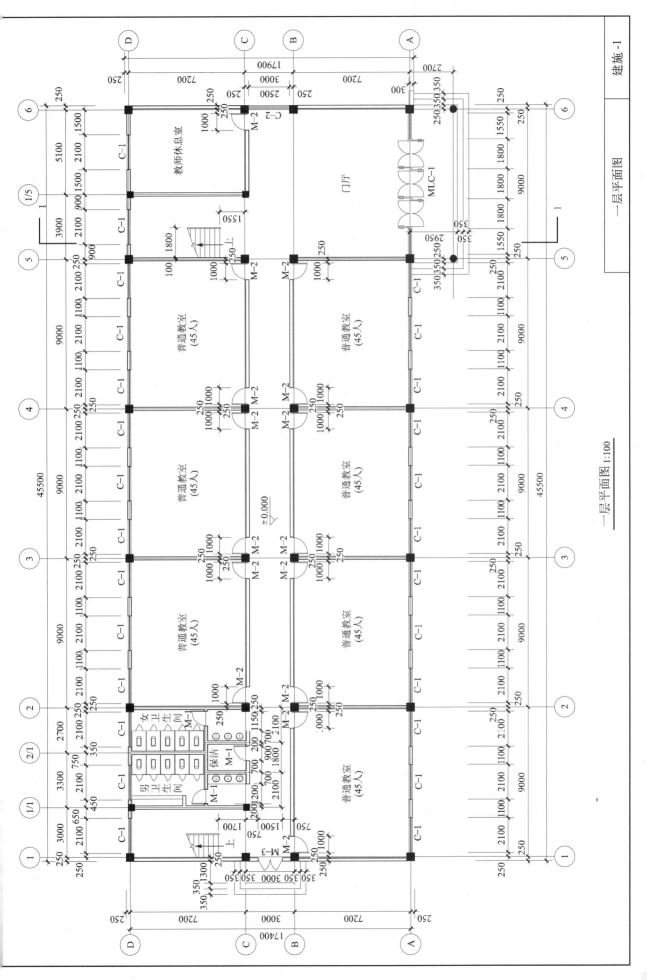

一层平面图 1:100

建施 -1

一层平面图

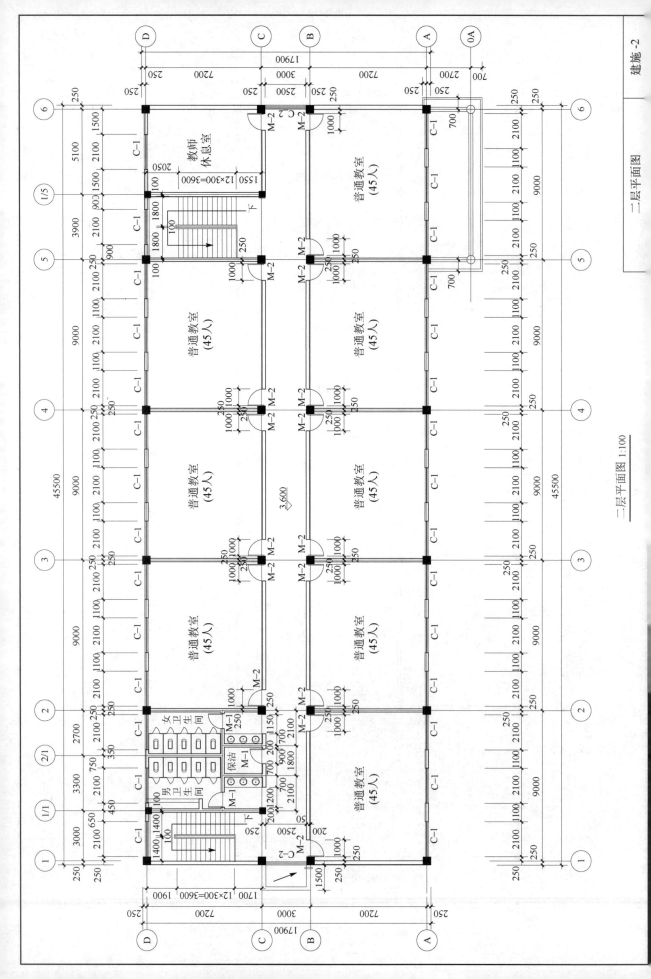

二层平面图 1:100

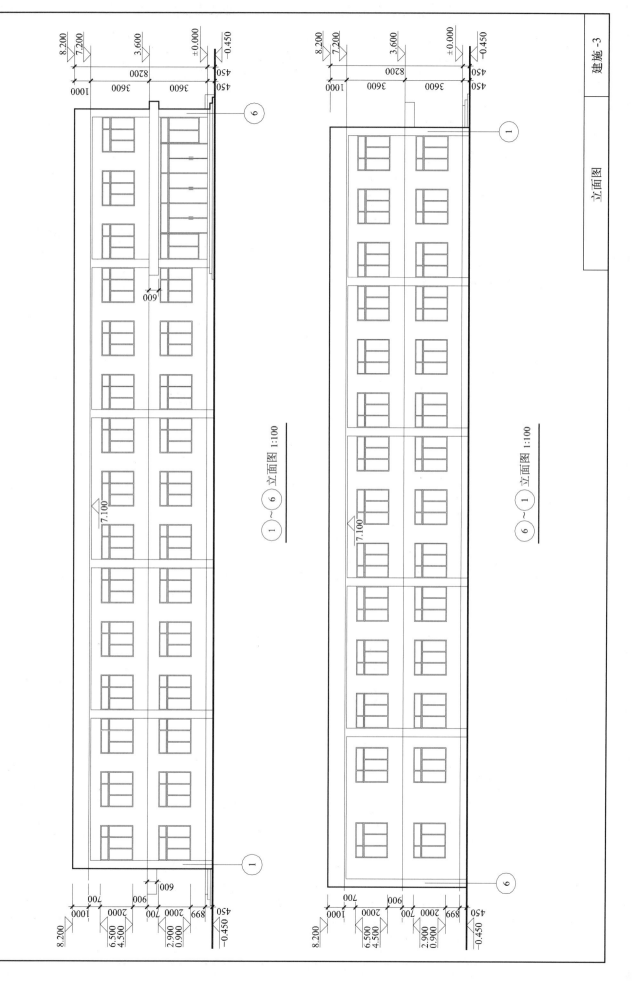

立面图

① ~ ⑥ 立面图 1:100

⑥ ~ ① 立面图 1:100

结构设计总说明

1. 工程概况

本工程为 ×× 学校教学楼，位于 ×× 市 ×× 路，主体地上 2 层，室内外高差 0.450m，建筑高度 7.500 m。本工程设计 ±0.000 标高对应黄海高程为 98.500 m。结构体系为框架结构，采用天然地基，柱下独立基础。

2. 结构安全等级及设计使用年限

2.1 结构安全等级：二级。
2.2 设计使用年限：50 年。
2.3 建筑抗震设防类别：丙级。
2.4 现浇框架抗震等级为三级。该项目为重点设防类建筑，按高于本地区抗震设防烈度一度的要求加强其抗震措施，即框架采取高于二级抗震等级的抗震措施。
2.5 抗震等级：

3. 自然风况

3.1 基本风压：$W_0 = 0.45 \ kN/m^2$（50 年重现期）。
3.2 地面粗糙度类别：B 类。
场地地震基本烈度：7 度
抗震设防烈度为：7 度 (0.15g)（设计地震分组第一组）
建筑设防场地类别：Ⅱ 类

4. 场地的工程地质条件

4.1 本工程基础设计依据 ×× 勘测院 2008 年 10 月 20 日提供的由 ×× 学校教学楼 ×× 工程与其他的《岩土工程勘察报告》（详勘）进行设计，拟建场地比较平坦。

（1）粉土 1 层，层底埋深 2.1 ～ 2.60 m；
（2）粉土 2 层，层底埋深 3.80 ～ 4.20 m；
（3）粉土 3 层，层底埋深 6.80 ～ 7.50 m；
（4）粉土 4 层，层底埋深未揭穿。

4.2 地下水情况：地下水对混凝土无腐蚀性，对钢筋混凝土中的钢筋具有弱腐蚀性，对钢结构具微腐蚀性。
4.3 地下水位：勘探深度内未发现地下水，历史最高水位为自然地坪下约 3.00 m。
4.4 场地土分析评价：拟建场地无液化及湿陷问题，未发现影响工程安全的不良地质现象，属可进行建设的一般场地。
4.5 根据勘察报告建议本建筑采用天然地基，独立基础，选择第 1 层作为持力层。

5. 设计依据的标准、规范、规程

本工程采用中国建筑科学研究院《多层及高层建筑结构空间有限元分析与设计软件（SATWE）》（2008 年 08 月网络版）进行结构整体分析，采用《基础 CAD 设计软件（JCCAD）》（2007 年 08 月网络版）进行基础设计。

《建筑结构荷载规范》	（GB 50009—2012）
《建筑抗震设计规范》	（GB 50011—2010）
《混凝土结构设计规范》	（GB 50010—2010）
《建筑地基基础设计规范》	（GB 50007—2011）
《混凝土结构工程施工质量验收规范》	（GB 50204—2008）
《建筑地基基础工程施工质量验收规范》	（GB 50068—2008）

本工程现浇梁板柱的混凝土强度等级采用天然地基、独立基础。施工图时除应遵守本说明外，尚应严格执行国家及工程所在地区的有关现行规范、规程。

6. 设计计算程序

本工程结构设计采用天然地基、独立基础，柱下独立基础。

7. 设计采用的有荷载标准值 (kN/m²)

教师休息室、卫生间	2.5
普通教室	3.5
走廊、门厅	3.5
不上人屋面	0.5
楼梯	
楼面	0.5

7.1 设计采用的布活荷载标准值。
7.2 楼面、屋面栏杆顶端须考虑水平活荷载。
7.3 未经设计许可或改变本说明。

8. 地基基础

8.1 开挖基础槽、坑时应按有关规范要求进行，坑底应保留 200 mm 厚的土层用人工开挖，防止基础土层的扰动。施工中如发现与地质报告不符或现有管沟、道路、现有建筑物时应及时通知勘察等有关单位处理，勘探与工程设计的有关问题应由有相应资质的单位承担。
8.2 基础坑沿工程时应注意建筑物的安全，边坡支护应由有相应设计资质的单位进行。

9. 主要建筑材料

9.1 混凝土强度等级均为 C15。现浇框架柱、梁、楼板及楼梯均采用 C30 混凝土。基础垫层为 C30，基础底标高以下采用 C30 混凝土。非自然状况下开挖时，构造柱及圈梁重处柱子对应处应采用 C20。

9.2 钢筋及钢材：
钢筋采用 HPB300 级 (ϕ)，HRB400 级 (Φ)。
钢筋的屈服强度 HPB300 级，$f_y=300 \ N/mm^2$；HPB300，$f_y=210 \ N/mm^2$，HRB400，$f_y=360 \ N/mm^2$，钢筋的抗拉强度实测值与屈服强度实测值的比值不应小于 1.25，钢筋的屈服强度实测值与强度标准值的比值不应大于 1.3，且钢筋在最大拉力下的总伸长率实测值不应小于 9%。
(1) 钢板采用 Q235-B 钢。
(2) HPB300 钢筋采用 E43 系列焊条，HRB400 钢筋采用 E60 系列焊条，钢筋的焊接依据《钢筋焊接及验收规程》（JGJ 18—2003）。

9.3 焊条：凡外露钢铁件必须经除锈后涂防腐漆，面涂两遍，并经常注意维护。
9.4 油漆：
9.5 填充墙：
砌块：±0.000 以下墙体采用 MU10 非黏土类火心砖，以上填充墙体均为加气混凝土砌块（体积密度等级为 B06，强度级别为 A3.5，砌筑砂浆级为 B 级）。卫生间及楼面以上 300mm 高范围内采用 C20 素混凝土。
砂浆：±0.000 以下墙体采用 M7.5 水泥砂浆，其他部位均为 M5 混合砂浆。

10. 结构构造

10.1 本工程采用国家标准图集《混凝土结构施工图平面整体表示方法制图规则和构造详图》有关要求执行。（11G101-1、11G101-3）。
10.2 各部分主筋混凝土保护层厚度（混凝土保护层厚度不小于钢筋直径的要求）。主筋的混凝土保护层厚度见下表所示。基础构件混凝土保护层厚度为 40 mm。

环境类别	板	梁	柱
一	15	25	30
二 a	20	30	30
二 b	25	35	35

注：各部分主筋混凝土保护层厚度同时应满足不小于钢筋直径的要求。

10.3 结构混凝土环境类别：卫生间为 b 类，其他为 a 类。耐久性基本要求表见下表所示。

环境类别	最大水灰比	最小水泥用量 (kg/m³)	最大氯离子含量 (%)	最大碱含量 (kg/m³)
一	0.65	225	1.0	不限制
二 a	0.60	250	0.3	3.0
二 b	0.55	275	0.2	3.0

10.4 钢筋锚固及连接：受力钢筋的锚固长度、受拉钢筋及搭接长度详见《11G101-1 第 33、34 页》，钢筋机械连接接头详见《02YG002》。钢筋锚固长度应满足 $0.4l_{aE}+15d$（l_{aE} 按 35 页），钢筋连接应采用 Ⅰ 级机械连接或焊接，详见《钢筋机械连接通用技术规程》（GJ 107—2003）的有关规定执行。

10.5 钢筋锚固及连接：当纵向受力钢筋接头采用Ⅰ级机械连接接头，其位置应见《钢筋机械连接技术通用技术规程》11G101-1 第 36、49 页，其他各类构件均按此要求设置。
10.6 梁、板、柱节点箍筋加密区范围按施工图及标准图集《11G101-1》11G101-1一1执行。
   (1) 双向现浇板中，板底受力钢筋伸入支座的长度不小于5d，且至少伸入梁的中心线。
   (2) 板底受力钢筋伸入支座中应包括梁梁端钢筋。除注明外构造为 ≥200。
   (3) 板内分布钢筋平行，当板无指明外钢筋构造上。
   (4) 板内的膨胀钢筋伸入板中混凝土框架梁，长度应满足钢筋锚固要求。
   (5) 梁的膨胀锚固构造要求见《11G101-1 混凝土框架详图》。
   (6) 板上孔洞处理。一般情况下根据各专业图中楼层平面图全部标出洞口位置，不得后凿。当无洞、开洞时应由设计认定，不得后凿，不得漏凿。预留工程孔洞尺寸：当板开洞由施工方向现浇板板内无混凝土框架梁，不得后凿预埋孔洞，其有管道处应位于平板厚度中部1/3范围内，以防止上因孔洞处再另行加钢筋，板内外钢筋由现浇绕过，按平面图示钢筋间距配管放置。当平面图未注当孔洞尺寸 >300 mm时，应采用相应构造加强。

当洞口尺寸 <300 mm时，一般板洞不另设钢筋，洞边板内现浇预埋管等时，其管道位应位于平板厚度中部1/3 范围内，以防止上因埋管处板顶面钢筋混凝土裂缝。当板现浇连续埋管处板面应有钢筋裂缝。其有管道处应按河南省标 02YG301 选用矩形断面Ⅱ型，有垫级别为 400 处 ϕ6@200 钢筋网。

11. 填充墙构造要求

11.1 加气混凝土砌块填充墙体应在主体结构施工完成后分层后切砌筑，每层砌体上下层应分层切砌。
11.2 砌体填充墙墙顶口过梁两洞过梁口过梁选用河南省标 02YG301 选用矩形断面前墙 Ⅱ 型，钢筋级别为砌块填充墙。

11.3 构造柱的设置要求及柱过框架柱。悬墙过梁的砌筑见《蒸压加气砌块建筑构造》（03J104）图集的构造的设定要求。填充墙的砌筑时应采取防裂的有效措施。

2 级，支承长度不小于 250 mm。过梁可采用预制或现浇。过梁顶部钢筋可洞口理伸。预留过梁插筋可洞口理伸。

12. 构造柱构造要求

12.1 本工程墙面的内外填充墙中，较小的 (100mm) 外墙或墙长大于等于 5 m 时应设构造柱。墙口两侧 (≥2100mm) 均应设置双砖柱。构造柱截面 200mm × 墙厚，配筋 4 ϕ 12，ϕ 6@100/200，构造柱的设置方案参看图三。
12.2 本工程沿墙高每隔 500 mm 应设置构造柱之间和构造柱之间应配以双层 2 ϕ 6 拉结钢筋拉结，在墙宽范围留出 2 ϕ 6 拉结钢筋拉结或构造柱沿墙高或两端加锚每隔 30d，一端入墙充墙内卡度≥700 mm 长或端伸至沿内填充墙水浸钢加密处，钢充墙内侧应予以斜筋。

13. 防雷接地构造措施

对本工程电气专业（详见电施相关图纸）要求的防雷引下线、接地等应做的处理。施工中应待各专业的工作，土建应预先与各专业进行沟通配合各种预留孔件，应预先相关留位设洞切以利施工防雷工作的明确处理。

14. 凡本工程施工时，遇下列情况均应做如下处理

14.1 梁、板与柱相交时，梁的顶面钢筋从柱内钢筋内侧放过。
14.2 本工程为现浇混凝土结构，各构件中可以采用预留钢筋。
14.3 本工程施工单位对专业的工种配合与审定，应在意有专业进行审定，正确预留各位应切实以防止疏漏，对图纸上的情形及审图层应予以下达，满足要求。
14.4 建筑门窗洞下设各类过梁，栏板等构件。
14.5 本工程工作人员对应由建设与有关部分及施工，必须对图纸进行熟悉、审查核对意见，对图纸上的错误应应核下料，满足各层保护层要求。
14.6 本图纸绘制时所未一致的以单项以单项计规定为准。
14.7 结构总说明未一致之处，按相应要求做法与规范，规程为准。
14.8 本图纸未涉及之构造做法约按 11G101-1 执行。
14.9 悬挑构件需待有底板混凝土达到 100% 方可拆除模板或底层。
14.10 当保护层大于 50 mm 时，梁的纵向长度钢应设置钢筋。
14.11 结构总说明中标高单位为 m，尺寸均以 mm。

图一 图二 图三

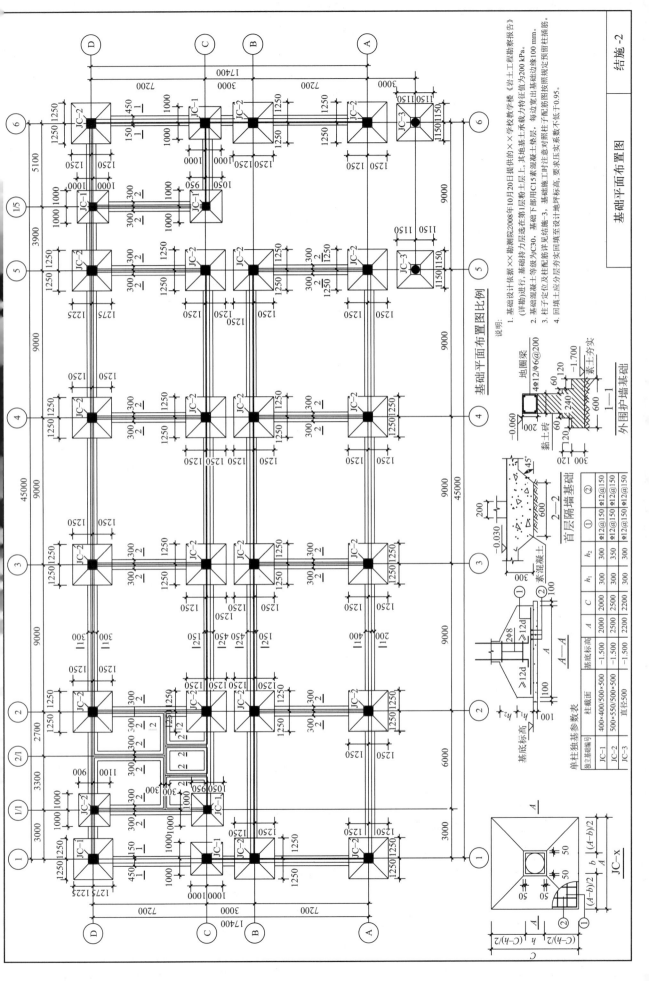

基础平面布置图比例

基础平面布置图

结施 -2

说明：
1. 基础设计依据××勘测院2008年10月20日提供的××学校教学楼《岩土工程勘察报告》(详勘)进行，基础持力层选在第1层粉土层上，其地基土承载力特征值为200 kPa。
2. 基础混凝土等级为C30。基础下部用C15素混凝土垫层。每边宽出基础边缘100 mm。
3. 柱子定位及柱配筋详见结施-3，基础施工时注意对照柱子配筋图按照预留预留柱插筋。
4. 回填土应分层夯实回填至设计地坪标高，要求压实系数不低于0.95。

单柱独基参数表

独立基础编号	柱截面	基底标高	A	C	h_1	h_2	①	②
JC-1	400×400/500×500	-1.500	2500	2000	300	300	Φ12@150	Φ12@150
JC-2	500×550/500×500	-1.500	2500	2500	300	350	Φ12@150	Φ12@150
JC-3	直径500	-1.500	2200	2200	300	300	Φ12@150	Φ12@150

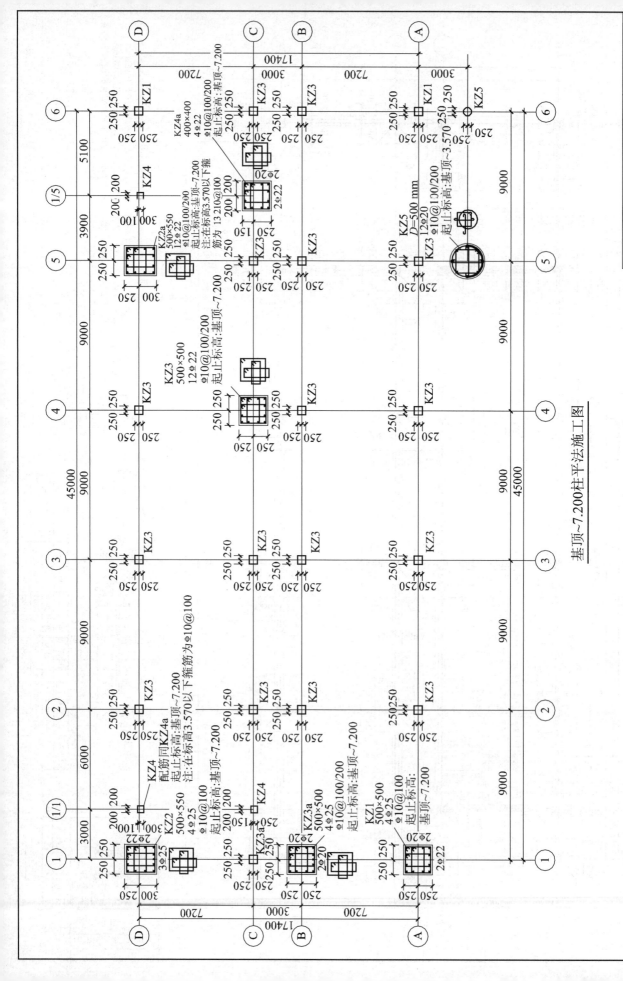

基顶~7.200柱平法施工图

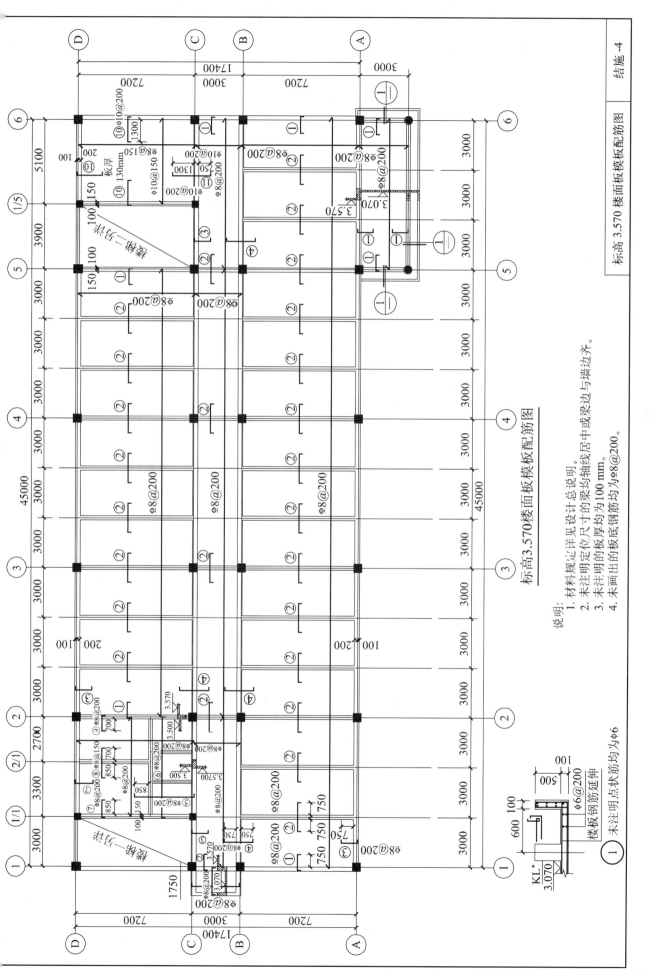

标高3.570楼面板板配筋图

说明:
1. 材料规定详见设计总说明。
2. 未注明定位尺寸的梁均轴线居中或梁边与墙边齐。
3. 未注明的板厚均为100 mm。
4. 未画出的板底钢筋均为Φ8@200。

① 未注明点状筋均为Φ6

标高 3.570 楼面板模板配筋图

结施 -4

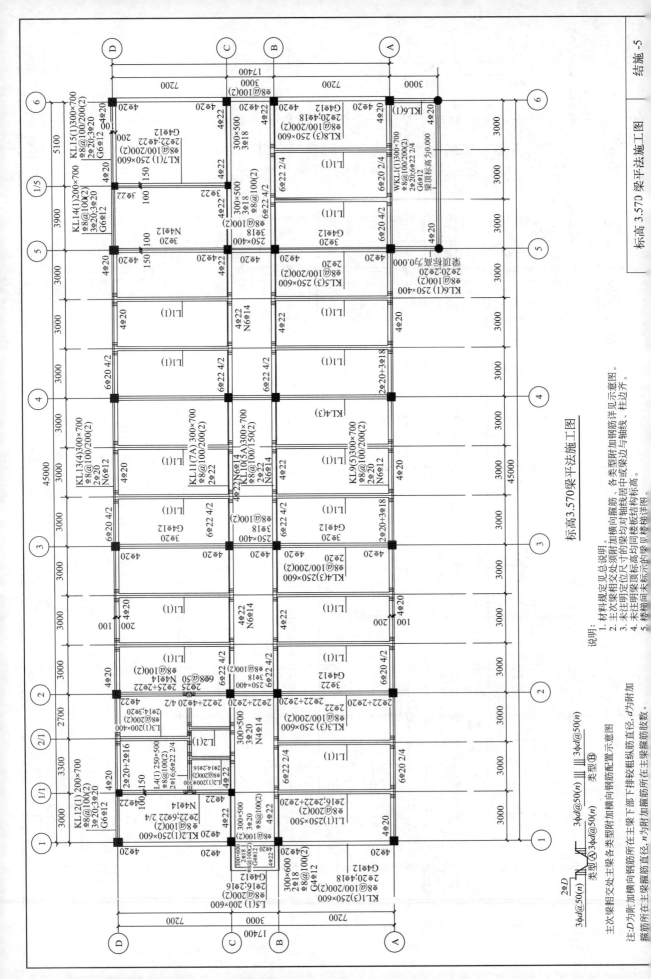

结施 -5

标高 3.570 梁平法施工图

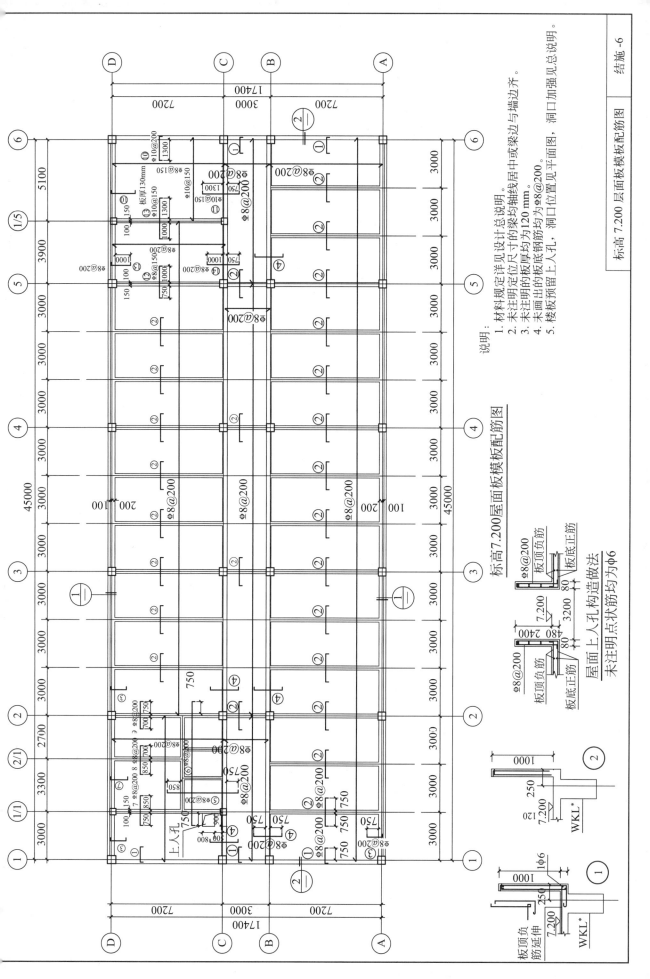

说明：
1. 材料规定详见设计总说明。
2. 未注明定位尺寸的梁均居中或梁边与轴线边齐。
3. 未注明的板厚均为120 mm。
4. 未画出的板底钢筋均为Φ8@200。
5. 楼板预留上人孔，洞口位置见平面图，洞口加强见总说明。

标高7.200层面板模板配筋图

标高7.200屋面板模板配筋图

屋面上人孔构造做法
未注明点状筋均为Φ6

标高 7.200 层面板模板配筋图

结施 -6

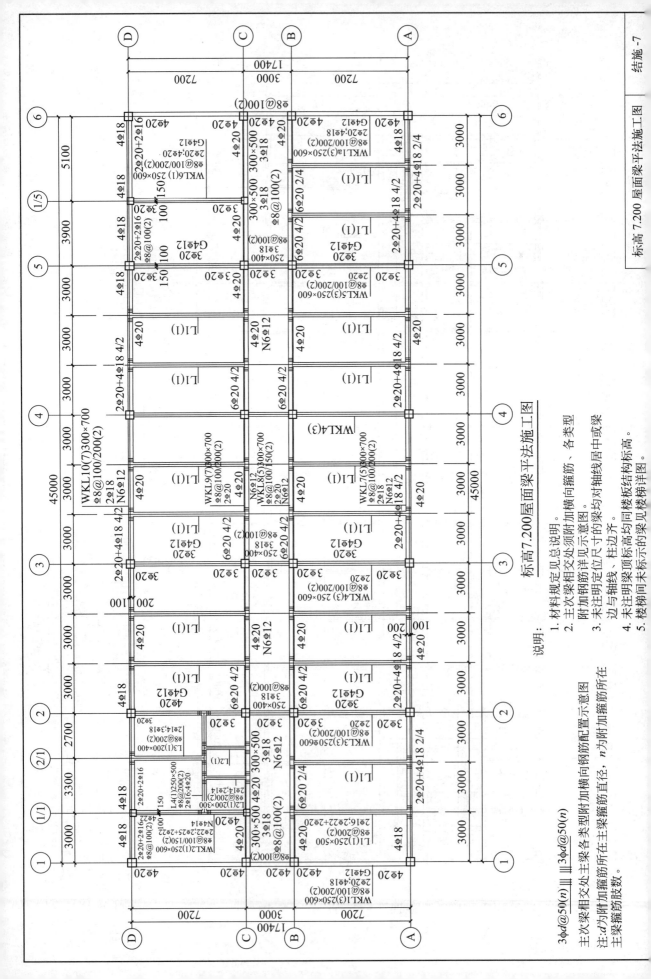

标高 7.200 屋面梁平法施工图

结施 -7

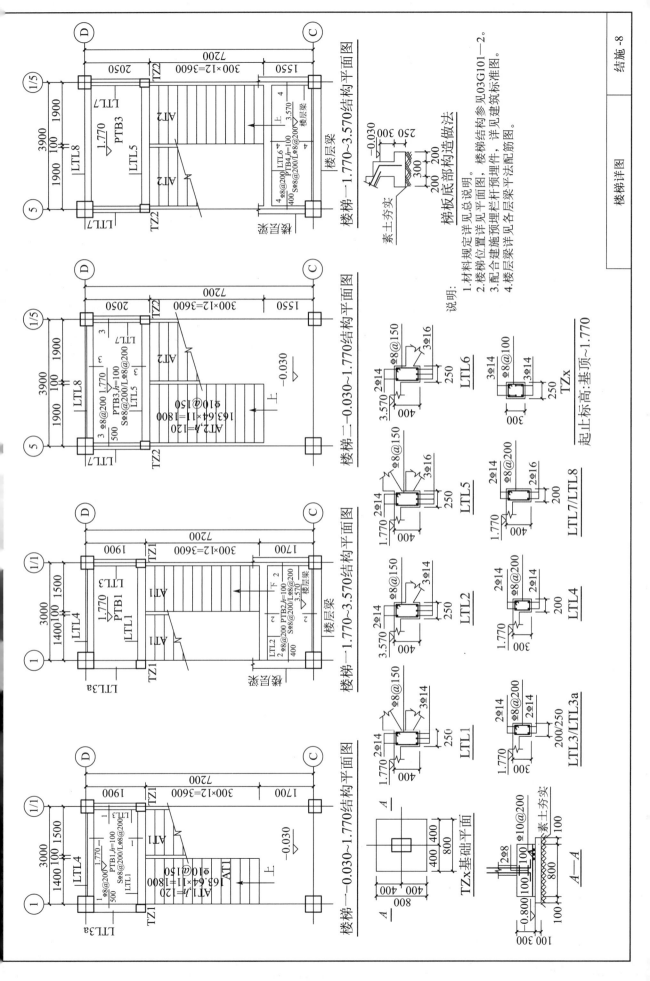

楼梯详图

说明:
1. 材料规定详见总说明。
2. 楼梯位置详见平面图,楼梯结构参见03G101—2。
3. 配合建施预埋栏杆预埋件,详见建筑标准图。
4. 楼层梁详见各层梁平法配筋图。

梯板底部构造做法

楼梯—1.770~3.570结构平面图

楼梯二-0.030~1.770结构平面图

楼梯—1.770~3.570结构平面图

楼梯—-0.030~1.770结构平面图

LTL6

TZx
起止标高:基顶~1.770

LTL5

LTL7/LTL8

LTL2

LTL4

LTL1

LTL3/LTL3a

TZx基础平面

A—A

附录C

常用荷载表

表 C1　常用材料和构件自重表

名　称	自重 /(kN/m³)	备　注
铸铁	72.5	
钢	78.5	
铝合金	28	
耐火砖	19 ~ 22	230 mm × 110 mm × 65 mm(609 块 /m³)
灰砂砖	18	砂：白灰 =92 : 8
煤渣砖	17 ~ 18.5	
蒸压粉煤灰砖	14.0 ~ 16.0	干重度
蒸压粉煤灰加气混凝土砌块	5.5	
混凝土空心小砌块	11.8	390 mm × 190 mm × 190 mm
石灰砂浆、混合砂浆	17	
水泥石灰焦渣砂浆	14	
石灰炉渣	10 ~ 12	
水泥炉渣	12 ~ 14	
石灰焦渣砂浆	13	
灰土	17.5	石灰：土 =3 : 7，夯实
纸筋石灰	16	
石灰三合土	17.5	石灰、砂、卵石
水泥砂浆	20	
水泥蛭石砂浆	5 ~ 8	
素混凝土	22 ~ 24	振捣或不振捣
泡沫混凝土	4 ~ 6	
加气混凝土	5.5 ~ 7.5	单块
钢筋混凝土	24 ~ 25	
普通玻璃	25.6	
浆砌机砖	19	
浆砌耐火砖	22	
浆砌焦渣砖	12.5 ~ 14	
水磨石地面	0.65 kN/m²	10 mm 面层，20 mm 水泥砂浆打底
硬木地板	0.2 kN/m²	
木块地面	0.7 kN/m²	
钢屋架	$0.12 + 0.011l$ kN/m²	无大窗，包括支撑，按屋面水平投影面积计算，跨度 l 以 m 计
钢框玻璃窗	0.4 ~ 0.45 kN/m²	
木门	0.1 ~ 0.2 kN/m²	
钢铁门	0.4 ~ 0.45 kN/m²	
石棉板瓦	0.18 kN/m²	仅瓦自重
波形石棉瓦	0.2 kN/m²	1820 mm × 725 mm × 8 mm
镀锌薄钢板	0.05 kN/m²	24 号

（续）

名　称	自重 /(kN/m³)	备　注
油毡防水屋面（包括改性沥青防水卷材）	0.05 kN/m2	一层油毡刷油两遍
	0.25～0.3 kN/m2	四层做法，一毡二油上铺小石子
	0.3～0.35 kN/m2	六层做法，二毡三油上铺小石子
	0.35～0.4 kN/m2	八层做法，三毡四油上铺小石子

表 C2　民用建筑楼面均布活荷载标准值及其组合值、频遇值和准永久值系数

项次	类　别	标准值 /(kN/m²)	组合值系数 Ψ_c	频遇值系数 Ψ_f	准永久值系数 Ψ_q
1	(1) 住宅、宿舍、旅馆、办公楼、医院病房、托儿所、幼儿园	2.0	0.7	0.5	0.4
	(2) 实验室、阅览室、会议室、医院门诊室			0.6	0.5
2	教室、食堂、餐厅、一般资料档案室	2.5	0.7	0.6	0.5
3	(1) 礼堂、剧场、影院、有固定座位的看台	3.0	0.7	0.5	0.3
	(2) 公共洗衣房	3.0	0.7	0.6	0.5
4	(1) 商店、展览厅、车站、港口、机场大厅及旅客等候室	3.5	0.7	0.6	0.5
	(2) 无固定座位的看台	3.5	0.7	0.5	0.3
5	(1) 健身房、演出舞台	4.0	0.7	0.6	0.5
	(2) 舞厅	4.0	0.7	0.6	0.3
6	(1) 书库、档案库、储藏室	5.0	0.9	0.9	0.8
	(2) 密集柜书库	12.0	0.9	0.9	0.8
7	通风机房、电梯机房	7.0	0.9	0.9	0.8
8	汽车通道及客车停车库： (1) 单向板楼盖 (板跨不小于 2 m) 和双向板楼盖 (板跨不小于 3 m×3 m) 客车 消防车 (2) 双向板楼盖 (板跨不小于 6 m×6 m) 和无梁楼盖 (柱网尺寸不小于 6 m×6 m) 客车 消防车	4.0 35.0 2.5 20.0	0.7 0.7 0.7 0.7	0.7 0.7 0.7 0.7	0.6 0.6 0.6 0.6
9	厨房：(1) 一般的	2.0	0.7	0.6	0.5
	(2) 餐厅的	4.0	0.7	0.7	0.7
10	浴室、厕所、盥洗室	2.5	0.7	0.6	0.5
11	走廊、门厅： (1) 宿舍、旅馆、医院病房、托儿所、幼儿园、住宅	2.0	0.7	0.5	0.4
	(2) 办公楼、餐厅、医院门诊部	2.5	0.7	0.6	0.5
	(3) 教学楼及其他可能出现人员密集的情况	3.5	0.7	0.5	0.3
12	阳台： (1) 一般情况	2.5	0.7	0.6	0.5
	(2) 当人群有可能密集时	3.5	0.7	0.6	0.5
13	楼梯： (1) 多层住宅	2.0	0.7	0.5	0.4
	(2) 其他	3.5	0.7	0.5	0.3

注：1. 本表所给各项活荷载适用于一般使用条件，当使用荷载较大或情况特殊时，应按实际情况采用。

2. 第 6 项书库活荷载当书架高度大于 2 m 时，书库活荷载尚应按每米书架高度不小于 2.5 kN/m² 确定。

3. 第 8 项中的客车活荷载只适用于停放载人少于 9 人的客车；消防车活荷载是适用于满载总重为 300 kN 时的大型车辆；当不符合本表的要求时，应将车轮的局部荷载按结构效应的等效原则，换算为等效均布荷载。

4. 第 13 项楼梯活荷载，对预制楼梯踏步平板，尚应按 1.5 kN 集中荷载验算。

5. 本表各项荷载不包括隔墙自重和二次装修荷载。对固定隔墙的自重应按恒荷载考虑，当隔墙位置可灵活自由布置时，非固定隔墙的自重应取每延米长墙重 (kN/m) 的 1/3 作为楼面活荷载的附加值 (kN/m²) 计入，附加值不小于 1.0 kN/m²。

6. 第 8 项消防车活荷载，当双向板楼盖板跨介于 3 m×3 m～6 m×6 m 之间时，应按跨度线性插值确定。

表 C3　屋面均布活荷载

项次	类　别	标准值 /(kN/m²)	组合值系数 Ψ_c	频遇值系数 Ψ_f	准永久值系数 Ψ_q
1	不上人的屋面	0.5	0.7	0.5	0
2	上人的屋面	2.0	0.7	0.5	0.4
3	屋顶花园	3.0	0.7	0.6	0.5
4	屋顶运动场地	3.0	0.7	0.6	0.4

注：1. 不上人的屋面，当施工或维修荷载较大时，应按实际情况采用；对不同结构应按有关设计规范的规定采用，但不得低于 0.3 kN/m²。

2. 上人的屋面，当兼作其他用途时，应按相应楼面活荷载采用。

3. 对于因屋面排水不畅、堵塞等引起的积水荷载，应采取构造措施加以防止；必要时，应按积水的可能深度确定屋面活荷载。

4. 屋顶花园活荷载不包括花圃土石等材料自重。

附录D

钢筋混凝土用表

表 D1　普通钢筋强度标准值、强度设计值及弹性模量

牌号	符号	公称直径 d/mm	屈服强度标准值 f_yk /(N/mm²)	极限强度标准值 f_{stk} /(N/mm²)	抗拉强度设计值 f_y /(N/mm²)	抗压强度设计值 f'_y /(N/mm²)	钢筋弹性模量 /(×10⁵N/mm²)
HPB300	φ	6～22	300	420	270	270	2.10
HRB335 HRBF335	φ φ^F	6～50	335	455	300	300	2.00
HRB400 HRBF400 RRB400	φ φ^F φ^R	6～50	400	540	360	360	2.00
HRB500 HRBF500	Φ Φ^F	6～50	500	630	435	410	2.00

表 D2　预应力钢筋强度标准值、预应力钢筋强度设计值、预应力钢筋弹性模量

种类		符号	公称直径 d/mm	屈服强度标准值 f_{ptk} /(N/mm²)	极限强度标准值 f_{pyk} /(N/mm²)	抗拉强度设计值 f_{py} /(N/mm²)	抗压强度设计值 f'_{py} /(N/mm²)	弹性模量 E_s/(×10⁵N/mm²)
中强度预应力钢丝	光面 螺旋肋	φ^{PM} φ^{HM}	5、7、9	620	800	510	410	2.05
				780	970	650		
				980	1270	810		
预应力螺纹钢筋	螺纹		18、25、32、40、50	785	980	650	410	2.00
				930	1080	770		
				1080	1230	900		
消除应力钢丝	光面 螺旋肋	φ^P φ^H	5	1380	1570	1110	410	2.05
				1640	1860	1320		
			7	1380	1570	1110		
			9	1290	1470	1040		
				1380	1570	1110		
钢绞线	1×3 （三股）	φ^S	8.6、10.8、12.9	1410	1570	1110	390	1.95
				1670	1860	1320		
				1760	1960	1390		
	1×7 （七股）		9.5、12.7、15.2、17.8	1540	1720	1220		
				1670	1860	1320		
				1760	1960	1390		
			21.6	1590	1770	—		
				1670	1860	1320		

注：当预应力筋的强度标准值不符合表中规定时，其强度设计值应进行相应的比例换算。

表 D3　混凝土强度标准值、混凝土强度设计值和混凝土弹性模量

强度种类	轴心抗压强度 /(N/mm²)		轴心抗拉强度 /(N/mm²)		弹性模量 (×10⁴)
符号	标准值 f_{ck}	设计值 f_c	标准值 f_{tk}	设计值 f_t	E_c
C15	10.0	7.2	1.27	0.91	2.20
C20	13.4	9.6	1.54	1.10	2.55
C25	16.7	11.9	1.78	1.27	2.80
C30	20.1	14.3	2.01	1.43	3.00
C35	23.4	16.7	2.20	1.57	3.15
C40	26.8	19.1	2.39	1.71	3.25
C45	29.6	21.1	2.51	1.80	3.35
C50	32.4	23.1	2.64	1.89	3.45
C55	35.5	25.3	2.74	1.96	3.55
C60	38.5	27.5	2.85	2.04	3.60
C65	41.5	29.7	2.93	2.09	3.65
C70	44.5	31.8	2.99	2.14	3.70
C75	47.4	33.8	3.05	2.18	3.75
C80	50.2	35.9	3.11	2.22	3.80

（注：最左侧竖排文字："混凝土强度等级"）

表 D4　混凝土结构的环境类别

环境类别	条　件
一	室内干燥环境； 无侵蚀性水浸没环境
二 a	室内潮湿环境； 非严寒和非寒冷地区的露天环境； 非严寒和非寒冷地区与无侵蚀性的水或土壤直接接触的环境； 严寒和寒冷地区冰冻线以下与无侵蚀性的水或土壤直接接触的环境
二 b	干湿交替环境； 水位频繁变动环境； 严寒和寒冷地区的露天环境； 严寒和寒冷地区冰冻线以上与无侵蚀性的水或土壤直接接触的环境
三 a	严寒和寒冷地区冬季水位变动区环境； 受冰盐影响环境； 海风环境
三 b	盐渍土环境； 受除冰盐作用环境； 海岸环境
四	海水环境
五	受人为或自然的侵蚀性物质影响的环境

注：1. 室内潮湿环境是指构件表面经常处于结露或湿润状态的环境。
　　2. 严寒和寒冷地区的划分应符合国家现行标准《民用建筑热工设计规程》(GB 50176—2016)的有关规定。
　　3. 海岸环境和海风环境宜根据当地情况，考虑主导风向及结构所处迎风、背风部位等因素的影响，由调查研究和工程经验确定。
　　4. 受除冰盐影响环境为受到除冰盐盐雾影响的环境。受除冰盐作用环境指被除冰盐溶液溅射的环境以及使用除冰盐地区的洗车房、停车楼等建筑。
　　5. 暴露的环境是指混凝土结构表面所处的环境。

表 D5　结构混凝土材料的耐久性基本要求

环境类别	最大水胶比	最低强度等级	最大氯离子含量 /%	最大碱含量 /(kg/m^3)
一	0.60	C20	0.3	不限制
二 a	0.55	C25	0.2	3.0
二 b	0.50(0.55)	C30(C25)	0.15	3.0
三 a	0.45(0.50)	C35(C30)	0.15	3.0
三 b	0.40	C40	0.10	3.0

注：1. 氯离子含量系指其占胶凝材料总量的百分比。

　　2. 预应力构件混凝土中的最大氯离子含量为 0.05%；最低混凝土强度等级应按表中规定提高两个等级。

　　3. 素混凝土构件的水胶比及最低强度等级的要求可适当放松。

　　4. 当有可靠工程经验时，二类环境中的最低混凝土强度等级可降低一个等级。

　　5. 处于严寒和寒冷地区二 b、三 a 类环境中的混凝土应使用引气剂，并可采用括号中的有关参数。

　　6. 当使用非碱活性骨料时，对混凝土中的碱含量可不做限制。

表 D6　混凝土保护层的最小厚度 c　　　　　　单位：mm

环境等级	板、墙、壳	梁、柱
一	15	20
二 a	20	25
二 b	25	35
三 a	30	40
三 b	40	50

注：1. 混凝土强度等级不大于 C25 时，表中保护层厚度数值应增加 5 mm。

　　2. 钢筋混凝土基础宜设置混凝土垫层，其受力钢筋的混凝土保护层厚度应从垫层顶面算起，且不应小于 40 mm。

表 D7　现浇钢筋混凝土板的最小厚度　　　　　　单位：mm

板的类别		最小厚度
单向板	屋面板	60
	民用建筑楼板	60
	工业建筑楼板	70
	行车道下的楼板	80
双向板		80
密肋楼盖	面板	50
	肋高	250
悬臂板 (固定端)	悬臂长度不大于 500 mm	60
	悬臂长度 1200 mm	100
无梁楼盖		150
现浇空心楼板		200

表 D8　钢筋混凝土构件中纵向受力钢筋的最小配筋百分率 ρ_{min}　　　　单位：%

受力类型			最小配筋百分率
受压构件	全部纵向钢筋	强度级别 500 N/mm²	0.50
		强度级别 400 N/mm²	0.55
		强度级别 300 N/mm²、335 N/mm²	0.60
	一侧纵向钢筋		0.20
受弯构件、偏心受拉、轴心受拉构件一侧的受拉钢筋			0.20 和 $45 f_t / f_y$ 中的较大值

注：1. 受压构件全部纵向钢筋最小配筋百分率，当采用 C60 及以上强度等级的混凝土时，应按表中规定增大 0.10。

2. 板类受弯构件的受拉钢筋，当采用强度级别 400 N/mm²、500 N/mm² 的钢筋时，其最小配筋百分率应允许采用 0.15 和 f_t / f_y 中的较大值。

3. 偏心受拉构件中的受压钢筋，应按受压构件一侧纵向钢筋考虑。

4. 受压构件的全部纵向钢筋和一侧纵向钢筋的配筋率以及轴心受拉构件和小偏心受拉构件一侧受拉钢筋的配筋率应按构件的全截面面积计算。

5. 受弯构件、大偏心受拉构件一侧受拉钢筋的配筋率应按全截面面积扣除受压翼缘面积 $(b'_f - b) h'_f$ 后的截面面积计算。

6. 当钢筋沿构件截面周边布置时，"一侧纵向钢筋"系指沿受力方向两个对边中的一边布置的纵向钢筋。

表 D9　钢筋的计算截面面积及公称质量表

直径 d/mm	不同根数钢筋的计算截面面积 /mm²									单根钢筋公称质量 /(kg/m)
	1	2	3	4	5	6	7	8	9	
6	28.3	57	85	113	142	170	198	226	255	0.222
6.5	33.2	66	100	133	166	199	232	265	199	0.260
8	50.3	101	151	201	252	302	352	402	453	0.395
8.2	52.8	106	158	211	264	317	370	423	475	0.432
10	78.5	157	236	314	393	471	550	628	707	0.617
12	113.1	226	339	452	565	678	791	904	1017	0.888
14	153.9	308	461	615	769	923	1077	1230	1387	1.21
16	201.1	402	603	804	1005	1206	1407	1608	1809	1.58
18	254.5	509	763	1017	1272	1526	1780	2036	2290	2.00(2.11)
20	314.2	628	941	1256	1570	1884	2200	2513	2827	2.47
22	380.1	760	1140	1520	1900	2281	2661	3041	3421	2.98
25	490.9	982	1473	1964	2454	2945	3436	3927	4418	3.85(4.10)
28	615.3	1232	1847	2463	3079	3695	4310	4926	5542	4.83
32	804.3	1609	2418	3217	4021	4826	5630	6434	7238	6.31(6.65)
36	1017.9	2036	3054	4072	5089	6107	7125	8143	9161	7.99
40	1256.1	2513	3770	5027	6283	7540	8796	10053	11310	9.87(10.34)
50	1963.5	3928	5892	7856	9820	11784	13748	15712	17676	15.42(16.28)

注：括号内为预应力螺纹钢筋的数值。

表 D10　各种钢筋按一定间距排列时每米板宽内的钢筋截面面积表

钢筋间距/mm	当钢筋直径 (mm) 为下列数值时的钢筋截面面积 /mm²													
	3	4	5	6	6/8	8	8/10	10	10/12	12	12/14	14	14/16	16
70	101.0	179	281	404	561	719	920	1121	1369	1616	1908	2199	2536	2872
75	94.3	167	262	377	524	671	859	1047	1277	1508	1780	2053	2367	2681
80	88.4	157	245	354	491	629	805	981	1198	1414	1669	1924	2218	2513
85	83.2	148	231	333	462	592	758	924	1127	1331	1571	1811	2088	2365
90	78.5	140	218	314	437	559	716	872	1064	1257	1484	1710	1972	2234
95	74.5	132	207	298	414	529	678	826	1008	1190	1405	1620	1868	2116
100	70.6	126	196	283	393	503	644	785	958	1131	1335	1539	1775	2011
110	64.2	114.0	178	257	357	457	585	714	871	1028	1214	1399	1614	1828
120	58.9	105.0	163	236	327	419	537	654	798	942	1112	1283	1480	1676
125	56.5	100.6	157	226	314	402	515	628	766	905	1068	1232	1420	1608
130	54.4	96.6	151	218	302	387	495	604	737	870	1027	1184	1366	1547
140	50.5	89.7	140	202	281	359	460	561	684	808	954	1100	1268	1436
150	47.1	83.8	131	189	262	335	429	523	639	754	890	1026	1183	1340
160	44.1	78.5	123	177	246	314	403	491	599	707	834	962	1110	1257
170	41.5	73.9	115	166	231	296	379	462	564	665	786	906	1044	1183
180	39.2	69.8	109	157	218	279	358	436	532	628	742	855	985	1117
190	37.2	66.1	103	149	207	265	339	413	504	595	702	810	934	1058
200	35.3	62.8	98.2	141	196	251	322	393	479	565	668	770	888	1005
220	32.1	57.1	89.3	129	178	228	292	357	436	514	607	700	807	914
240	29.4	52.4	81.9	118	164	209	268	327	399	471	556	641	740	838
250	28.3	50.2	78.5	113	157	201	258	314	383	452	534	616	710	804
260	27.2	48.3	75.5	109	151	193	248	302	368	435	514	592	682	773
280	25.2	44.9	70.1	101	140	180	230	281	342	404	477	550	634	718
300	23.6	41.9	65.5	94	131	168	215	262	320	377	445	513	592	670
320	22.1	39.2	61.4	88	123	157	201	245	299	353	417	481	554	628

表 D11　相对混凝土受压区高度与截面抵抗矩系数界限值 ξ_b 和 $\alpha_{s,max}$

混凝土强度等级		≤ C50	C60	C70	C80
HPB300 钢筋	ξ_b	0.576	0.556	0.537	0.518
	$\alpha_{s,max}$	0.410	0.402	0.393	0.384
HRB335 钢筋 HRBF335 钢筋	ξ_b	0.550	0.531	0.512	0.493
	$\alpha_{s,max}$	0.399	0.390	0.381	0.372
HRB400 钢筋 HRBF400 钢筋 RRB400 钢筋	ξ_b	0.518	0.499	0.481	0.463
	$\alpha_{s,max}$	0.384	0.375	0.365	0.356
HRB500 钢筋 HRBF500 钢筋	ξ_b	0.482	0.464	0.447	0.429
	$\alpha_{s,max}$	0.366	0.357	0.347	0.337

参考文献

[1] 张波. 装配式混凝土结构工程 [M]. 北京：北京理工大学出版社，2016.

[2] 丁梧秀. 地基与基础 [M]. 郑州：郑州大学出版社，2006.

[3] 罗向荣. 钢筋混凝土结构 [M]. 北京：高等教育出版社，2004.

[4] 侯治国，周绥平. 混凝土结构 [M]. 武汉：武汉理工大学出版社，2002.

[5] 王振武，张伟. 混凝土结构 [M]. 北京：科学技术出版社，2005.

[6] 叶列平. 混凝土结构 [M]. 北京：清华大学出版社，2005.

[7] 蓝宗建. 混凝土结构设计原理 [M]. 南京：东南大学出版社，2002.

[8] 罗福午，等. 混凝土结构与砌体结构 [M]. 北京：中国建筑工业出版社，2003.

[9] 王祖华. 混凝土与砌体结构 [M]. 广州：华南理工大学出版社，2007.

[10] 毛家华，莫章金. 建筑工程制图与识图 [M]. 北京：高等教育出版社，2001.

[11] 侯治国，周绥平. 建筑结构 [M]. 武汉：武汉理工大学出版社，2002.

[12] 胡兴福. 建筑结构 [M]. 北京：高等教育出版社，2005.

[13] 吴承霞. 建筑结构与识图 [M]. 北京：高等教育出版社，2012.

[14] 熊丹安. 建筑结构 [M]. 5 版. 广州：华南理工大学出版社，2011.

[15] 杨鼎久. 建筑结构 [M]. 北京：机械工业出版社，2006.

[16] 张学宏. 建筑结构 [M]. 北京：中国建筑工业出版社，2004.

[17] 中国建设教育协会. 建筑钢结构设计 [M]. 北京：中国建筑工业出版社，2009.

[18] 杨太生. 建筑结构基础与识图 [M]. 北京：中国建筑工业出版社，2008.

[19] 张小云. 建筑抗震 [M]. 北京：高等教育出版社，2008.

[20] 刘丽华，王晓天. 建筑力学 [M]. 北京：中国电力出版社，2004.

[21] 石立安. 建筑力学 [M]. 北京：北京大学出版社，2009.

[22] 胡兴福. 建筑力学与结构 [M]. 武汉：武汉理工大学出版社，2007.

[23] 李春亭，张庆霞. 建筑力学与结构 [M]. 北京：人民交通出版社，2007.

[24] 周道君，田海风. 建筑力学与结构 [M]. 北京：中国电力出版社，2005.

[25] 岑欣华. 建筑力学与结构基础 [M]. 北京：中国建筑工业出版社，2004.

[26] 陈安生. 建筑力学与结构基础 [M]. 北京：中国建筑工业出版社，2003.

[27] 张小平. 建筑识图与房屋构造 [M]. 武汉：武汉工业大学出版社，2008.

[28] 白丽红. 建筑制图与识图 [M]. 北京：北京大学出版社，2009.

[29] 陆叔华. 建筑制图与识图 [M]. 北京：高等教育出版社，2007.

[30] 李思丽．建筑制图与阴影透视 [M]．北京：机械工业出版社，2007．

[31] 唐岱新．砌体结构 [M]．2 版．北京：高等教育出版社，2010．

[32] 林贤根．土木工程力学 (少学时版)[M]．北京：机械工业出版社，2006．

[33] 黄世敏，罗开海．汶川地震建筑物典型震害探讨 [C]．中国科学技术协会 2008 防灾减灾论坛专题报告，2008．

[34] 江见鲸，等．建筑工程事故分析与处理 [M]．3 版．北京：中国建筑工业出版社，2006．

[35] 中华人民共和国国家标准．高层民用建筑设计防火规范 (2005 年版)(GB 50045—1995) [S]．北京：中国计划出版社，2005．

[36] 中华人民共和国国家标准．混凝土结构设计规范 (2015 年版)(GB 50010—2010) [S]．北京：中国建筑工业出版社，2016．

[37] 中国建筑标准设计研究院．混凝土结构施工图平面整体表示方法制图规则和构造详图 (16G101) [S]．北京：中国计划出版社，2016．

[38] 中华人民共和国国家标准．建筑地基基础设计规范 (GB 50007—2011) [S]．北京：中国建筑工业出版社，2012．

[39] 中华人民共和国国家标准．建筑工程抗震设防分类标准 (GB 50223—2008) [S]．北京：中国建筑工业出版社，2008．

[40] 中华人民共和国国家标准．建筑结构荷载规范 (GB 50009—2012) [S]．北京：中国建筑工业出版社，2012．

[41] 中华人民共和国国家标准．建筑结构可靠性设计统一标准 (GB 50068—2018) [S]．北京：中国建筑工业出版社，2019．

[42] 中华人民共和国国家标准．建筑结构制图标准 (GB/T 50105—2010) [S]．北京：中国建筑工业出版社，2010．

[43] 中华人民共和国国家标准．建筑抗震设计规范 (2016 年版) (GB 50011—2010) [S]．北京：中国建筑工业出版社，2016．

[44] 中华人民共和国国家标准．民用建筑设计通则 (GB 50352—2005) [S]．北京：中国建筑工业出版社，2005．

[45] 中华人民共和国国家标准．砌体结构设计规范 (GB 50003—2011) [S]．北京：中国建筑工业出版社，2012．

[46] 中华人民共和国国家标准．岩土工程勘察规范 (2009 年版)(GB 50021—2001)[S]．北京：中国建筑工业出版社，2009．

[47] 中华人民共和国行业标准．高层建筑混凝土结构技术规程 (JGJ 3—2010) [S]．北京：中国建筑工业出版社，2011．

[48] 中华人民共和国国家标准．工程结构可靠性设计统一标准 (GB 50153—2008) [S]．北京：中国建筑工业出版社，2009．

北京大学出版社高职高专土建系列教材书目

序号	书　名	书　号	编著者	定价	出版时间	配套情况
		"互联网＋"创新规划教材				
1	建筑工程概论(修订版)	978-7-301-25934-4	申淑荣等	41.00	2019.8	PPT/二维码
2	建筑构造(第二版)(修订版)	978-7-301-26480-5	肖　芳	46.00	2019.8	APP/PPT/二维码
3	建筑三维平法结构图集(第二版)	978-7-301-29049-1	傅华夏	68.00	2018.1	APP
4	建筑三维平法结构识图教程(第二版)(修订版)	978-7-301-29121-4	傅华夏	69.50	2019.8	APP/PPT
5	建筑构造与识图	978-7-301-27838-3	孙　伟	40.00	2017.1	APP/二维码
6	建筑识图与构造	978-7-301-28876-4	林秋怡等	46.00	2017.11	PPT/二维码
7	建筑结构基础与识图	978-7-301-27215-2	周　晖	58.00	2016.9	APP/二维码
8	建筑工程制图与识图(第三版)	978-7-301-30618-5	白丽红等	42.00	2019.10	APP/二维码
9	建筑制图习题集(第三版)	978-7-301-30425-9	白丽红等	28.00	2019.5	APP/答案
10	建筑制图(第三版)	978-7-301-28411-7	高丽荣	39.00	2017.7	APP/PPT/二维码
11	建筑制图习题集(第三版)	978-7-301-27897-0	高丽荣	36.00	2017.7	APP
12	AutoCAD建筑制图教程(第三版)	978-7-301-29036-1	郭　慧	49.00	2018.4	PPT/素材/二维码
13	建筑装饰构造(第二版)	978-7-301-26572-7	赵志文等	42.00	2016.1	PPT/二维码
14	建筑工程施工技术(第三版)	978-7-301-27675-4	钟汉华等	66.00	2016.11	APP/二维码
15	建筑施工技术(第三版)	978-7-301-28575-6	陈雄辉	54.00	2018.1	PPT/二维码
16	建筑施工技术	978-7-301-28756-9	陆艳侠	58.00	2018.1	PPT/二维码
17	建筑施工技术	978-7-301-29854-1	徐　淳	59.50	2018.9	APP/PPT/二维码
18	高层建筑施工	978-7-301-28232-8	吴俊臣	65.00	2017.4	PPT/答案
19	建筑力学(第三版)	978-7-301-28600-5	刘明晖	55.00	2017.8	PPT/二维码
20	建筑力学与结构(少学时版)(第二版)	978-7-301-29022-4	吴承霞等	46.00	2017.12	PPT/答案
21	建筑力学与结构(第三版)	978-7-301-29209-9	吴承霞等	59.50	2018.5	APP/PPT/二维码
22	工程地质与土力学（第三版）	978-7-301-30230-9	杨仲元	50.00	2019.3	PPT/二维码
23	建筑施工机械(第二版)	978-7-301-28247-2	吴志强等	35.00	2017.5	PPT/答案
24	建筑设备基础知识与识图(第二版)(修订版)	978-7-301-24586-6	靳慧征等	59.50	2019.7	二维码
25	建筑供配电与照明工程	978-7-301-29227-3	羊　梅	38.00	2018.2	PPT/答案/二维码
26	建筑工程测量(第二版)	978-7-301-28296-0	石　东等	51.00	2017.5	PPT/二维码
27	建筑工程测量(第三版)	978-7-301-29113-9	张敬伟等	49.00	2018.1	PPT/答案/二维码
28	建筑工程测量实验与实训指导(第三版)	978-7-301-29112-2	张敬伟等	29.00	2018.1	答案/二维码
29	建筑工程资料管理(第二版)	978-7-301-29210-5	孙　刚等	47.00	2018.3	PPT/二维码
30	建筑工程质量与安全管理(第二版)	978-7-301-27219-0	郑　伟	55.00	2016.8	PPT/二维码
31	建筑工程质量事故分析(第三版)	978-7-301-29305-8	郑文新等	39.00	2018.8	PPT/二维码
32	建设工程监理概论（第三版）	978-7-301-28832-0	徐锡权等	48.00	2018.2	PPT/答案/二维码
33	工程建设监理案例分析教程(第二版)	978-7-301-27864-2	刘志麟等	50.00	2017.1	PPT/二维码
34	工程项目招投标与合同管理(第三版)	978-7-301-28439-1	周艳冬	44.00	2017.7	PPT/二维码
35	工程项目招投标与合同管理(第三版)	978-7-301-29692-9	李洪军等	47.00	2018.8	PPT/二维码
36	建设工程项目管理（第三版）	978-7-301-30314-6	王　辉	40.00	2019.6	PPT/二维码
37	建设工程法规(第三版)	978-7-301-29221-1	皇甫婧琪	45.00	2018.4	PPT/二维码
38	建筑工程经济(第三版)	978-7-301-28723-1	张宁宁等	38.00	2017.9	PPT/答案/二维码
39	建筑施工企业会计（第三版）	978-7-301-30273-6	辛艳红	44.00	2019.3	PPT/二维码
40	建筑工程施工组织设计(第二版)	978-7-301-29103-0	鄢维峰等	37.00	2018.1	PPT/答案/二维码
41	建筑工程施工组织实训(第二版)	978-7-301-30176-0	鄢维峰等	41.00	2019.1	PPT/二维码
42	建筑施工组织设计	978-7-301-30236-1	徐运明等	43.00	2019.1	PPT/二维码
43	建设工程造价控制与管理（修订版）	978-7-301-24273-5	胡芳珍等	46.00	2019.8	PPT/答案/二维码
44	建筑工程计量与计价——透过案例学造价(第二版)	978-7-301-23852-3	张　强	59.00	2017.1	PPT/二维码
45	建筑工程计量与计价	978-7-301-27866-6	吴育萍等	49.00	2017.1	PPT/二维码
46	安装工程计量与计价(第四版)	978-7-301-16737-3	冯　钢	59.00	2018.1	PPT/答案/二维码
47	建筑工程材料	978-7-301-28982-2	向积波等	42.00	2018.1	PPT/二维码
48	建筑材料与检测(第二版)	978-7-301-25347-2	梅　杨等	35.00	2015.2	PPT/答案/二维码
49	建筑材料与检测	978-7-301-28809-2	陈玉萍	44.00	2017.11	PPT/二维码
50	建筑材料与检测实验指导（第二版）	978-7-301-30269-9	王美芬等	24.00	2019.3	二维码
51	市政工程概论	978-7-301-28260-1	郭　福等	46.00	2017.5	PPT/二维码
52	市政工程计量与计价(第三版)	978-7-301-27983-0	郭良娟等	59.00	2017.2	PPT/二维码

序号	书 名	书 号	编著者	定价	出版时间	配套情况
53	市政管道工程施工	978-7-301-26629-8	雷彩虹	46.00	2016.5	PPT/二维码
54	市政道路工程施工	978-7-301-26632-8	张雪丽	49.00	2016.5	PPT/二维码
55	市政工程材料检测	978-7-301-29572-2	李继伟等	44.00	2018.9	PPT/二维码
56	中外建筑史(第三版)	978-7-301-28689-0	袁新华等	42.00	2017.9	PPT/二维码
57	房地产投资分析	978-7-301-27529-0	刘永胜	47.00	2016.9	PPT/二维码
58	城乡规划原理与设计(原城市规划原理与设计)	978-7-301-27771-3	谭婧婧等	43.00	2017.1	PPT/素材/二维码
59	BIM 应用：Revit 建筑案例教程（修订版）	978-7-301-29693-6	林标锋等	58.00	2019.8	APP/PPT/二维码/试题/教案
60	居住区规划设计（第二版）	978-7-301-30133-3	张 燕	59.00	2019.5	PPT/二维码
61	建筑水电安装工程计量与计价(第二版)(修订版)	978-7-301-26329-7	陈连姝	62.00	2019.7	PPT/二维码
62	建筑设备识图与施工工艺(第2版)(修订版)	978-7-301-25254-3	周业梅	48.00	2019.8	PPT/二维码
	"十二五"职业教育国家规划教材					
1	★建设工程招投标与合同管理(第四版)（修订版）	978-7-301-29827-5	宋春岩	44.00	2019.9	PPT/答案/试题/教案
2	★工程造价概论（修订版）	978-7-301-24696-2	周艳冬	45.00	2019.8	PPT/答案/二维码
3	★建筑装饰施工技术(第二版)	978-7-301-24482-1	王 军	39.00	2014.7	PPT
4	★建筑工程应用文写作(第二版)	978-7-301-24480-7	赵 立等	50.00	2014.8	PPT
5	★建筑工程经济(第二版)	978-7-301-24492-0	胡六星等	41.00	2014.9	PPT/答案
6	★建设工程监理(第二版)	978-7-301-24490-6	斯 庆	35.00	2015.1	PPT/答案
7	★建筑节能工程与施工	978-7-301-24274-2	吴明军等	35.00	2015.5	PPT
8	★土木工程实用力学(第二版)	978-7-301-24681-8	马景善	47.00	2015.7	PPT
9	★建筑工程计量与计价(第三版)（修订版）	978-7-301-25344-1	肖明和等	60.00	2019.9	APP/二维码
10	★建筑工程计量与计价实训(第三版)	978-7-301-25345-8	肖明和等	29.00	2015.7	
	基 础 课 程					
1	建设法规及相关知识	978-7-301-22748-0	唐茂华等	34.00	2013.9	PPT
2	建筑工程法规实务(第二版)	978-7-301-26188-0	杨陈慧等	49.50	2017.6	PPT
3	建筑法规	978-7301-19371-6	董 伟等	39.00	2011.9	PPT
4	建设工程法规	978-7-301-20912-7	王先恕	32.00	2012.7	PPT
5	AutoCAD 建筑绘图教程(第二版)	978-7-301-24540-8	唐英敏等	44.00	2014.7	PPT
6	建筑 CAD 项目教程(2010 版)	978-7-301-20979-0	郭 慧	38.00	2012.9	素材
7	建筑工程专业英语(第二版)	978-7-301-26597-0	吴承霞	24.00	2016.2	PPT
8	建筑工程专业英语	978-7-301-20003-2	韩 薇等	24.00	2012.2	PPT
9	建筑识图与构造(第二版)	978-7-301-23774-8	郑贵超	40.00	2014.2	PPT/答案
10	房屋建筑构造	978-7-301-19883-4	李少红	26.00	2012.1	PPT
11	建筑识图	978-7-301-21893-8	邓志勇等	35.00	2013.1	PPT
12	建筑识图与房屋构造	978-7-301-22860-9	贠 禄等	54.00	2013.9	PPT/答案
13	建筑构造与设计	978-7-301-23506-5	陈玉萍	38.00	2014.1	PPT/答案
14	房屋建筑构造	978-7-301-23588-1	李元玲等	45.00	2014.1	PPT
15	房屋建筑构造习题集	978-7-301-26005-0	李元玲	26.00	2015.8	PPT/答案
16	建筑构造与施工图识读	978-7-301-24470-8	南学平	52.00	2014.8	PPT
17	建筑工程识图实训教程	978-7-301-26057-9	孙 伟	32.00	2015.12	PPT
18	◎建筑工程制图(第二版)(附习题册)	978-7-301-21120-5	肖明和	48.00	2012.8	PPT
19	建筑制图与识图(第二版)	978-7-301-24386-2	曹雪梅	38.00	2015.8	PPT
20	建筑制图与识图习题册	978-7-301-18652-7	曹雪梅等	30.00	2011.4	
21	建筑制图与识图(第二版)	978-7-301-25834-7	李元玲	32.00	2016.9	PPT
22	建筑制图与识图习题集	978-7-301-20425-2	李元玲	24.00	2012.3	PPT
23	新编建筑工程制图	978-7-301-21140-3	方筱松	30.00	2012.8	PPT
24	新编建筑工程制图习题集	978-7-301-16834-9	方筱松	22.00	2012.8	
	建 筑 施 工 类					
1	建筑工程测量	978-7-301-16727-4	赵景利	30.00	2010.2	PPT/答案
2	建筑工程测量实训(第二版)	978-7-301-24833-1	杨凤华	34.00	2015.3	答案
3	建筑工程测量	978-7-301-19992-3	潘益民	38.00	2012.2	PPT
4	建筑工程测量	978-7-301-28757-6	赵 昕	50.00	2018.1	PPT/二维码
5	建筑工程测量	978-7-301-22485-4	景 铎等	34.00	2013.6	PPT
6	建筑施工技术	978-7-301-16726-7	叶 雯等	44.00	2010.8	PPT/素材
7	建筑施工技术	978-7-301-19997-8	苏小梅	38.00	2012.1	PPT
8	基础工程施工	978-7-301-20917-2	董 伟等	35.00	2012.7	PPT

序号	书 名	书 号	编著者	定价	出版时间	配套情况
9	建筑施工技术实训(第二版)	978-7-301-24368-8	周晓龙	30.00	2014.7	
10	PKPM软件的应用(第二版)	978-7-301-22625-4	王 娜等	34.00	2013.6	
11	◎建筑结构(第二版)(上册)	978-7-301-21106-9	徐锡权	41.00	2013.4	PPT/答案
12	◎建筑结构(第二版)(下册)	978-7-301-22584-4	徐锡权	42.00	2013.6	PPT/答案
13	建筑结构学习指导与技能训练(上册)	978-7-301-25929-0	徐锡权	28.00	2015.8	PPT
14	建筑结构学习指导与技能训练(下册)	978-7-301-25933-7	徐锡权	28.00	2015.8	PPT
15	建筑结构(第二版)	978-7-301-25832-3	唐春平等	48.00	2018.6	PPT
16	建筑结构基础	978-7-301-21125-0	王中发	36.00	2012.8	PPT
17	建筑结构原理及应用	978-7-301-18732-6	史美东	45.00	2012.8	PPT
18	建筑结构与识图	978-7-301-26935-0	相秉志	37.00	2016.2	
19	建筑力学与结构	978-7-301-20988-2	陈水广	32.00	2012.8	PPT
20	建筑力学与结构	978-7-301-23348-1	杨丽君等	44.00	2014.1	PPT
21	建筑结构与施工图	978-7-301-22188-4	朱希文等	35.00	2013.3	PPT
22	建筑材料(第二版)	978-7-301-24633-7	林祖宏	35.00	2014.8	PPT
23	建筑材料与检测(第二版)	978-7-301-26550-5	王 辉	40.00	2016.1	PPT
24	建筑材料与检测试验指导(第二版)	978-7-301-28471-1	王 辉	23.00	2017.7	PPT
25	建筑材料选择与应用	978-7-301-21948-5	申淑荣等	39.00	2013.3	PPT
26	建筑材料检测实训	978-7-301-22317-8	申淑荣等	24.00	2013.4	
27	建筑材料	978-7-301-24208-7	任晓菲	40.00	2014.7	PPT/答案
28	建筑材料检测试验指导	978-7-301-24782-2	陈东佐等	20.00	2014.9	PPT
29	◎地基与基础(第二版)	978-7-301-23304-7	肖明和等	42.00	2013.11	PPT/答案
30	地基与基础实训	978-7-301-23174-6	肖明和等	25.00	2013.10	PPT
31	土力学与基础工程	978-7-301-23590-4	宁培淋等	32.00	2014.1	PPT
32	土力学与地基基础	978-7-301-25525-4	陈东佐	45.00	2015.2	PPT/答案
33	建筑施工组织与进度控制	978-7-301-21223-3	张廷瑞	36.00	2012.9	PPT
34	建筑施工组织项目式教程	978-7-301-19901-5	杨红玉	44.00	2012.1	PPT/答案
35	钢筋混凝土工程施工与组织	978-7-301-19587-1	高 雁	32.00	2012.5	PPT
36	建筑施工工艺	978-7-301-24687-0	李源清等	49.50	2015.1	PPT/答案
	工 程 管 理 类					
1	建筑工程经济	978-7-301-24346-6	刘晓丽等	38.00	2014.7	PPT/答案
2	建筑工程项目管理(第二版)	978-7-301-26944-2	范红岩等	42.00	2016.3	PPT
3	建设工程项目管理(第二版)	978-7-301-28235-9	冯松山等	45.00	2017.6	PPT
4	建筑施工组织与管理(第二版)	978-7-301-22149-5	翟丽旻等	43.00	2013.4	PPT/答案
5	建筑工程合同管理	978-7-301-22612-4	刘庭江	46.00	2013.6	PPT/答案
6	建筑工程招投标与合同管理	978-7-301-16802-8	程超胜	30.00	2012.9	PPT
7	工程招投标与合同管理实务	978-7-301-19035-7	杨甲奇等	48.00	2011.8	ppt
8	工程招投标与合同管理实务	978-7-301-19290-0	郑文新等	43.00	2011.8	ppt
9	建设工程招投标与合同管理实务	978-7-301-20404-7	杨云会等	42.00	2012.4	PPT/答案/习题
10	工程招投标与合同管理	978-7-301-17455-5	文新平	37.00	2012.9	PPT
11	建筑工程安全管理(第2版)	978-7-301-25480-6	宋 健等	43.00	2015.8	PPT/答案
12	施工项目质量与安全管理	978-7-301-21275-2	钟汉华	45.00	2012.10	PPT/答案
13	工程造价控制(第2版)	978-7-301-24594-1	斯 庆	32.00	2014.8	PPT/答案
14	工程造价管理(第二版)	978-7-301-27050-9	徐锡权等	44.00	2016.5	PPT
15	建筑工程造价管理	978-7-301-20360-6	柴 琦等	27.00	2012.3	PPT
16	工程造价管理(第2版)	978-7-301-28269-4	曾 浩等	38.00	2017.5	PPT/答案
17	工程造价案例分析	978-7-301-22985-9	甄 凤	30.00	2013.8	PPT
18	◎建筑工程造价	978-7-301-21892-1	孙咏梅	40.00	2013.2	PPT
19	建筑工程计量与计价	978-7-301-26570-3	杨建林	46.00	2016.1	PPT
20	建筑工程计量与计价综合实训	978-7-301-23568-3	龚小兰	28.00	2014.1	
21	建筑工程估价	978-7-301-22802-9	张 英	43.00	2013.8	PPT
22	安装工程计量与计价综合实训	978-7-301-23294-1	成春燕	49.00	2013.10	素材
23	建筑安装工程计量与计价	978-7-301-26004-3	景巧玲等	56.00	2016.1	PPT
24	建筑安装工程计量与计价实训(第二版)	978-7-301-25683-1	景巧玲等	36.00	2015.7	
25	建筑与装饰装修工程工程量清单(第二版)	978-7-301-25753-1	翟丽旻等	36.00	2015.5	PPT
26	建筑工程清单编制	978-7-301-19387-7	叶晓容	24.00	2011.8	PPT
27	建设项目评估(第二版)	978-7-301-28708-8	高志云等	38.00	2017.9	PPT
28	钢筋工程清单编制	978-7-301-20114-5	贾莲英	36.00	2012.2	PPT
29	建筑装饰工程预算(第二版)	978-7-301-25801-9	范菊雨	44.00	2015.7	PPT

序号	书 名	书 号	编著者	定价	出版时间	配套情况
30	建筑装饰工程计量与计价	978-7-301-20055-1	李茂英	42.00	2012.2	PPT
31	建筑工程安全技术与管理实务	978-7-301-21187-8	沈万岳	48.00	2012.9	PPT
	建 筑 设 计 类					
1	建筑装饰CAD项目教程	978-7-301-20950-9	郭 慧	35.00	2013.1	PPT/素材
2	建筑设计基础	978-7-301-25961-0	周圆圆	42.00	2015.7	
3	室内设计基础	978-7-301-15613-1	李书青	32.00	2009.8	
4	建筑装饰材料(第二版)	978-7-301-22356-7	焦 涛等	34.00	2013.5	PPT
5	设计构成	978-7-301-15504-2	戴碧锋	30.00	2009.8	
6	设计色彩	978-7-301-21211-0	龙黎黎	46.00	2012.9	PPT
7	设计素描	978-7-301-22391-8	司马金桃	29.00	2013.4	PPT
8	建筑素描表现与创意	978-7-301-15541-7	于修国	25.00	2009.8	
9	3ds Max效果图制作	978-7-301-22870-8	刘 晗等	45.00	2013.7	PPT
10	Photoshop效果图后期制作	978-7-301-16073-2	脱忠伟等	52.00	2011.1	素材
11	3ds Max & V-Ray建筑设计表现案例教程	978-7-301-25093-8	郑恩峰	40.00	2014.12	PPT
12	建筑表现技法	978-7-301-19216-0	张 峰	32.00	2011.8	PPT
13	装施工读图与识图	978-7-301-19991-6	杨丽君	33.00	2012.5	PPT
14	构成设计	978-7-301-24130-1	耿雪莉	49.00	2014.6	PPT
15	装饰材料与施工(第2版)	978-7-301-25049-5	宋志春	41.00	2015.6	PPT
	规 划 园 林 类					
1	居住区景观设计	978-7-301-20587-7	张群成	47.00	2012.5	PPT
2	园林植物识别与应用	978-7-301-17485-2	潘 利等	34.00	2012.9	PPT
3	园林工程施工组织管理	978-7-301-22364-2	潘 利等	35.00	2013.4	PPT
4	园林景观计算机辅助设计	978-7-301-24500-2	于化强等	48.00	2014.8	PPT
5	建筑·园林·装饰设计初步	978-7-301-24575-0	王金贵	38.00	2014.10	PPT
	房 地 产 类					
1	房地产开发与经营(第2版)	978-7-301-23084-8	张建中等	33.00	2013.9	PPT/答案
2	房地产估价(第2版)	978-7-301-22945-3	张 勇等	35.00	2013.9	PPT/答案
3	房地产估价理论与实务	978-7-301-19327-3	褚菁晶	35.00	2011.8	PPT/答案
4	物业管理理论与实务	978-7-301-19354-9	裴艳慧	52.00	2011.9	PPT
5	房地产营销与策划	978-7-301-18731-9	应佐萍	42.00	2012.8	PPT
6	房地产投资分析与实务	978-7-301-24832-4	高志云	35.00	2014.9	PPT
7	物业管理实务	978-7-301-27163-6	胡大见	44.00	2016.6	
	市 政 与 路 桥					
1	市政工程施工图案例图集	978-7-301-24824-9	陈亿琳	43.00	2015.3	PDF
2	市政工程计价	978-7-301-22117-4	彭以舟等	39.00	2013.3	PPT
3	市政桥梁工程	978-7-301-16688-8	刘 江等	42.00	2010.8	PPT/素材
4	市政工程材料	978-7-301-22452-6	郑晓国	37.00	2013.5	PPT
5	路基路面工程	978-7-301-19299-3	偶昌宝等	34.00	2011.8	PPT/素材
6	道路工程技术	978-7-301-19363-1	刘 雨等	33.00	2011.12	PPT
7	城市道路设计与施工	978-7-301-21947-8	吴颖峰	39.00	2013.1	PPT
8	建筑给排水工程技术	978-7-301-25224-6	刘 芳等	46.00	2014.12	PPT
9	建筑给水排水工程	978-7-301-20047-6	叶巧云	38.00	2012.2	PPT
10	数字测图技术	978-7-301-22656-8	赵 红	36.00	2013.6	PPT
11	数字测图技术实训指导	978-7-301-22679-7	赵 红	27.00	2013.6	PPT
12	道路工程测量(含技能训练手册)	978-7-301-21967-6	田树涛等	45.00	2013.2	PPT
13	道路工程识图与AutoCAD	978-7-301-26210-8	王容玲等	35.00	2016.1	PPT
	交 通 运 输 类					
1	桥梁施工与维护	978-7-301-23834-9	梁 斌	50.00	2014.2	PPT
2	铁路轨道施工与维护	978-7-301-23524-9	梁 斌	36.00	2014.1	PPT
3	铁路轨道构造	978-7-301-23153-1	梁 斌	32.00	2013.10	PPT
4	城市公共交通运营管理	978-7-301-24108-0	张洪满	40.00	2014.5	PPT
5	城市轨道交通车站行车工作	978-7-301-24210-0	操 杰	31.00	2014.7	PPT
6	公路运输计划与调度实训教程	978-7-301-24503-3	高福军	31.00	2014.7	PPT/答案
	建 筑 设 备 类					
1	水泵与水泵站技术	978-7-301-22510-3	刘振华	40.00	2013.5	PPT
2	智能建筑环境设备自动化	978-7-301-21090-1	余志强	40.00	2012.8	PPT
3	流体力学及泵与风机	978-7-301-25279-6	王 宁等	35.00	2015.1	PPT/答案